Friedrich Pfeiffer • Thorsten Schindler

Einführung in die Dynamik

3. Auflage

Springer Vieweg

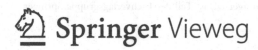

Friedrich Pfeiffer
Thorsten Schindler

Lehrstuhl für Angewandte Mechanik
Technische Universität München
München, Deutschland

ISBN 978-3-642-41045-1 ISBN 978-3-642-41046-8 (eBook)
DOI 10.1007/978-3-642-41046-8

Die Deutsche Nationalbibliothek verzeichnet diese Publikation in der Deutschen Nationalbibliografie; detaillierte bibliografische Daten sind im Internet über http://dnb.d-nb.de abrufbar.

Springer Vieweg
1st & 2nd edition: © Teubner, Stuttgart, 1989, 1992

Gedruckt auf säurefreiem und chlorfrei gebleichtem Papier

Springer Vieweg ist eine Marke von Springer DE. Springer DE ist Teil der Fachverlagsgruppe Springer Science+Business Media.
www.springer-vieweg.de

Einführung in die Dynamik

Vorwort

Die Mechanik als eine Grundlagenwissenschaft des Ingenieurwesens hat dort andere Aufgaben zu erfüllen als in den Naturwissenschaften. Die berühmt gewordene Aussage des Frankfurter Biophysikers Friedrich Dessauer, dass für Physiker Maschinen und Geräte nur Erkenntnismittel, für Ingenieure dagegen Erkenntnisziel seien, deutet die komplementäre Situation der Natur- und Ingenieurwissenschaften an. Die Physik setzt Geräte und Maschinen als ein Hilfsmittel ein, um auf ihre Fragen an die Natur Antworten zu finden. Die Ingenieure setzen die Erkenntnisse der Physik und vieler anderer Wissenschaften als Hilfsmittel zur Entwicklung neuer Maschinen ein. Sie prüfen technische Ideen bezüglich Realisierbarkeit und setzen sie schließlich in eine funktionierende Maschine um. Dass es hierbei vielfältige gegenseitige Befruchtungen gibt, Technik und Naturwissenschaften mehr und mehr eine Symbiose eingehen, ändert nichts an den prinzipiellen Zielsetzungen. Der Umsetzungsprozess als ein iterativer Vorgang stellt die zentrale Aufgabe des Ingenieurs dar. Jede Grundlagenwissenschaft des Ingenieurwesens muss dieser Tatsache Rechnung tragen, auch die Mechanik. Sie leistet dies durch Anpassung ihrer Methoden und Verfahren an die Anforderungen der technischen Entwicklung.

Eine komplizierter werdende Technik erfordert aufwändigere Auslegungsverfahren. Technische Geräte lassen sich heute nur verbessern, wenn in systematischer Weise alle Möglichkeiten der theoretischen und experimentellen Modellierung ausgeschöpft und in optimaler Weise dem Umsetzungsprozess zugänglich gemacht werden. Eine Produktentwicklung alleine über das Experiment ist aus Kostengründen nicht mehr möglich. Theoretische Simulationen ersetzen zunehmend die Arbeit des Versuchsfeldes. Dies setzt gute Modelle voraus. Gute Modelle sind realitätsnah. Realitätsnähe braucht den Blick für das Wesentliche, welches selbst über den Umfang von Modell und Theorie entscheidet.

Das vorliegende Buch gibt eine Einführung in die Probleme der Dynamik und berücksichtigt dabei die obigen Forderungen. Dabei muss ein Kompromiss zwischen Grundlagen und Anwendung gefunden werden. Die grundlegenden Prinzipien und Gesetzmäßigkeiten der Kinematik und Kinetik sollen einerseits so allgemein und ausführlich behandelt werden, dass man sie auch auf komplizierte dynamische Systeme anwenden kann. Andererseits sollen sie so transparent sein, dass ihre Umsetzung und Anwendung nicht problematisch ist. Dieser Aufgabe widmet sich der Beginn des Buches. Anschließend werden Probleme der linearen und nichtlinearen Dynamik in anwendungsorientierter Form behandelt. Den Abschluss gibt ein phänomenologisch orientiertes Kapitel über Fragen der Schwingungsentstehung.

Selbstverständlich kann cinc Einführung in die Dynamik nur eine Themenauswahl liefern, die bei aller Breite der unterschiedlichen Meinungen so angelegt sein muss, dass ein tieferes Eindringen in den Stoff erleichtert wird. Die hier vorgelegte Auswahl ist das Resultat einer ständig überarbeiteten und aktualisierten Vorlesung. Sie wird seit vielen Jahren an der Technischen Universität München für Studenten nach dem Vordiplom oder nach dem Bachelor-Abschluss gehalten.

Kurt Magnus, der 1966 den Lehrstuhl B für Mechanik an der Technischen Universität München gründete, verdanken wir die konzeptionelle Idee sowie eine Fülle von Inhalten und Details, die seine Vorlesung auszeichneten. Der rote Faden reicht von der grundsätzlichen Theorie am Anfang zu phänomenologischen Fragestellungen am Ende. Friedrich Pfeiffer übernahm 1982 die Vorlesung als Nachfolger von Kurt Magnus im Sinne einer kontinuierlichen Weiterführung. Aufgrund seiner eigenen langjährigen Industrieerfahrung ergänzte er Formen und Inhalte, die dem immerwährenden Anspruch der Technik auf Vereinigung von Theorie und Praxis gerecht werden. Heinz Ulbrich, Nachfolger von Friedrich Pfeiffer, führte ab 2001 die Vorlesung weiter und passte sie seinen Bedürfnissen an. Schließlich beschäftigt sich inzwischen auch die jüngste Generation von Hochschullehrern, vertreten durch Thorsten Schindler, mit Problemen der Dynamik. Herrn Daniel Rixen sei für die Möglichkeit gedankt, die Arbeiten für diese Neuauflage am Lehrstuhl durchzuführen.

Generationen von Assistenten und Mitarbeitern haben am Vorlesungskonzept mitgearbeitet, teilweise die Vorlesung selbst gehalten und sie damit weiterentwickelt. Ihnen allen sei herzlich gedankt für fortwährenden Erörterungen bezüglich Inhalt und Darstellung, aber auch für manche kritische Anmerkungen und für viele Diskussionen über die Dynamik mechanischer Systeme. Wir danken unserem Studenten Christoph Drexler für die Überarbeitung der Abbildungen in der aktuellen Auflage. Dem früheren Teubner Verlag und dem Springer Verlag sei für gute und reibungslose Zusammenarbeit gedankt.

München, Januar 2014 *Friedrich Pfeiffer, Thorsten Schindler*

Inhaltsverzeichnis

Kapitel 1
Grundlagen

1.1 Einleitung

"Die Mechanik ist die Wissenschaft von der Bewegung; als ihre Aufgabe bezeichnen wir: Die in der Natur vor sich gehenden Bewegungen vollständig und auf die einfachste Weise zu beschreiben." Dieser über hundert Jahre alte Satz KIRCHHOFFs [38] hat weder etwas von seiner Aussagekraft noch von seinem Anspruch verloren. Auch für die Technik muss Mechanik als Wissenschaft der Bewegung so einfach wie möglich, aber eben auch vollständig sein. Verstehen wir unter Bewegung jede Art von Verschiebung und Verdrehung, auch kleinsten Ausmaßes wie etwa bei elastischen Verformungen, und schließen den Begriff der Ruhe in diese Definition mit ein, so ist mit Bewegung die gesamte Mechanik erfasst. Die Beschreibung der Bewegung beinhaltet dabei zwei Aspekte, denjenigen der geometrischen, der kinematischen Darstellung und denjenigen, der sich mit den Ursachen der Bewegung befasst, also den dynamischen Aspekt. Von allen Wechselwirkungen, die materielle Körper untereinander oder mit ihrer Umgebung erfahren können, interessieren in der Mechanik diejenigen, die solchen Körpern Beschleunigungen (oder Deformationen) erteilen. Derartige Wechselwirkungen nennen wir *Kräfte*. Die Translation und Rotation von Körpern, ihre *Kinematik*, und die Wechselwirkung mit Kräften, ihre Dynamik, also ihre *Statik* oder *Kinetik*, bilden zusammen die Mechanik.

Vom physikalischen Standpunkt aus könnte man die klassische Mechanik als abgeschlossenes Gebiet bezeichnen, dessen Inhalte vollständig deduktiv aufgebaut werden können. Kennt man die Gesetze, nach denen Kräfte wirken, so lassen sich die Aussagen der klassischen Mechanik auf eine Reihe von physikalischen Grundgesetzen, sogenannten *Axiomen*, zurückführen. Axiome sind nicht beweisbar, müssen aber mit der physikalisch-praktischen Erfahrung übereinstimmen. Diese deduktive Vorgehensweise ist nur möglich, wenn man von Modellsystemen und Modellkörpern ausgeht, die bereits ein reduziertes Bild der realen Gegebenheiten widerspiegeln [17].

1.2 Modellbildung

In der technischen Mechanik wird die Frage der *Modellierung* zu einem Kernproblem aller Verfahren und Methoden. Die technische Mechanik ist eine Ingenieurwissenschaft, die sich mit der Bewegung technischer Systeme befasst. Maschinen, Mechanismen, Tragwerke werden durch Bewegungen und Deformationen beansprucht. Man muss die Belastungen kennen, wenn man derartige Geräte auslegen will.

Die *mechanische Modellbildung* umfasst den Ersatz einer realen Maschine, eines realen Maschinenteils, oder auch den Ersatz entsprechender Konstruktionen durch Grundkomponenten. In der Mechanik sind das beispielsweise Massen, Federn, Dämpfer und Reibelemente, die gemäß der konstruktiven Struktur der gerade betrachteten Maschine physikalisch richtig gekoppelt werden. Das verlangt eine tiefe Einsicht in die Funktionsweise und der damit zusammenhängenden Probleme und deshalb ein solides Gefühl für die Praxis und substantielle Kenntnisse der Theorie. Von der Qualität der Modellbildung hängen im technischen Entwicklungsprozess Entwicklungszeiten und -kosten ab. Gute Modelle führen nicht nur von sich aus zu schnelleren Lösungsprozessen, sondern auch zu größerer Transparenz und damit zur beschleunigten Bewältigung einer technischen Aufgabe.

Was ist ein *gutes Modell*? Um die Frage zu vereinfachen, wollen wir uns auf mechanische Modelle beschränken. Was ist also ein *gutes mechanisches Modell*? Ein mechanisches Modell ist gut, wenn die an ihm vollzogene Theorie die Realität einer Maschine oder eines Gerätes genau genug wiedergibt. Dabei setzen wir voraus, dass diese Realität physikalisch messbar, also in Form von charakteristischen Größen erfassbar ist. Ein weiteres Kennzeichen eines guten Modells besteht darin, das Verständnis für die technischen Abläufe des betrachteten Geräts und den technischen Umsetzungsprozess zu verbessern, andernfalls sind die verwendeten Verfahren im technischen Sinne wertlos. Diese Forderungen sollen uns bei der Modellbildung leiten.

Wie bildet man ein mechanisches Modell? Wir gehen davon aus, dass eine Maschine oder eine Maschinenkomponente einige wesentliche Funktionen beinhaltet, die einfach zu modellieren sind. Für mechanische Systeme gehören hierzu ideale Bewegungsabläufe oder Schwingungserscheinungen, also kinematische und kinetische Effekte. Maschinen und Geräte lassen sich allerdings fast nie exakt bauen, so dass die gewünschten Prozesse in idealer Weise ablaufen. Es treten immer „Dreckeffekte" in Form von Störungen auf. Darüberhinaus existieren häufig Erscheinungen, deren Physik nur unzureichend verstanden ist und die daher nicht realitätsnah auf theoretischer Basis modelliert werden können. Man denke etwa an Reibungserscheinungen oder an tribologische Effekte bei Getrieben. Genau an dieser Stelle fängt die nicht exakt wissenschaftlich zu begründende Arbeit des Ingenieurs an: Was kann man vernachlässigen und was ist zur Beschreibung der Funktion wichtig? Bei der intuitiven Beantwortung dieser Fragen kann man Größenvergleiche heranziehen, zum Beispiel zwischen geometrischen Größen, zwischen Kräften und Momenten, zwischen Energien und Arbeiten. Dies gelingt jedoch nur, wenn solche Größen erkennbar sind. Der Weg zu einem guten Modell führt daher meistens über einen *Iterationsprozess*, bei dem jeder Schritt ein Stück näher an das zu lösende Problem heranführt. Gemäß Karl Poppers berühmter Rede "Über Wolken und Uhren" aus dem Jahre 1965 [58] sind Iterationsprozesse nicht nur charakteristische Merkmale jeder geistigen Arbeit, sie führen von Stufe zu Stufe auch zu neuen tieferen Fragestellungen und damit schließlich zu einer innovativen Problembewältigung, wie sie oftmals zu Beginn der Arbeit nicht zu erwarten war:

- Mechanische Modellbildung (theoretisch und/oder experimentell),
- Überprüfung auf Plausibilität und Realitätsvergleich,
- Mechanische Modelladaptation (theoretisch und/oder experimentell).

Bei der mechanischen Modellbildung selbst spielen folgende Aspekte der darauf folgenden mathematischen und numerischen Modellbildung eine Rolle:

- *Diskretisierung*: Können wir unser Modell aus einem Verband von starren Körpern oder gar Punktmassen aufbauen oder müssen wir einigen oder allen Körpern unseres Systems Kontinuumscharakter zugestehen? Wie werden wir nichtstarre Teilkörper modellieren?
- Bewegungsablauf: Gibt es eine Grund- oder *Sollbewegung*? Gibt es einen *Ruhezustand*? Lässt sich die Bewegung aufteilen in eine (nichtlineare) Grundbewegung und in kleine überlagerte Störungen? Gibt es *Linearisierungsmöglichkeiten*?
- *Koordinaten*: Wie viele *Freiheitsgrade* hat das System? Gibt es Koordinaten, die unmittelbar diesen Freiheitsgraden entsprechen? Gibt es Koordinaten, mit denen sich Zwangsbedingungen möglichst einfach formulieren lassen?
- Numerik: Welche Methoden passen am besten zum Problem? Wie kann man die mathematische Darstellung am besten an die numerischen Erfordernisse anpassen? Kann man der mathematischen Formulierung bereits erste qualitative oder quantitative Ergebnisse entnehmen?

Ein gutes mechanisches Modell wird trotz komplizierter Struktur immer das einfachst mögliche sein. Gerade bei sehr komplexen Systemen ist es empfehlenswert, für einen Überblick mit einem vereinfachten Modell zu beginnen. Trotz des scheinbar höheren Aufwandes führt ein solches Vorgehen in der Regel zu größerer Entwicklungsökonomie aufgrund des schnelleren Verständnisses der Probleme.

1.3 Grundbegriffe

1.3.1 Masse

Im Rahmen der technischen Mechanik untersucht man Bewegungen und Deformationen von Maschinenbauteilen, deren materielle Eigenschaften als bekannt angenommen werden können. Damit sind auch Volumina und Massenverteilungen gegeben. Für die technische Mechanik kann man die Axiome der klassischen Mechanik übernehmen:

- Massen sind stets positiv, $m > 0$,
- Massen sind zeitlich unveränderlich, $\frac{dm}{dt} = 0$,
- Massen lassen sich aufteilen und zusammenfassen, $m = \sum_i m_i$.

Die Modellierung von Massen richtet sich nach dem zu lösenden Problem. *Punktmassen, Starrkörpermassen, Massen elastischer Körper, Massen allgemein deformierbarer Medien* sind Beispiele für Massenmodelle. Die zugrundeliegenden mechanischen Gesetze steigen gemäß dieser Reihenfolge in ihrer Komplexität [6, 32]. Es sei zusätzlich noch daran erinnert, dass etwa für Raketen und Flugzeuge die obigen Massendefinitionen erweitert werden müssen.

1.3.2 Schnittprinzip, Kraft

Zur Herleitung mechanischer Gesetzmäßigkeiten muss zunächst festgelegt werden, in welcher Weise ein betrachteter materieller Körper oder ein System von materiellen Körpern in Wechselwirkung steht. Um Kräfte in einer Analyse sichtbar zu machen, wurde von EULER das Schnittprinzip eingeführt. SZABO beschreibt seine Vorzüge [68]: "Mit der Phantasie des Künstlers lehrte EULER uns, in Gedanken in die Materie hineinzuschauen, wohin weder Auge noch Experiment eindringen können, und hatte damit den Grundstein zur einzig wahren, nämlich der Kontinuumsmechanik gelegt."

Das Schnittprinzip erlaubt, ein Massensystem aus seiner Umgebung "freizuschneiden" (Abb. 1.1). Die Auswahl der *Systemgrenzen* und damit die Festlegung des Schnitts erfolgen entsprechend der zu ermittelnden Aussagen über das Bewegungsverhalten des Systems. Für die Aufgabenstellung interessante Kräfte werden als wechselseitig wirkende Schnittreaktionen (Kräfte, Momente) gemäß einer zu definierenden Vorzeichenvereinbarung an den Schnittstellen eingetragen. Sie müssen durch die von außen auf das freigeschnittene System wirkenden Kräfte ergänzt werden. Zugehörige mechanische Bilanzgleichungen beschreiben den physikalischen Zusammenhang zur späteren Berechnung [45].

Man weiß aus Erfahrung, dass Kräfte hinsichtlich ihrer Wirkung auf den Bewegungszustand des Massensystems an ihren Angriffspunkt gebunden sind. Andererseits können Kräfte, die an einem gemeinsamen Punkt angreifen, vektoriell addiert und zu einer resultierenden Kraft zusammengefasst werden. Kräfte, die von außen auf ein System wirken, heißen *äußere Kräfte*. Kräfte, die im Inneren entstehen, beispielsweise Spannungskräfte, bezeichnet man als *innere Kräfte*. Die Systemgrenze, definiert durch den Schnitt, entscheidet darüber, welche Kräfte in einem konkreten Anwendungsfall als innere oder äußere Kräfte auftreten. In Abb. 1.1 sind alle Kräfte zwischen den drei Massen m_1, m_2 und m_3 innere Kräfte, wenn man Systemgrenze 1 zugrunde legt. Bezüglich Systemgrenze 2 sind $\mathbf{F}_{23}$ und $\mathbf{F}_{21}$ äußere Kräfte, sowie $\mathbf{F}_{13}$, $\mathbf{F}_{31}$ innere Kräfte. Bei Betrachtung von Systemgrenze 3 gibt es nur noch äußere Kräfte, nämlich $\mathbf{F}_{31}$ und $\mathbf{F}_{21}$.

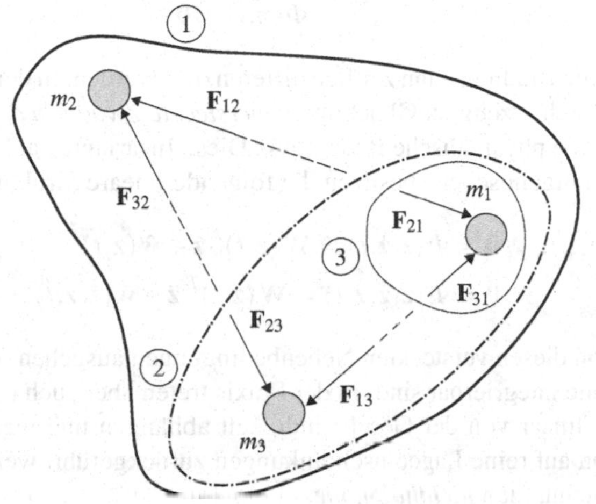

Abb. 1.1: Schnittprinzip und innere/äußere Kräfte [17].

1.3.3 Bindungen

Bindungen zwingen Einzelmassen zu Bewegungsabläufen, die ohne Bindungen nicht entstehen würden. Sie treten in bewegten Systemen auf, beispielsweise in allen Arten von Maschinen, und kennzeichnen die Struktur und die erzwungenen Kraftflüsse in mechanischen Systemen. Beispiele sind die durch *Nebenbedingungen* (*Zwangsbedingungen*) vorgegebenen Trajektorien eines Fadenpendels (Abb. 1.2), eines Schlittens (Abb. 1.3) oder eines Rades (Abb. 1.4).

Die meisten mechanischen Systeme unterliegen Bindungen, die von Lage- und Geschwindigkeitskoordinaten sowie von der Zeit abhängen. Andere Bindungen mit physikalischer Bedeutung gibt es nicht. Alle Bindungen auf Beschleunigungsebene sind mathematisch abgeleitet und zum Beispiel wichtig für die mathematische Behandlung von Mehrkörpersystemen. Mit der *Lagekoordinate* $\mathbf{z} \in \mathbb{R}^{\delta}$, der *Geschwindigkeitskoordinate* $\dot{\mathbf{z}} \in \mathbb{R}^{\delta}$, der Zeit t, den Bindungsfunktionen $\Phi \in \mathbb{R}^{m}$ mit $m < \delta$ wollen wir eine Einteilung vornehmen [29, 69]. Bei expliziter Zeitabhängigkeit der Zwangsbedingungen heißt die zugehörige Bindung *rheonom*. Eine *skleronome* Bindung hängt nicht explizit von der Zeit ab. Bindungen, die von der Lage aber nicht von der Geschwindigkeit abhängen, bezeichnet man als *holonom*:

- holonom-skleronome Bindungen

$$\Phi(\mathbf{z}) = \mathbf{0}\,, \tag{1.1}$$

- holonom-rheonome Bindungen

$$\Phi(\mathbf{z},t) = \mathbf{0}\,. \tag{1.2}$$

Jede holonome Bindung kann zeitlich differenziert werden. In der Mathematik nennt man die dadurch erzeugten Gleichungen *versteckte Zwangsbedingungen*, sie haben allerdings keine physikalische Bedeutung. Diese Invarianten auf Geschwindigkeits- und Beschleunigungsebene besitzen die folgende lineare Struktur:

$$\mathbf{0} = \dot{\Phi}(\mathbf{z},\dot{\mathbf{z}},t) = \mathbf{W}(\mathbf{z},t)^T\,\dot{\mathbf{z}} + \hat{\mathbf{w}}(\mathbf{z},t)\,, \tag{1.3}$$

$$\mathbf{0} = \ddot{\Phi}(\mathbf{z},\dot{\mathbf{z}},\ddot{\mathbf{z}},t) = \mathbf{W}(\mathbf{z},t)^T\,\ddot{\mathbf{z}} + \bar{\mathbf{w}}(\mathbf{z},\dot{\mathbf{z}},t)\,. \tag{1.4}$$

Wenn wir von diesen versteckten Nebenbedingungen ausgehen, wissen wir, dass sie auf Lageebene integrierbar sind. In der Praxis treten aber auch tatsächliche Bindungen auf, die linear von der Geschwindigkeit abhängen und nicht durch elementare Integration auf reine Lageeinschränkungen zurückgeführt werden können. Diese Bindungen nennt man *nichtholonom*:

- nichtholonom-skleronome Bindungen

$$\Phi(\mathbf{z},\dot{\mathbf{z}}) = \mathbf{W}(\mathbf{z})^T\,\dot{\mathbf{z}} = \mathbf{0}\,, \tag{1.5}$$

- nichtholonom-rheonome Bindungen

$$\Phi(\mathbf{z},\dot{\mathbf{z}},t) = \mathbf{W}(\mathbf{z},t)^T\,\dot{\mathbf{z}} + \hat{\mathbf{w}}(\mathbf{z},t) = \mathbf{0}\,. \tag{1.6}$$

Nichtlineare Abhängigkeiten von den Geschwindigkeiten werden nicht weiter verfolgt. Gemäß allen praktischen Erfahrungen sind solche nicht bekannt.

Beispiel 1.1 (Holonom-skleronome Bindungen beim Fadenpendel). Die Punktmasse des Fadenpendels in Abb. 1.2 bewegt sich stets auf einer Kreisbahn mit Radius R. Die Trajektorie der Punktmasse unterliegt der Erdbeschleunigung $\mathbf{g}$ und wird ausgehend von einer Referenz O über ihre kartesische Lage $\mathbf{z} := \mathbf{r}$ beschrieben. Mit der Punktmasse wechselwirken gemäß Abschnitt 1.1 die Schwerkraft $m\mathbf{g}$ und eine Zwangskraft $\mathbf{F}^z$, die die Kreisbahn erzwingt, aber an der freien Bewegung keinen aktiven Anteil hat. Als Kräfte bewirken sie zusammen die Beschleunigung der Punktmasse:

$$m\ddot{\mathbf{r}} = m\mathbf{g} + \mathbf{F}^z\,,$$
$$\Phi(\mathbf{r}) = \mathbf{r}^T\mathbf{r} - R^2 = 0\,.$$

Abschnitt 1.5 erklärt im Detail die grundlegenden Axiome zur Beschreibung der Wechselwirkung von Massensystemen durch Kräfte.

Beispiel 1.2 (Holonom-skleronome Bindungen beim Schlitten). Beim Schlittenfahren ist die Kontur des Bodens für die Zwangsbedingung $\Phi(\mathbf{r}) = \mathbf{0}$ verantwort-

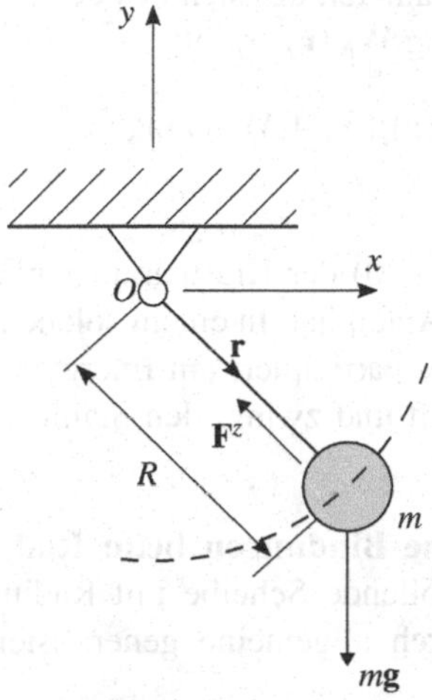

Abb. 1.2: Holonome Bindungen beim Fadenpendel.

lich (Abb. 1.3). Die Lage des Schlittens wird dabei wieder kartesisch mit $\mathbf{z} := \mathbf{r}$

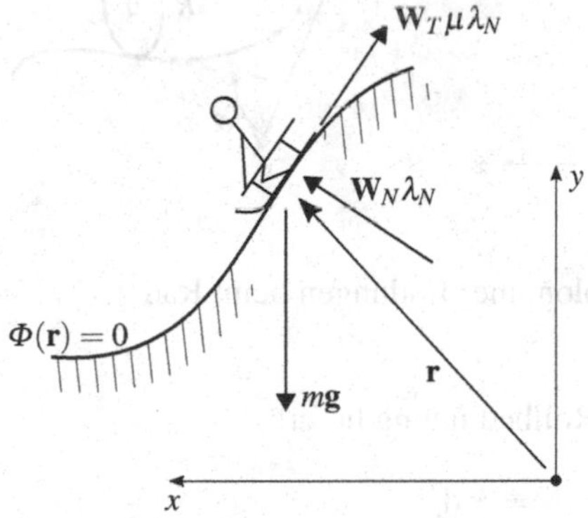

Abb. 1.3: Holonome Bindungen beim Schlitten.

beschrieben und unterliegt der Schwerkraft $m\mathbf{g}$. Die Wechselwirkung mit dem Boden kann in zwei Anteile zerlegt werden. In tangentialer Richtung wirkt die Reibung und in normaler Richtung die Zwangsbedingung zur Einhaltung der vorgegebenen Bahn. Nimmt man an, dass der Schlitten stets gleitet und dem COULOMB'schen Reibgesetz unterliegt, dann wird eine Reibkraft $\mathbf{W}_T(\mathbf{r})\mu\lambda_N$ induziert. Dabei enthält $\mathbf{W}_T(\mathbf{r})$ die aktuelle normierte tangentiale Richtung, es ist $\mu \geq 0$ der Gleitreibungskoeffizient und λ_N ein skalarer Kraftparameter, der sich aus der Zwangsbedingung in aktueller normierter normaler Richtung $\mathbf{W}_N(\mathbf{r})$ ergibt:

$$m\ddot{\mathbf{r}} = m\mathbf{g} + \mathbf{W}_T(\mathbf{r})\mu\lambda_N + \mathbf{W}_N(\mathbf{r})\lambda_N \,,$$
$$\Phi(\mathbf{r}) = 0 \,.$$

Man stellt fest, dass durch Reibung ($\mu > 0$) der Kraftparameter λ_N an der freien Bewegung des Schlittens einen aktiven Anteil hat. In einem solchen Fall bezeichnet man λ_N nicht mehr als Zwangskraft: λ_N partizipiert am Energiehaushalt des Systems. Für $\mu = 0$ ist λ_N eine Zwangskraft und zwingt den Schlitten nur passiv auf seine Bahn (Abschnitt 1.7).

Beispiel 1.3 (Nichtholonom-skleronome Bindungen beim Rad). Gegeben sind eine Ebene und eine senkrecht dazu rollende Scheibe mit Radius R (Abb. 1.4). Die Lage der Rolle wird erstmals durch allgemeine generalisierte Koordinaten

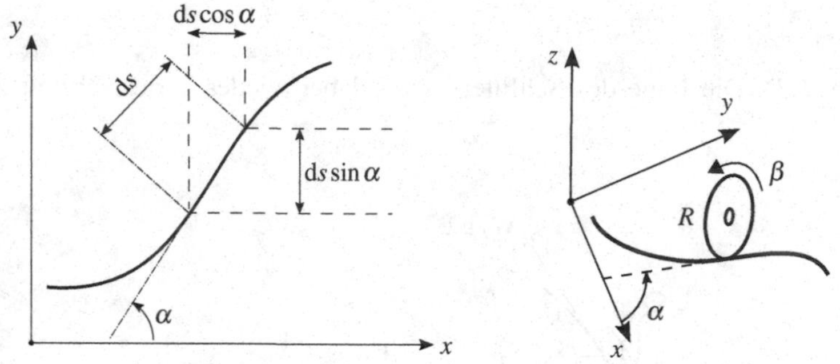

Abb. 1.4: Nichtholonome Bindungen beim Rad.

$\mathbf{z} := (x, y, \alpha, \beta)^T$ beschrieben. Die Rollbedingung liefert

$$\mathrm{d}s = R\,\mathrm{d}\beta$$

und somit

$$\mathrm{d}x = \mathrm{d}s\,\cos\alpha = R\,\cos\alpha\,\mathrm{d}\beta\,,$$
$$\mathrm{d}y = \mathrm{d}s\,\sin\alpha = R\,\sin\alpha\,\mathrm{d}\beta\,.$$

Division durch $\mathrm{d}t$ ergibt nichtholonom-skleronome Zwangsbedingungen:

$$\Phi(\mathbf{z},\dot{\mathbf{z}}) = \begin{pmatrix} 1 & 0 & 0 & -R\cos\alpha \\ 0 & 1 & 0 & -R\sin\alpha \end{pmatrix} \begin{pmatrix} \dot{x} \\ \dot{y} \\ \dot{\alpha} \\ \dot{\beta} \end{pmatrix} = \mathbf{0}\,.$$

Wenn $\alpha \equiv \alpha_0$ konstant ist, dann sind die Zwangsbedingungen integrierbar und werden holonom-skleronom

$$(x - x_0) - R\,\cos\alpha_0\,(\beta - \beta_0) = 0\,,$$
$$(y - y_0) - R\,\sin\alpha_0\,(\beta - \beta_0) = 0$$

mit den Integrationskonstanten x_0, y_0 und β_0. Die Einschränkung $\alpha \equiv \alpha_0$ kann man interpretieren als Rollen auf gerader Bahn; in einem solchen Fall ergibt sich nach Zurückrollen wieder die exakte Ausgangsposition.

Infolge von Bindungen entstehen Kräfte, beispielsweise *Zwangskräfte*, die den Bewegungsablauf sichern. Aus einer Verallgemeinerung der Beispiele lässt sich folgern, dass Zwangskräfte stets zu den von den Bindungsgleichungen definierten Flächen senkrecht stehen. Diese Tatsache ist Ausgangspunkt für das Prinzip von d'ALEMBERT (Abschnitt 1.7). Mit Hilfe von Zwangskräften können die zunächst rein geometrischen Vorschriften von Bindungen auf kinetischer Ebene äquivalent realisiert werden.

1.3.4 Virtuelle Verschiebungen

Der Begriff der virtuellen Verschiebung oder Verrückung in der Mechanik ist vergleichbar mit dem der *Variation* in der *Variationsrechnung* [14]. Dabei betrachtet man eine Momentaufnahme der generalisierten Konfiguration $\mathbf{z}$ eines Systems zu einem festen Zeitpunkt t. Unter einer virtuellen Verrückung des Systems versteht man dann eine (gedachte) willkürliche, kleine Veränderung $\delta\mathbf{z}$, die mit den herrschenden Zwangsbedingungen verträglich ist [11, 62]. Die virtuellen Verschiebegeschwindigkeiten müssen dabei nicht notwendigerweise infinitesimal sein. Eine *wirkliche Verrückung* des Systems ereignet sich dagegen während eines Zeitintervalls $\mathrm{d}t$, in dem sich Zustände, Kräfte und Zwangsbedingungen ändern können.

Beispiel 1.4 (Kugelpendel). Die Punktmasse eines mathematischen Pendels bewegt sich gemäß Abb. 1.5 auf der Oberfläche einer Kugel mit Radius R.

Die kartesische Lage $\mathbf{z} := \mathbf{r} = (x,y,z)^T$ kann zur Beschreibung der Punktmasse genutzt werden, wenn die Zwangsbedingung $\phi(\mathbf{r}) = \mathbf{r}^T\mathbf{r} - R^2 = x^2 + y^2 + z^2 - R^2 \overset{!}{=} 0$ stets erfüllt ist. Daher kann eine kleine virtuelle Verschiebung $\delta\mathbf{r}$ der Pendelmasse nur "innerhalb der Kugeloberfläche" durchgeführt werden. Es gilt linearisiert

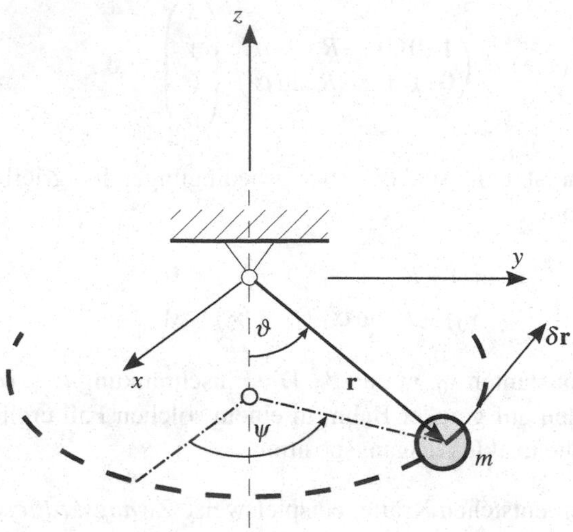

Abb. 1.5: Virtuelle Verschiebung beim Kugelpendel ($\| \mathbf{r} \| = R$).

$$0 \stackrel{!}{=} \phi(\mathbf{r}+\delta\mathbf{r}) \doteq \underbrace{\phi(\mathbf{r})}_{=0} + \underbrace{\frac{\partial \phi}{\partial \mathbf{r}}\delta\mathbf{r}}_{=:\delta\phi} = 2\mathbf{r}^T\delta\mathbf{r} = 2(x\delta x + y\delta y + z\delta z) \,.$$

Die Beziehung $\mathbf{r}^T\delta\mathbf{r} = 0$ bedeutet, dass eine mit der Zwangsbedingung verträgliche virtuelle Verschiebung $\delta\mathbf{r}$ notwendigerweise senkrecht auf $\mathbf{r}$ im sogenannten Tangentialraum der Bindungsfläche liegen muss: $\delta\mathbf{r} \perp \mathbf{r}$.

1.4 Kinematik

1.4.1 Koordinatensysteme und Koordinaten

Wir beschreiben die Bewegung von Körpern mit Hilfe von Koordinatensystemen (Abb. 1.6). Ein kartesisches *Koordinatensystem* ist ein Satz von *orthogonalen Einheitsvektoren*, $\mathbf{e}_x$, $\mathbf{e}_y$, $\mathbf{e}_z$, die im (als ruhend angenommenen) Anschauungsraum eine *Basis* für alle darzustellenden Vektoren bilden. Dieser Vektorraumbasis wird ein *Ursprung O* zugeordnet, den man sich an einem Körper angeheftet denkt (auch an einem Punkt auf der Erdoberfläche). Erst die Festlegung des Ursprungs ermöglicht es, das Koordinatensystem zur Messung von Abständen und von dynamischen Vorgängen einzusetzen.

- Ein Koordinatensystem $(O, \mathbf{e}_x, \mathbf{e}_y, \mathbf{e}_z)$ heißt *raumfest*, wenn die Basis $\mathbf{e}_x, \mathbf{e}_y, \mathbf{e}_z$ keine zeitliche Änderung erfährt. Andernfalls wird ein Koordinatensystem als

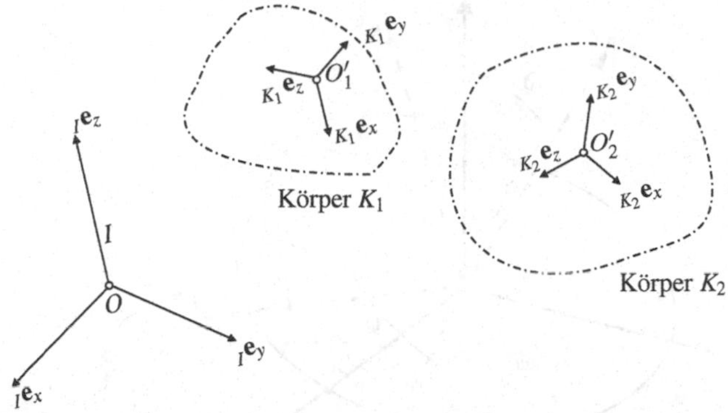

Abb. 1.6: Translation und Rotation von Koordinatensystemen mit $R = I$.

nicht-raumfest bezeichnet. Für zu untersuchende Bewegungsvorgänge auf der Erde kann die Erdbewegung häufig vernachlässigt werden; daher wird für praktische Berechnungszwecke ein mit der Erde fest verbundenes Koordinatensystem in der technischen Mechanik meistens als raumfestes Koordinatensystem behandelt. Raumfeste Koordinatensysteme sind insbesondere *inertial*, das heißt kräftefreie Körper bewegen sich in ihnen geradlinig und gleichförmig. Der Einfachheit halber werden wir raumfeste Koordinatensysteme mit I indizieren und auf den Unterschied zum inertialen Koordinatensystem verzichten.

- Wir bezeichnen ein Koordinatensystem als *körperfest*, wenn es mit einem Körperpunkt fest verbunden ist, etwa mit dem Massenmittelpunkt. Seine Basisvektoren werden mit K indiziert.

Betrachten wir nochmals Abb. 1.6. Die Bewegung eines Körpers wird durch die relative *Translation* seines Ursprung O' und die relative *Rotation* des körperfesten Koordinatensystem K in Bezug auf das Referenz-Koordinatensystem $R = I$ mit Ursprung O beschrieben. Gemessen in R hat O' die Koordinaten ${}_R x$, ${}_R y$, ${}_R z$. Die Einheitsvektoren ${}_K\mathbf{e}_x$, ${}_K\mathbf{e}_y$, ${}_K\mathbf{e}_z$ verdrehen sich aus der Sicht von R gemäß der 1., 2. oder 3. Spalte der *Drehmatrix* $\mathbf{A}_{RK} \in \mathrm{IR}^{3,3}$. Drehmatrizen sind orthogonal und erhalten die Orientierung (für die Indizes 'KR' siehe Erklärung nach (1.22)):

$$\mathbf{A}_{KR} = \mathbf{A}_{RK}^{-1} = \mathbf{A}_{RK}^{T} , \tag{1.7}$$

$$\det \mathbf{A}_{RK} = 1 . \tag{1.8}$$

Die Drehung wird demnach durch neun "Winkelgrößen" beschrieben, die jedoch nicht voneinander unabhängig sind. Gleichung (1.7) definiert sechs Zwangsbedingungen gemäß Abschnitt 1.3.3 und (1.8) eine Vorzeichenbedingung. Insgesamt erhält man drei *Freiheitsgrade* der Translation und $3 = 9 - 6$ Freiheitsgrade der Rotation. Beispiele für minimal-parametrisierende Winkelsysteme sind EULER-*Winkel* (Abb. 1.7)

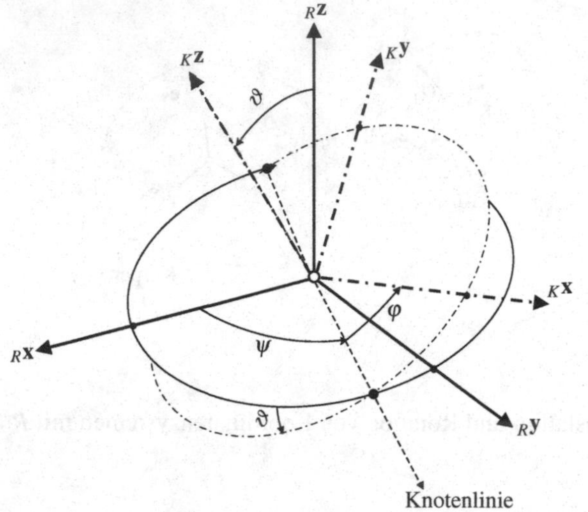

Abb. 1.7: EULER-Winkel mit Azimuth- oder Präzessionswinkel ψ, Elevations- oder Nutationswinkel ϑ und Rotationswinkel φ.

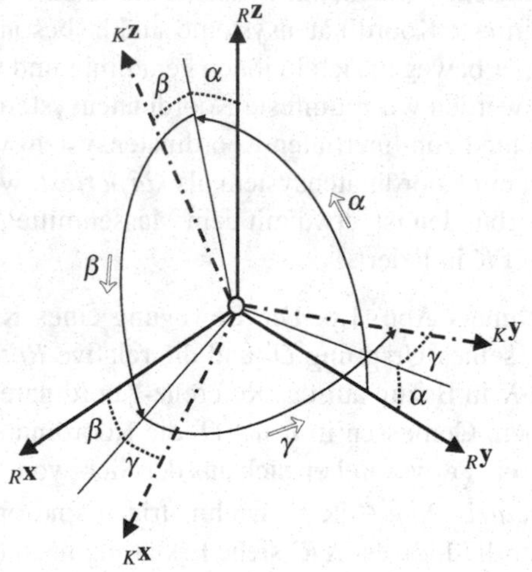

Abb. 1.8: Kardan-Winkel.

$$
\begin{aligned}
\mathbf{A}_{RK} &= \mathbf{A}_z^T(\psi)\mathbf{A}_x^T(\vartheta)\mathbf{A}_z^T(\varphi) \\
&= \begin{pmatrix} \cos\varphi\cos\psi - \cos\vartheta\sin\psi\sin\varphi & -\sin\varphi\cos\psi - \cos\vartheta\sin\psi\cos\varphi & \sin\vartheta\sin\psi \\ \cos\varphi\sin\psi + \cos\vartheta\cos\psi\sin\varphi & -\sin\varphi\sin\psi + \cos\vartheta\cos\psi\cos\varphi & -\sin\vartheta\cos\psi \\ \sin\vartheta\sin\varphi & \sin\vartheta\cos\varphi & \cos\vartheta \end{pmatrix},
\end{aligned}
\tag{1.9}
$$

mit den *Elementardrehungen*

$$\mathbf{A}_z(\psi) = \begin{pmatrix} \cos\psi & \sin\psi & 0 \\ -\sin\psi & \cos\psi & 0 \\ 0 & 0 & 1 \end{pmatrix}, \tag{1.10}$$

$$\mathbf{A}_x(\theta) = \begin{pmatrix} 1 & 0 & 0 \\ 0 & \cos\theta & \sin\theta \\ 0 & -\sin\theta & \cos\theta \end{pmatrix}, \tag{1.11}$$

$$\mathbf{A}_z(\varphi) = \begin{pmatrix} \cos\varphi & \sin\varphi & 0 \\ -\sin\varphi & \cos\varphi & 0 \\ 0 & 0 & 1 \end{pmatrix} \tag{1.12}$$

und *Kardan-Winkel* (Abb. 1.8)

$$\begin{aligned} \mathbf{A}_{RK} &= \mathbf{A}_x^T(\alpha)\mathbf{A}_y^T(\beta)\mathbf{A}_z^T(\gamma) \\ &= \begin{pmatrix} \cos\beta\cos\gamma & -\cos\beta\sin\gamma & \sin\beta \\ \cos\alpha\sin\gamma+\sin\alpha\sin\beta\cos\gamma & \cos\alpha\cos\gamma-\sin\alpha\sin\beta\sin\gamma & -\sin\alpha\cos\beta \\ \sin\alpha\sin\gamma-\cos\alpha\sin\beta\cos\gamma & \sin\alpha\cos\gamma+\cos\alpha\sin\beta\sin\gamma & \cos\alpha\cos\beta \end{pmatrix} \end{aligned} \tag{1.13}$$

mit den Elementardrehungen

$$\mathbf{A}_x(\alpha) = \begin{pmatrix} 1 & 0 & 0 \\ 0 & \cos\alpha & \sin\alpha \\ 0 & -\sin\alpha & \cos\alpha \end{pmatrix}, \tag{1.14}$$

$$\mathbf{A}_y(\beta) = \begin{pmatrix} \cos\beta & 0 & -\sin\beta \\ 0 & 1 & 0 \\ \sin\beta & 0 & \cos\beta \end{pmatrix}, \tag{1.15}$$

$$\mathbf{A}_z(\gamma) = \begin{pmatrix} \cos\gamma & \sin\gamma & 0 \\ -\sin\gamma & \cos\gamma & 0 \\ 0 & 0 & 1 \end{pmatrix}. \tag{1.16}$$

Eine natürliche Parametrisierung verwendet sogar alle neun Einträge der Drehmatrix mit den Nebenbedingungen (1.7) und (1.8) [31]. Man fasst die verwendeten beschreibenden Parameter eines Koordinatensystems zu einem Vektor von *generalisierten Koordinaten* $\mathbf{z} \in \mathbb{R}^\delta$ zusammen; für Kardan-Winkel ergibt sich

$$\mathbf{z} := ({}_Rx, {}_Ry, {}_Rz, \alpha, \beta, \gamma)^T \in \mathbb{R}^6 . \tag{1.17}$$

Da für einen *starren Körper* der Abstand zweier beliebiger Körperpunkte konstant ist, ist seine relative Bewegung durch ein einziges körperfestes Koordinatensystem mit zugehörigem Referenz-Koordinatensystem bereits festgelegt. Für komplexere Massensysteme müssen unter Umständen weitere beschreibende Koordinatensysteme eingeführt werden.

Betrachtet man die Lage von mehreren Koordinatensystemen $K_1, \ldots, K_n$, ergeben sich die generalisierten Koordinaten des *Konfigurationsraums*

$$\mathbf{z} := (\mathbf{z}_1^T, \ldots, \mathbf{z}_n^T)^T \in \mathrm{I\!R}^{\delta n} . \tag{1.18}$$

Zusammenhänge aufgrund einer nicht-minimalen Parametrisierung sind durch algebraische Gleichungen (Abschnitt 1.3.3) gegeben:

$$\phi_i(\mathbf{z}) = 0 \text{ für } i \in \{1, \ldots, m\} \text{ und } m < \delta n . \tag{1.19}$$

Mit dem Freiheitsgrad $f := \delta n - m$ können häufig nicht notwendigerweise mit $\mathbf{z}$ identische *Minimalkoordinaten* $\mathbf{q} := (q_1, \ldots, q_f)^T$ zur eindeutigen Beschreibung gewählt werden. Eine Vorschrift für die Auswahl der Minimalkoordinaten existiert allerdings nicht. Sie müssen sich aus dem jeweils betrachteten System durch Auflösung von (1.19) oder aus physikalischen Überlegungen ergeben. Parametrisiert man $\mathbf{z}$ durch die Minimalkoordinaten $\mathbf{q}$, folgt

$$\phi_i(\mathbf{z}(\mathbf{q})) = 0 \quad \forall \mathbf{q} \in \mathrm{I\!R}^f \tag{1.20}$$

für $i \in \{1, \ldots, m\}$. Wir fassen sämtliche *Lagekoordinaten* noch einmal zusammen

- $\mathbf{r}$ kartesische Lage eines Punktes,
- $\mathbf{z}$ generalisierte Koordinaten,
- $\mathbf{q}$ Minimalkoordinaten

und bezeichnen die zeitlichen Ableitungen $\dot{\mathbf{r}}$, $\dot{\mathbf{z}}$, $\dot{\mathbf{q}}$ als *Geschwindigkeitskoordinaten*.

1.4.2 Koordinatentransformationen

In der Kinetik sind häufig *Transformationen* zwischen Koordinatensystemen notwendig. Kinetische Grundgesetze gelten im raumfesten System, müssen aber zur Auswertung oft in körperfesten Koordinatensystemen angegeben werden. Vektoren lassen sich allgemein in unterschiedlichen Koordinatensystemen darstellen. Hierbei ändert sich nicht der Vektor, sondern lediglich seine beschreibenden Komponenten. Gemäß Abb. 1.9 kann man eine relative Verschiebung durch einen Vektor charakte-

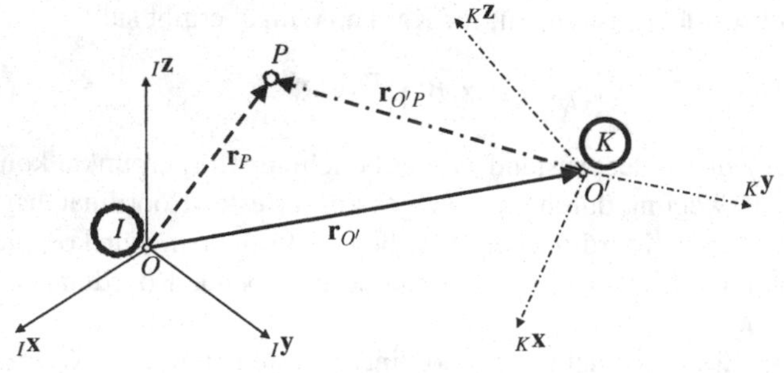

Abb. 1.9: Koordinatenverschiebung und -verdrehung.

risieren, der die Koordinatenursprungspunkte verbindet:

$$_K\mathbf{r}_P = {_K\mathbf{r}_{0'}} + {_K\mathbf{r}_{0'P}} \,. \tag{1.21}$$

Ist der Bezugspunkt O derjenige des inertialen Koordinatensystems, so lassen wir diesen häufig weg; genauso kann bei Beschreibung im inertialen Koordinatensystem der Index I entfallen.

Die Verdrehung der Koordinatensysteme ist analog zu Abschnitt 1.4.1 durch eine Drehmatrix gegeben, die nun als Transformationsmatrix interpretiert wird. Sie überführt den Vektor $_K\mathbf{r}_P$ im K-System in einen Vektor $_I\mathbf{r}_P$ im I-System [11, 44]:

$$_I\mathbf{r}_P = \mathbf{A}_{IK}\, {_K\mathbf{r}_P} \,. \tag{1.22}$$

Der Doppelindex IK ist dabei folgendermaßen zu interpretieren: die Matrix $\mathbf{A}$ transformiert den Vektor $\mathbf{r}_P$, angeschrieben im K-System, ins I-System. Alle ähnlichen Indizierungen von Matrizen sind sinngemäß zu interpretieren.

1.4.3 Relativkinematik

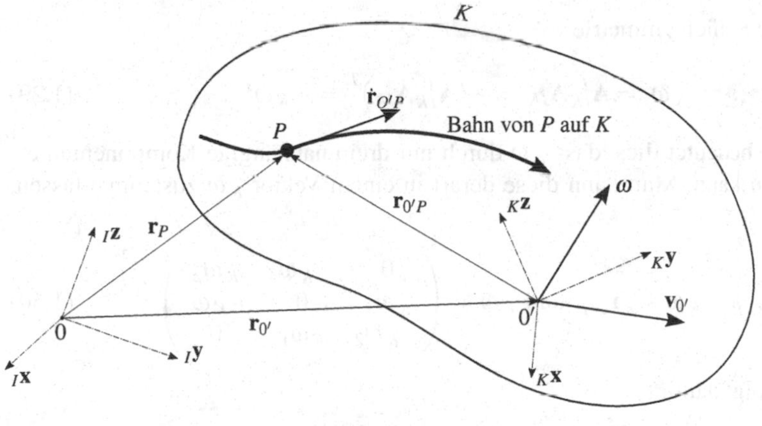

Abb. 1.10: Relativkinematik eines Körpers.

Die *Relativkinematik* (Abb. 1.10) beschäftigt sich mit der Herleitung und Darstellung von Geschwindigkeiten und Beschleunigungen in verschiedenen gegeneinander bewegten Koordinatensystemen. Die wesentlichen Beziehungen lassen sich rein formal gewinnen. Wie in (1.22) stellt man hierzu die aus Translation und Rotation überlagerte Position im raumfesten I-System dar:

$$ {}_I\mathbf{r}_P = {}_I\mathbf{r}_{O'} + \mathbf{A}_{IK}\,{}_K\mathbf{r}_{O'P} \,. \tag{1.23} $$

Formales Ableiten ergibt

$$ {}_I\dot{\mathbf{r}}_P = {}_I\dot{\mathbf{r}}_{O'} + \dot{\mathbf{A}}_{IK}\,{}_K\mathbf{r}_{O'P} + \mathbf{A}_{IK}\,{}_K\dot{\mathbf{r}}_{O'P} \,, \tag{1.24} $$

$$ {}_I\ddot{\mathbf{r}}_P = {}_I\ddot{\mathbf{r}}_{O'} + \ddot{\mathbf{A}}_{IK}\,{}_K\mathbf{r}_{O'P} + 2\dot{\mathbf{A}}_{IK}\,{}_K\dot{\mathbf{r}}_{O'P} + \mathbf{A}_{IK}\,{}_K\ddot{\mathbf{r}}_{O'P} \,. \tag{1.25} $$

Es ist ${}_I\mathbf{v}_P = {}_I\dot{\mathbf{r}}_P$ die *absolute Geschwindigkeit* des Punktes P im I-System und ${}_K\dot{\mathbf{r}}_{O'P}$ seine *Relativgeschwindigkeit* gesehen von O' im K-System. Die *translatorische Geschwindigkeit* des Punktes O' ist eine absolute Geschwindigkeit ${}_I\mathbf{v}_{O'} = {}_I\dot{\mathbf{r}}_{O'}$ und wird gemessen gegenüber dem raumfesten I-System. Entsprechend sind ${}_I\mathbf{a}_P = {}_I\ddot{\mathbf{r}}_P$ die *absolute Beschleunigung* des Punktes P im I-System und ${}_K\ddot{\mathbf{r}}_{O'P}$ seine *relative Beschleunigung* gesehen von O' im K-System; ${}_I\mathbf{a}_{O'} = {}_I\ddot{\mathbf{r}}_{O'}$ ist die absolute Beschleunigung des Punktes O' im I-System. Im körperfesten Koordinatensystem ergibt sich folgende Darstellung durch Multiplikation mit $\mathbf{A}_{KI}$:

$$ {}_K\mathbf{v}_P = {}_K\mathbf{v}_{O'} + \mathbf{A}_{IK}^T\dot{\mathbf{A}}_{IK}\,{}_K\mathbf{r}_{O'P} + {}_K\dot{\mathbf{r}}_{O'P} \,, \tag{1.26} $$

$$ {}_K\mathbf{a}_P = {}_K\mathbf{a}_{O'} + \mathbf{A}_{IK}^T\ddot{\mathbf{A}}_{IK}\,{}_K\mathbf{r}_{O'P} + 2\mathbf{A}_{IK}^T\dot{\mathbf{A}}_{IK}\,{}_K\dot{\mathbf{r}}_{O'P} + {}_K\ddot{\mathbf{r}}_{O'P} \,. \tag{1.27} $$

Ableiten der Einheitsmatrix $\mathbf{E} = \mathbf{A}_{IK}^T\mathbf{A}_{IK}$ ergibt

$$ \mathbf{0} = \dot{\mathbf{E}} = \mathbf{A}_{IK}^T\dot{\mathbf{A}}_{IK} + \dot{\mathbf{A}}_{IK}^T\mathbf{A}_{IK} \tag{1.28} $$

und zeigt die Schiefsymmetrie

$$ {}_K\tilde{\omega} := \mathbf{A}_{IK}^T\dot{\mathbf{A}}_{IK} = -\left(\mathbf{A}_{IK}^T\dot{\mathbf{A}}_{IK}\right)^T = -{}_K\tilde{\omega}^T \,. \tag{1.29} $$

Letztendlich bedeutet dies, dass ${}_K\tilde{\omega}$ durch nur drei unabhängige Komponenten erzeugt werden kann. Man kann diese derart in einem Vektor ${}_K\omega$ zusammenfassen, dass

$$ {}_K\tilde{\omega}\,{}_K\mathbf{r}_{O'P} = {}_K\omega \times {}_K\mathbf{r}_{O'P} \text{ und } {}_K\tilde{\omega} = \begin{pmatrix} 0 & -{}_K\omega_3 & {}_K\omega_2 \\ {}_K\omega_3 & 0 & -{}_K\omega_1 \\ -{}_K\omega_2 & {}_K\omega_1 & 0 \end{pmatrix} . \tag{1.30} $$

Aus (1.26) folgt damit

$$ {}_K\mathbf{v}_P = {}_K\mathbf{v}_{O'} + {}_K\omega \times {}_K\mathbf{r}_{O'P} + {}_K\dot{\mathbf{r}}_{O'P} \,. \tag{1.31} $$

Betrachten wir erneut den bewegten Körper K in Abb. 1.10, ein Karussell. Auf diesem bewegt sich ein zweiter Körper, ein Mensch repräsentiert durch den Punkt P, relativ entlang einer beliebigen Bahnkurve. Die Absolutgeschwindigkeit ${}_K\mathbf{v}_P$ des Punktes P enthält erstens eine Relativgeschwindigkeit und zweitens eine *Führungsgeschwindigkeit*, die aus der Bewegung von K resultiert:

$$ {}_K\mathbf{v}_{O'} + {}_K\omega \times {}_K\mathbf{r}_{O'P} \,. \tag{1.32} $$

Der *Drehgeschwindigkeitsanteil* ${}_K\boldsymbol{\omega} \times {}_K\mathbf{r}_{O'P}$ entsteht durch die Wirkung der *Winkelgeschwindigkeit* ${}_K\boldsymbol{\omega}$ des Körpers K dargestellt im körperfesten System im relativen Abstand ${}_K\mathbf{r}_{O'P}$ des Punktes P von $0'$. Vernachlässigen wir in (1.31) die translatorische Geschwindigkeit von O', so erhalten wir die absolute zeitliche Änderung von ${}_K\mathbf{r}_{O'P}$:

$$ {}_K\mathbf{v}_P = {}_K\boldsymbol{\omega} \times {}_K\mathbf{r}_{O'P} + {}_K\dot{\mathbf{r}}_{O'P} \,. \tag{1.33}$$

Mit (1.33) haben wir ein Fundament der Relativkinematik hergeleitet. Die Gleichung (1.33) gilt für jeden Vektor im bewegten System des Körpers K, also nicht nur für ${}_K\mathbf{r}_{O'P}$ und wird als EULER*'sche Differentiationsregel* oder *Coriolis-Formel* bezeichnet:

Die absolute zeitliche Änderung eines Vektors ist gleich der Summe von Führungsänderung und relativer Änderung [45].

Im Falle der aus Elementardrehungen zusammengesetzten EULER- und Kardan-Winkel gibt es eine elegante Methode die Winkelgeschwindigkeit ${}_K\omega$ aus der geometrischen Vorstellung zu berechnen. Bei EULER-Winkeln wird zunächst mit dem Winkel ψ um die z-Achse gedreht, anschließend mit dem Winkel ϑ um die entstandene x-Achse und zuletzt mit dem Winkel φ um die aktuelle z-Achse. Um eine Darstellung im raumfesten Ausgangssystem zu bekommen, müssen alle Elementardrehungen bis auf die erste zurücktransformiert werden:

$$\begin{aligned} {}_I\boldsymbol{\omega} &= \mathbf{e}_z\dot{\psi} + \mathbf{A}_z^T(\psi)\mathbf{e}_x\dot{\vartheta} + \mathbf{A}_z^T(\psi)\mathbf{A}_x^T(\vartheta)\mathbf{e}_z\dot{\varphi} \\ &= \begin{pmatrix} \sin\psi\sin\vartheta & \cos\psi & 0 \\ -\cos\psi\sin\vartheta & \sin\psi & 0 \\ \cos\vartheta & 0 & 1 \end{pmatrix} \begin{pmatrix} \dot{\varphi} \\ \dot{\vartheta} \\ \dot{\psi} \end{pmatrix} . \end{aligned}$$

Genauso kann man für Kardan-Winkel argumentieren. Da hier zunächst mit α um die x-Achse, dann mit β um die aktuelle y-Achse und abschließend mit γ um die entstandene z-Achse gedreht wird, folgt:

$$\begin{aligned} {}_I\boldsymbol{\omega} &= \mathbf{e}_x\dot{\alpha} + \mathbf{A}_x^T(\alpha)\mathbf{e}_y\dot{\beta} + \mathbf{A}_x^T(\alpha)\mathbf{A}_y^T(\beta)\mathbf{e}_z\dot{\gamma} \\ &= \begin{pmatrix} 1 & 0 & \sin\beta \\ 0 & \cos\alpha & -\sin\alpha\cos\beta \\ 0 & \sin\alpha & \cos\alpha\cos\beta \end{pmatrix} \begin{pmatrix} \dot{\alpha} \\ \dot{\beta} \\ \dot{\gamma} \end{pmatrix} . \end{aligned}$$

Eine Beziehung zwischen Winkelgeschwindigkeit und abgeleiteten Drehparametern kann für beliebige Drehparametrisierungen hergeleitet werden:

$$ {}_I\boldsymbol{\omega} = \mathbf{Y}_I^{-1}\dot{\boldsymbol{\varphi}} \,.$$

Für EULER- und Kardan-Winkel zeigt sich, dass die Inverse nicht für alle "Winkelwerte" existiert:

$$\mathbf{Y}_I = \frac{1}{\sin\vartheta}\begin{pmatrix} \sin\psi & -\cos\psi & 0 \\ \cos\psi\sin\vartheta & \sin\psi\sin\vartheta & 0 \\ -\sin\psi\cos\vartheta & \cos\psi\cos\vartheta & \sin\vartheta \end{pmatrix} \quad (\text{EULER-Winkel})\,,$$

$$\mathbf{Y}_I = \frac{1}{\cos\beta}\begin{pmatrix} \cos\beta & \sin\beta\sin\alpha & -\sin\beta\cos\alpha \\ 0 & \cos\beta\cos\alpha & \cos\beta\sin\alpha \\ 0 & -\sin\alpha & \cos\alpha \end{pmatrix} \quad (\text{Kardan-Winkel})\,.$$

Man spricht von einer *Singularität*, die bei allen minimal-parametrisierenden Winkelsystemen auftritt. Im Fall der Kardan-Winkel wird sie als *Kardan-Sperre* bezeichnet. Für EULER- oder Kardan-Winkel tritt die Singularität entweder für $\vartheta = 0$ oder für $\beta = \pi/2$ auf, also für einen speziellen Winkelparameterwert der jeweils zweiten Elementardrehung. Diese Erkenntnis ist verallgemeinerbar: wird die zweite Elementardrehung derart eingestellt, dass die erste und dritte Elementardrehung um die jeweils gleiche räumliche Achse stattfinden, so ist die Gesamtdrehung redundant repräsentiert. Die entstandene Singularität kann durch Wechsel von einem minimalen Winkelsystem in ein anderes minimales Winkelsystem behoben werden (*Umparametrisierung*). Durch die Verwendung eines nicht-minimalen Winkelsystems oder durch Zerlegung einer Rotation in singularitätenfreie *Inkremente* kann die Singularität gänzlich vermieden werden [31].

Für die Interpretation der absoluten Beschleunigung des Punktes P gemäß (1.27) überzeugt man sich zunächst, dass

$$_K\dot{\tilde{\omega}} = \frac{\mathrm{d}}{\mathrm{d}t}\left(\mathbf{A}_{IK}^T\dot{\mathbf{A}}_{IK}\right) = \dot{\mathbf{A}}_{IK}^T\mathbf{A}_{IK}\mathbf{A}_{IK}^T\dot{\mathbf{A}}_{IK} + \mathbf{A}_{IK}^T\ddot{\mathbf{A}}_{IK} = -{}_K\tilde{\omega}\,{}_K\tilde{\omega} + \mathbf{A}_{IK}^T\ddot{\mathbf{A}}_{IK}\,. \quad (1.34)$$

Aus (1.27) erhält man abschließend

$$_K\mathbf{a}_P = {}_K\mathbf{a}_{0'} + {}_K\dot{\omega} \times {}_K\mathbf{r}_{O'P} + {}_K\omega \times ({}_K\omega \times {}_K\mathbf{r}_{O'P}) + 2\,{}_K\omega \times {}_K\dot{\mathbf{r}}_{O'P} + {}_K\ddot{\mathbf{r}}_{O'P}\,. \quad (1.35)$$

Gleichung (1.35) entsteht auch durch Anwendung der EULER'schen Differentiationsregel aus der absoluten Geschwindigkeit (1.31)

$$\begin{aligned} _K\mathbf{a}_P &= {}_K\omega \times {}_K\mathbf{v}_P + {}_K\dot{\mathbf{v}}_P \\ &= {}_K\omega \times ({}_K\mathbf{v}_{0'} + {}_K\omega \times {}_K\mathbf{r}_{O'P} + {}_K\dot{\mathbf{r}}_{O'P}) + \frac{\mathrm{d}}{\mathrm{d}t}({}_K\mathbf{v}_{0'} + {}_K\omega \times {}_K\mathbf{r}_{O'P} + {}_K\dot{\mathbf{r}}_{O'P}) \end{aligned} \quad (1.36)$$

und anschließender Zusammenfassung der Terme.

Die Absolutbeschleunigung des Punktes P wird üblicherweise in drei Anteile zerlegt:

- Führungsbeschleunigung

$$_K\mathbf{a}_{0'} + {}_K\dot{\omega} \times {}_K\mathbf{r}_{O'P} + {}_K\omega \times ({}_K\omega \times {}_K\mathbf{r}_{O'P}) \quad (1.37)$$

bestehend aus Absolutbeschleunigung des Referenzkörpers ${}_K\mathbf{a}_{O'}$, *Drehbeschleunigung* oder EULER-*Beschleunigung* ${}_K\dot{\omega} \times {}_K\mathbf{r}_{O'P}$ und *Zentripetalbeschleunigung* ${}_K\omega \times ({}_K\omega \times {}_K\mathbf{r}_{O'P})$,

- Coriolisbeschleunigung

$$2\,{}_K\omega \times {}_K\dot{\mathbf{r}}_{O'P}\ , \tag{1.38}$$

- Relativbeschleunigung

$${}_K\ddot{\mathbf{r}}_{O'P}\ . \tag{1.39}$$

Beispiel 1.5 (Drehende Scheibe mit radial geführter Kugel). Eine Scheibe K

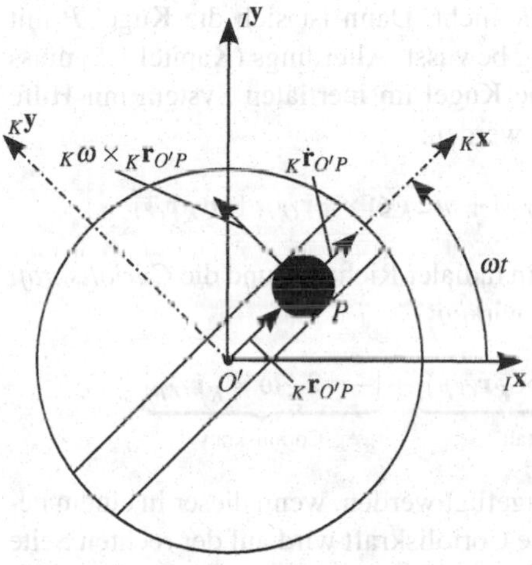

Abb. 1.11: Drehende Scheibe mit radial geführter Kugel.

dreht sich mit konstanter positiver ($\omega > 0$) Winkelgeschwindigkeit ${}_K\omega = \begin{pmatrix}0 & 0 & \omega\end{pmatrix}^T$ um ihren festen Mittelpunkt $O' = O$. Auf ihr ist eine Kugel P radial bei ebenfalls konstanter positiver ($v > 0$) (relativer) Geschwindigkeit in einer Schiene geführt: ${}_K\mathbf{r}_{O'P} = \begin{pmatrix}vt & 0 & 0\end{pmatrix}^T$. Startend bei $t = 0$ wollen wir Absolutgeschwindigkeit und -beschleunigung der Kugel diskutieren.

Man erhält die Absolutgeschwindigkeit der Kugel

$${}_K\mathbf{v}_P = {}_K\omega \times {}_K\mathbf{r}_{O'P} + {}_K\dot{\mathbf{r}}_{O'P} = \begin{pmatrix}v & \omega vt & 0\end{pmatrix}^T$$

bestehend aus Relativgeschwindigkeit v in radialer Richtung und Führungsbewegung ωvt in azimuthaler Umfangsrichtung. Für die absolute Beschleunigung folgt:

$${}_K\mathbf{a}_P = {}_K\omega \times ({}_K\omega \times {}_K\mathbf{r}_{O'P}) + 2\,{}_K\omega \times {}_K\dot{\mathbf{r}}_{O'P} = \begin{pmatrix}-\omega^2 vt & 2\omega v & 0\end{pmatrix}^T\ .$$

Man erkennt die Zentripetalbeschleunigung $-\omega^2 vt$ in negativer radialer Richtung und die vom Teufelsrad bekannte Coriolisbeschleunigung $2\omega v$ in azimuthaler Umfangsrichtung. Betrachtet man eine (relative) Änderung der absoluten Geschwindigkeit mit der Zeit ${}_K\dot{\mathbf{v}}_P = \begin{pmatrix}0 & \omega v & 0\end{pmatrix}^T$, so erkennt man, dass sich aus wechselnder Drehgeschwindigkeit ein erster Beitrag zur Coriolisbeschleunigung ergibt. Für die absolute zeitliche Änderung muss gemäß der EULER'schen Differentiationsregel noch die Führungsänderung addiert werden:

$${}_K\omega \times {}_K\mathbf{v}_P = \begin{pmatrix}-\omega^2 vt & \omega v & 0\end{pmatrix}^T .$$

Diese ist verantwortlich für die Zentripetalbeschleunigung und den zweiten Beitrag zur Coriolisbeschleunigung.

Versetzen wir uns nun in die Lage der Kugel P und nehmen an, diese kennt die Drehung der unterliegenden Scheibe K nicht. Dann ist sich die Kugel P mit Masse m nur ihrer relativen Beschleunigung bewusst. Allerdings (Kapitel 1.5) muss NEWTON's Gesetz auf die freigeschnittene Kugel im inertialen System mit Hilfe der absoluten Beschleunigung ausgewertet werden:

$${}_K\mathbf{F}_a = m\,{}_K\mathbf{a}_P = m\,{}_K\omega \times ({}_K\omega \times {}_K\mathbf{r}_{O'P}) + m2\,{}_K\omega \times {}_K\dot{\mathbf{r}}_{O'P} + m\,{}_K\ddot{\mathbf{r}}_{O'P} .$$

Die Kugel spürt daher die *Zentrifugalkraft* in radialer Richtung und die *Corioliskraft* in negativer azimuthaler Richtung auf sich wirken:

$$m\,{}_K\ddot{\mathbf{r}}_{O'P} = {}_K\mathbf{F}_a + \underbrace{[-m\,{}_K\omega \times ({}_K\omega \times {}_K\mathbf{r}_{O'P})]}_{\text{Zentrifugalkraft}} + \underbrace{[-m2\,{}_K\omega \times {}_K\dot{\mathbf{r}}_{O'P}]}_{\text{Corioliskraft}} .$$

Diese Kräfte müssen dem Impulssatz hinzugefügt werden, wenn dieser in einem bewegten System ausgewertet wird. Durch die Corioliskraft wird auf der rechten Seite der Schiene (negative azimuthale Richtung) eine zusätzliche Belastung entstehen.

Beispiel 1.6 (Scheibe auf Wagen). Gegeben ist eine schaukelnde Scheibe auf einem bewegtem Wagen gemäß Abb. 1.12. Die Schaukelfunktion $\varphi(t)$ sowie die Position des Wagens $x_W(t)$ sind bekannt. Die Aufgabe besteht darin, für den körperfesten Kontaktpunkt A der Scheibe die absolute Geschwindigkeit ${}_I\mathbf{v}_A$ und die absolute Beschleunigung ${}_I\mathbf{a}_A$ zu berechnen.

- Ein einfach zu behandelnder Referenzpunkt auf der Scheibe ist der Mittelpunkt:

  $${}_I\mathbf{r}_M = \begin{pmatrix}x_W + L + R\varphi & R & 0\end{pmatrix}^T .$$

  Seine absolute Geschwindigkeit beträgt

  $${}_I\mathbf{v}_M = {}_I\dot{\mathbf{r}}_M = \begin{pmatrix}\dot{x}_W + R\dot{\varphi} & 0 & 0\end{pmatrix}^T .$$

- Für den Punkt A wird (1.31) angewandt. Es ist ${}_I\omega = \begin{pmatrix}0 & 0 & -\dot{\varphi}\end{pmatrix}^T$ die Winkelgeschwindigkeit der Scheibe. Die Relativgeschwindigkeit verschwindet im körperfesten System und somit auch nach Transformation im raumfesten Sys-

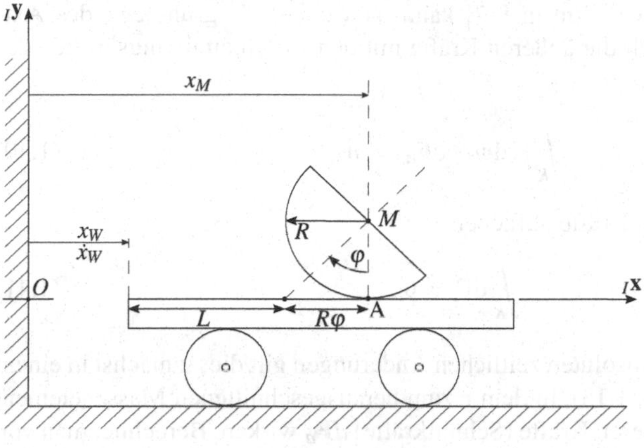

Abb. 1.12: Scheibe auf Wagen.

tem, da A körperfest ist. Der Radius beträgt $_I\mathbf{r}_{MA} = \begin{pmatrix}0 & -R & 0\end{pmatrix}^T$. Insgesamt folgt

$$_I\mathbf{v}_A = \begin{pmatrix}\dot{x}_W + R\dot{\varphi} & 0 & 0\end{pmatrix}^T + \begin{pmatrix}0 & 0 & -\dot{\varphi}\end{pmatrix}^T \times \begin{pmatrix}0 & -R & 0\end{pmatrix}^T = \begin{pmatrix}\dot{x}_W & 0 & 0\end{pmatrix}^T .$$

Das Ergebnis entspricht genau der *Rollbedingung*.

- Die absolute Beschleunigung des Mittelpunktes erfüllt

$$_I\mathbf{a}_M = {}_I\ddot{\mathbf{r}}_M = \begin{pmatrix}\ddot{x}_W + R\ddot{\varphi}\end{pmatrix} .$$

- Die Relativkinematik für den Punkt A basiert auf (1.35). Weil A körperfest ist, verschwindet auch die Relativbeschleunigung. Es folgt

$$\begin{aligned} _I\mathbf{a}_A &= \begin{pmatrix}\ddot{x}_W + R\ddot{\varphi} & 0 & 0\end{pmatrix}^T + \begin{pmatrix}0 & 0 & -\ddot{\varphi}\end{pmatrix}^T \times \begin{pmatrix}0 & -R & 0\end{pmatrix}^T \\ &\quad + \begin{pmatrix}0 & 0 & -\dot{\varphi}\end{pmatrix}^T \times \left(\begin{pmatrix}0 & 0 & -\dot{\varphi}\end{pmatrix}^T \times \begin{pmatrix}0 & -R & 0\end{pmatrix}^T\right) \\ &= \begin{pmatrix}\ddot{x}_W + R\ddot{\varphi} & 0 & 0\end{pmatrix}^T - \begin{pmatrix}R\ddot{\varphi} & 0 & 0\end{pmatrix}^T + \begin{pmatrix}0 & 0 & -\dot{\varphi}\end{pmatrix}^T \times \begin{pmatrix}-R\dot{\varphi} & 0 & 0\end{pmatrix}^T \\ &= \begin{pmatrix}\ddot{x}_W & R\dot{\varphi}^2 & 0\end{pmatrix}^T . \end{aligned}$$

1.5 Impuls- und Drallsatz

1.5.1 Allgemeine Axiome

Gemäß Kapitel 1.1 sind für die Mechanik nur Wechselwirkungen zwischen massebehafteten Körpern und Systemen von Interesse, die diesen Körpern und Systemen

Beschleunigungen erteilen. Wie in [17] kann man daher als grundlegendes Axiom formulieren, dass sich die äußeren Kräfte mit den Beschleunigungskräften das Gleichgewicht halten

$$\int_K (\ddot{\mathbf{r}}\mathrm{d}m - \mathrm{d}\mathbf{F}_a) = \mathbf{0} \tag{1.40}$$

und dass sich die inneren Kräfte aufheben

$$\int_K \mathrm{d}\mathbf{F}_i = \mathbf{0}\,. \tag{1.41}$$

Unter Verwendung von absoluten zeitlichen Änderungen gilt dies zunächst in einem *raumfesten System* (Abb. 1.13), in dem $\mathbf{r}$ zum herausgeschnittenen Massenelement dm zeigt, auf das die äußeren Kräfte (Schnittkräfte) $d\mathbf{F}_a$ wirken. Berechnet man von

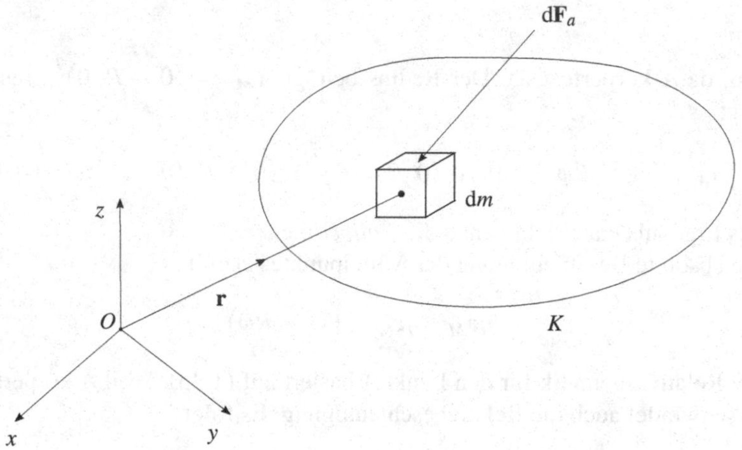

Abb. 1.13: Kräfte und Momente an einem Massenelement.

den Kräften das Moment um den Ursprung O, so muss zusätzlich dieses mit dem entsprechenden Impulsmoment im Gleichgewicht sein:

$$\int_K \mathbf{r} \times (\ddot{\mathbf{r}}\mathrm{d}m - \mathrm{d}\mathbf{F}_a) = \mathbf{0}\,. \tag{1.42}$$

Diese Beziehung kann offenbar nur gültig sein, wenn man gleichzeitig

$$\int_K \mathbf{r} \times \mathrm{d}\mathbf{F}_i = \mathbf{0} \tag{1.43}$$

fordert. Die damit umschriebene Bedingung ist weit weniger trivial als die Aussage, dass sich die inneren Kräfte gegenseitig aufheben. Sie setzt nämlich die Symmetrie des CAUCHY*'schen Spannungstensors* und damit das BOLTZMANN*'sche Axiom* voraus. Diese Symmetrie folgt in der Kontinuumsmechanik unmittelbar aus der Drehimpulsbilanz für ein Volumen [6]. Die oben aufgeführten vier Beziehungen können als aus der Erfahrung resultierende Axiome aufgefasst werden. Sie genügen, um alle Gleichungen der klassischen Mechanik herzuleiten.

1.5.2 Impulssatz

Die Gleichungen (1.40), (1.41) und (1.43) enthalten die drei NEWTON*'schen Axiome*.

AXIOM 1: Jeder Körper beharrt in seinem Zustand der Ruhe oder gleichförmigen Bewegung, wenn er nicht durch äußere Kräfte gezwungen wird, diesen Zustand zu ändern.

Um dieses schon bei GALILEI anzutreffende Axiom zu verdeutlichen [68], wird eine von EULER bei der Formulierung von Impuls- und Drallsatz eingeführte Schreibweise verwendet. Unter Vernachlässigung äußerer Kräfte $\int_K \mathrm{d}\mathbf{F}_a = \mathbf{0}$ folgt nämlich $\int_K \ddot{\mathbf{r}}\mathrm{d}m = \mathbf{0}$ und hieraus die Konstanz des *Impulses*

$$\mathbf{p} := \int_K \dot{\mathbf{r}}\mathrm{d}m = \text{konst.}\,. \tag{1.44}$$

Dies ist der *Impulserhaltungssatz*, der sich für die Schwerpunktsbewegung auch in der Form

$$\mathbf{p} = \dot{\mathbf{r}}_S m = \text{konst.} \tag{1.45}$$

schreiben lässt. Hierbei wurde die Formel für den *Massenmittelpunkt*

$$\mathbf{r}_S = \frac{1}{m}\int_K \mathbf{r}\mathrm{d}m \tag{1.46}$$

verwendet.

AXIOM 2: Die auf ein Massenelement wirkende Kraft ist gleich der zeitlichen Änderung seiner Bewegungsgröße:

$$\frac{\mathrm{d}\mathbf{p}}{\mathrm{d}t} = \mathbf{F}\,. \tag{1.47}$$

Hierbei ist $\mathbf{F} = \int_K \mathrm{d}\mathbf{F}_a$ die Summe aller äußeren Kräfte. Insbesondere gilt für eine Punktmasse:

$$m\left(\frac{\mathrm{d}\mathbf{v}_S}{\mathrm{d}t}\right) = \mathbf{F}_S\,. \tag{1.48}$$

AXIOM 3: Kräfte, die Körper aufeinander ausüben, sind gleich groß, entgegengesetzt gerichtet und liegen auf einer gemeinsamen Wirkungslinie.

Die Erkenntnis, dass eine Wirkung (*actio*) niemals ohne Gegenwirkung (*reactio*) auftreten kann, war zu NEWTONs Zeiten neu. Die Erfahrung beim Zusammenstoß zweier Körper oder bei der Reibung zwischen zwei Körpern liefert die praktische Bestätigung.

1.5.3 Drallsatz

Wie zuerst EULER erkannte, ist der *Drallsatz* ein eigenständiges Grundgesetz der Mechanik [68]. Definiert man in Übereinstimmung mit (1.42) und (1.43) den *Drall*

$$\mathbf{L}_O := \int_K \mathbf{r} \times (\dot{\mathbf{r}}\mathrm{d}m) \tag{1.49}$$

für den Körper K sowie das Moment der äußeren Kräfte

$$\mathbf{M}_O := \int_K \mathbf{r} \times \mathrm{d}\mathbf{F}_a\,, \tag{1.50}$$

so gilt der

Drallsatz:

$$\frac{\mathrm{d}\mathbf{L}_O}{\mathrm{d}t} = \mathbf{M}_O\,. \tag{1.51}$$

Man beachte, dass sowohl Drall als auch Moment bezugspunktabhängige Größen sind. Die hier dargestellte Herleitung des Drallsatzes setzt das BOLTZMANN'sche Axiom (1.43) voraus [29, 69]. Nimmt man dagegen den Drallsatz selbst als Axiom an, so folgt daraus unmittelbar die Symmetrie des CAUCHY'schen Spannungstensors [6].

Für die zeitliche Ableitung des Dralls in Relativsystemen gilt die EULER'sche Differentiationsregel (Abschnitt 1.4.3) [45].

1.6 Energiesatz

Bewegt sich ein Massenelement dm in einem *Kraftfeld* von einem Punkt 1 zu einem Punkt 2 um den Weg $\mathbf{dr}$ wie in Abb. 1.14, so verrichtet es *physikalische Arbeit*. Diese kann nach (1.40) zum einen über die wirkenden äußeren Kräfte oder zum

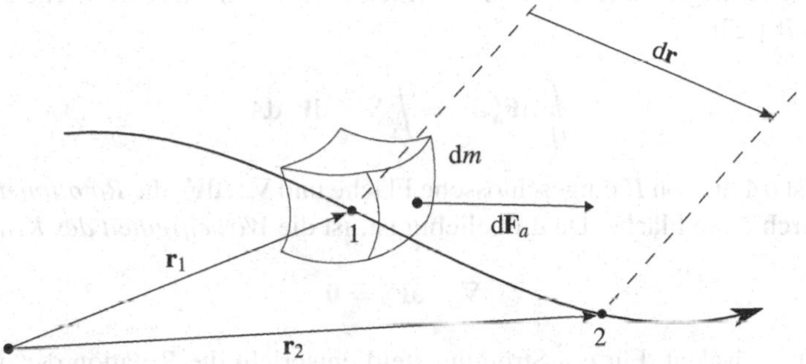

Abb. 1.14: Massenelement in einem Kraftfeld.

anderen über äquivalente Beschleunigungen ausgedrückt werden:

$$\mathrm{d}W = \int_{\mathbf{r}_1}^{\mathbf{r}_2} \mathrm{d}\mathbf{F}_a^T \mathrm{d}\mathbf{r} = \mathrm{d}m \int_{\mathbf{r}_1}^{\mathbf{r}_2} \ddot{\mathbf{r}}^T \mathrm{d}\mathbf{r}\,. \tag{1.52}$$

Für den Beschleunigungsterm folgt durch Einführung der Zeitableitung der Geschwindigkeit $\frac{\mathrm{d}\dot{\mathbf{r}}}{\mathrm{d}t}$ und durch Anwendung der Substitutionsregel

$$\mathrm{d}m \int_{\mathbf{r}_1}^{\mathbf{r}_2} \ddot{\mathbf{r}}^T \mathrm{d}\mathbf{r} = \mathrm{d}m \int_{\mathbf{r}_1}^{\mathbf{r}_2} \frac{\mathrm{d}\dot{\mathbf{r}}^T}{\mathrm{d}t} \mathrm{d}\mathbf{r} = \mathrm{d}m \int_{\dot{\mathbf{r}}_1}^{\dot{\mathbf{r}}_2} \dot{\mathbf{r}}^T \mathrm{d}\dot{\mathbf{r}} \tag{1.53}$$

nach Integration ein Zusammenhang zur *kinetischen Energie*

$$\mathrm{d}m \int_{\mathbf{r}_1}^{\mathbf{r}_2} \ddot{\mathbf{r}}^T \mathrm{d}\mathbf{r} = \frac{1}{2}\mathrm{d}m \left[\dot{\mathbf{r}}_2^2 - \dot{\mathbf{r}}_1^2\right] =: \mathrm{d}T_2 - \mathrm{d}T_1\,. \tag{1.54}$$

Demnach ist die von der äußeren Kraft $\mathrm{d}\mathbf{F}_a$ geleistete Arbeit gleich der Differenz der kinetischen Energien:

Energiesatz

$$\mathrm{d}W = \mathrm{d}T_2 - \mathrm{d}T_1\,. \tag{1.55}$$

Wir beschränken die Betrachtung auf Kraftfelder, in denen längs einer beliebigen geschlossenen Kurve Γ keine Arbeit geleistet wird, etwa bei zentralen Kraftfeldern, Gravitationsfelder oder elektrische COULOMB-Felder, oder bei Federkräften:

$$\oint_\Gamma \mathrm{d}\mathbf{F}_a^T \mathrm{d}\mathbf{r} = 0\,. \tag{1.56}$$

Man spricht in diesem Fall von einem *konservativen System.* In solchen Systemen wird weder Energie zugeführt noch vernichtet. Mit dem STOKES'schen Integralsatz [16, 78] gilt

$$\oint_\Gamma \mathrm{d}\mathbf{F}_a^T \mathrm{d}\mathbf{r} = \int_A \nabla \times \mathrm{d}\mathbf{F}_a \mathrm{d}A\,. \tag{1.57}$$

Hierbei ist $\mathrm{d}A$ die von Γ eingeschlossene Fläche und $\nabla \times \mathrm{d}\mathbf{F}_a$ die *Rotation des Kraftfeldes* durch diese Fläche. Da $\mathrm{d}A$ beliebig ist, ist die *Wirbelfreiheit des Kraftfeldes*

$$\nabla \times \mathrm{d}\mathbf{F}_a = \mathbf{0} \tag{1.58}$$

zu (1.56) äquivalent. Für ein Strömungsfeld entspricht die Rotation der doppelten Winkelgeschwindigkeit. Beide Bedingungen (1.56) und (1.58) sind notwendig für die Existenz eines *Potentials*; für praktische Anwendungsfälle sind sie auch hinreichend [40]:

$$\mathrm{d}\mathbf{F}_a^T =: -\nabla \mathrm{d}V\,. \tag{1.59}$$

Man nennt $\mathrm{d}V$ die *potentielle Energie* des betrachteten Massenelements oder auch seine *Potentialfunktion*. In einem konservativen System gilt also mit der Substitutionsregel und abschließender Integration

$$\int_{\mathbf{r}_1}^{\mathbf{r}_2} \mathrm{d}\mathbf{F}_a^T \mathrm{d}\mathbf{r} = -\int_{\mathbf{r}_1}^{\mathbf{r}_2} \left(\frac{\partial V}{\partial \mathbf{r}}\right)^T \mathrm{d}\mathbf{r} = -\int_{\mathrm{d}V_1}^{\mathrm{d}V_2} \mathrm{d}V = -(\mathrm{d}V_2 - \mathrm{d}V_1)\,. \tag{1.60}$$

Die verrichtete Arbeit $\mathrm{d}W$ ist damit identisch mit der negativen Differenz der Potentialfunktion $\mathrm{d}V$:

$$\mathrm{d}W = -(\mathrm{d}V_2 - \mathrm{d}V_1) = \mathrm{d}T_2 - \mathrm{d}T_1\,. \tag{1.61}$$

Umformuliert bedeutet dies für das Massenelement, dass die Gesamtenergie am Punkt 1 der *Gesamtenergie* am Punkt 2 entspricht:

$$\mathrm{d}E_1 := \mathrm{d}T_1 + \mathrm{d}V_1 = \mathrm{d}T_2 + \mathrm{d}V_2 =: \mathrm{d}E_2\,. \tag{1.62}$$

Geht man vom Massenelement $\mathrm{d}m$ auf die Gesamtmasse über, ergibt sich der

Energiesatz für konservative Systeme:

$$T + V = \text{konst.}. \tag{1.63}$$

In konservativen Systemen ändert sich also der Energiehaushalt nicht. Wäre Reibung im System, so würde die Gesamtenergie erfahrungsgemäß abnehmen und das Kurvenintegral (1.56) nicht verschwinden. Zeit- und geschwindigkeitsabhängige Kraftfelder sind nicht konservativ. Die Energiebetrachtungen folgen aus der Diskussion zum Impuls- und Drallsatz sowie zum BOLTZMANN'schen-Axiom (1.40)-(1.43); sie stellen also kein zusätzliches Axiom dar. Der Energiesatz (1.63) zeigt jedoch, dass die Gesamtenergie für konservative Systeme ein *erstes Integral*, und damit eine Invariante, der Bewegung ist. Für praktische Auswertungen wie etwa bei Stabilitätsbetrachtungen (Kapitel 4) kann dies nützlich sein.

Die Beziehungen für Impuls und Drall reichen aus, um die Bewegungen beliebiger mechanischer Systeme zu beschreiben. Dabei besteht der Verdienst von Isaac NEWTON (1642-1727) in der Einführung der drei grundlegenden Axiome und der von Leonhard EULER (1707-1783) in der Formulierung des Schnittprinzips, sowie in der Darstellung des Impuls- und Drallsatzes.

Das damit vorhandene Instrumentarium ist bei vielen Problemen der Mechanik unhandlich und aufwändig. Insbesondere bedarf es gesonderter Überlegungen, wenn die zu betrachtenden Bewegungen Bindungen (Abschnitt 1.3.3) besitzen.

1.7 Prinzipien von d'Alembert und Jourdain

Die Existenz von Zwangsbedingungen (Abschnitt 1.3.3) lässt bei der Herleitung von Bewegungsgleichungen solche Vorgehen als erstrebenswert erscheinen, die

- die Zwangsbedingungen automatisch berücksichtigen,
- möglichst einfach und transparent sind,
- einen möglichst kleinen Lösungsaufwand erfordern.

Große Hilfe zum Erreichen dieser Ziele werden die sogenannten "Prinzipien" der Mechanik sein, von d'ALEMBERT, von JOURDAIN, von GAUSS und von HAMILTON [11, 17, 29, 62, 69]. In diesem Abschnitt wird das Konzept am Prinzip von d'ALEMBERT und am Prinzip von JOURDAIN erläutert.

1.7.1 Prinzip von d'Alembert

Wendet man die Summe aus (1.40) und (1.41) auf einen materiellen Körper K an, ergibt sich

$$\int_K \ddot{\mathbf{r}} \mathrm{d}m = \int_K \mathrm{d}\mathbf{F} = \int_K (\mathrm{d}\mathbf{F}^e + \mathrm{d}\mathbf{F}^z) \; . \tag{1.64}$$

Dabei wurde die Summe aus äußeren und inneren Kräften $\mathrm{d}\mathbf{F} = \mathrm{d}\mathbf{F}_a + \mathrm{d}\mathbf{F}_i$ eingeteilt in *eingeprägte Kräfte* $\mathrm{d}\mathbf{F}^e$ (physikalisch erklärbar, Gravitation, Magnetfeld) und in *Zwangskräfte* $\mathrm{d}\mathbf{F}^z$ (verursacht durch Bindungen, Abschnitt 1.3.3). Die Einteilung in eingeprägte Kräfte und Zwangskräfte ist klassisch [45, 69]. Allerdings würde es vielen praktischen Anwendungen eher gerecht werden, eine Einteilung in *aktive Kräfte*, solche die Arbeit leisten, und *passive Kräfte*, solche die keine Arbeit leisten, zu nutzen. Auch diese Einteilung ist historisch und bereits bei LAGRANGE zu finden. *Strukturvariable Systeme* mit Reibung können hiermit besser erfasst werden (holonome Bindungen beim Schlitten in Abb. 1.3).

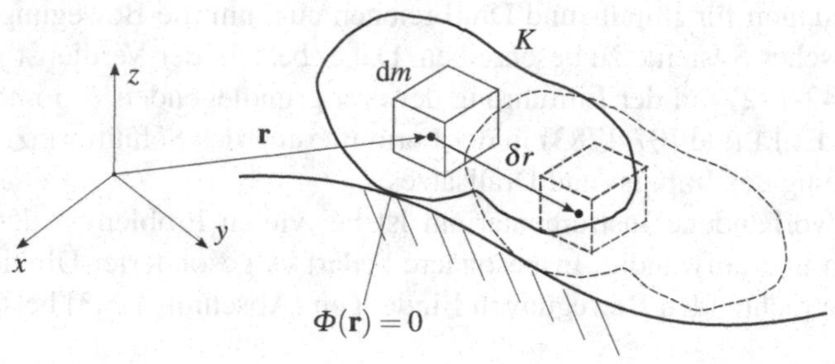

Abb. 1.15: Virtuelle Verschiebung eines Massenelementes.

Durch virtuelle Verschiebung der Bewegungsbahn eines Massenelementes $\mathrm{d}m$ um $\delta\mathbf{r}$ (Abschnitt 1.3.4 und Abb. 1.15) ergibt sich

$$(\ddot{\mathbf{r}}\mathrm{d}m - \mathrm{d}\mathbf{F}^e)^T \, \delta\mathbf{r} = (\mathrm{d}\mathbf{F}^z)^T \, \delta\mathbf{r} = \delta W^z \; . \tag{1.65}$$

Das ist die bei einer virtuellen Verschiebung geleistete *virtuelle Arbeit*. Sie wird durch eingeprägte Kräfte $\mathrm{d}\mathbf{F}^e$, Trägheitskräfte $\ddot{\mathbf{r}}\mathrm{d}m$ und Zwangskräfte $\mathrm{d}\mathbf{F}^z$ hervorgerufen. Die Zwangskräfte $\mathrm{d}\mathbf{F}^z$ entstehen aufgrund von Bindungen, die wir als holonom voraussetzen. Der Einfachheit halber nehmen wir die Bindung als holonom-skleronom an:

$$\boldsymbol{\Phi}(\mathbf{r}) = \mathbf{0} \quad \text{mit} \quad \mathbf{r} \in \mathbb{R}^3, \quad \boldsymbol{\Phi} \in \mathbb{R}^m, \quad m < 3 \; . \tag{1.66}$$

Diese Bindungsgleichungen lassen eine freie Wahl der virtuellen Verschiebungen nicht zu. Wie in Kapitel 1.3.4 gilt

$$\mathbf{0} \overset{!}{\doteq} \boldsymbol{\Phi}(\mathbf{r} + \delta\mathbf{r}) \doteq \underbrace{\boldsymbol{\Phi}(\mathbf{r})}_{=\mathbf{0}} + \frac{\partial \boldsymbol{\Phi}}{\partial \mathbf{r}} \delta\mathbf{r} =: \delta\boldsymbol{\Phi} \; . \tag{1.67}$$

Geometrisch bedeutet dies, dass die m Zwangsbedingungen (1.66) im $\mathbb{R}^3$ insgesamt m Flächen $\{\Phi_\nu(\mathbf{r}) = 0\}_{\nu=1}^{m}$ aufspannen, deren jeweilige Flächennormale $\mathbf{n}_\nu$ proportional zu $\left(\frac{\partial \Phi_\nu}{\partial \mathbf{r}}\right)^T$ ist (Abb. 1.16):

$$\left(\frac{\partial \Phi_\nu}{\partial \mathbf{r}}\right)^T \perp \delta\mathbf{r}\,. \tag{1.68}$$

Die virtuellen Verschiebungen können nur in diesen Flächen der Zwangsbedin-

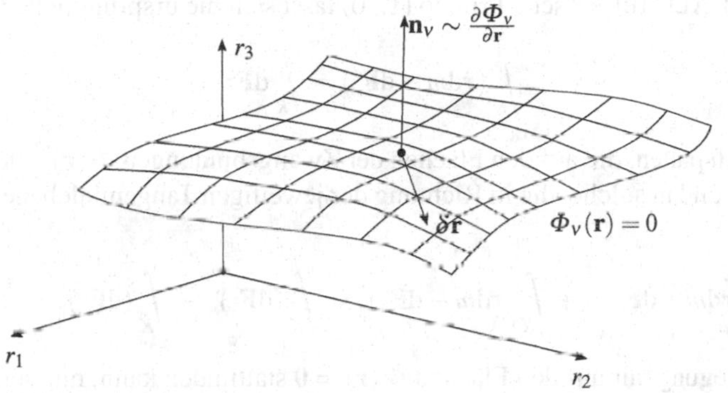

Abb. 1.16: Fläche der Zwangsbedingungen.

gungen stattfinden. Umgekehrt können alle durch die Bindungen $\Phi(\mathbf{r}) = \mathbf{0}$ erzeugten Zwangskräfte nur senkrecht auf diesen Flächen stehen (Kapitel 1.3.3). Es muss schließlich verhindert werden, dass die materiellen Körper sich aus den durch die Zwangsbedingungen vorgeschriebenen Flächen herausbewegen. Nur so ist eine völlig freie Bewegungsmöglichkeit in diesen Flächen gegeben. Das Résumé $(\mathrm{d}\mathbf{F}^z)^T\,\delta\mathbf{r} = 0$ stellt den wesentlichen Inhalt des d'ALEMBERT'schen Prinzips dar, das in der Fassung von LAGRANGE lautet [29, 69]:

Zwangskräfte leisten keine Arbeit,

$$\int_K (\mathrm{d}\mathbf{F}^z)^T\,\delta\mathbf{r} = 0\,. \tag{1.69}$$

Zwangskräfte sind also für die Bewegung des Systems "verlorene Kräfte", die das System in die vorgeschriebenen Flächen der Bindungen zwingen. Die Bewegung selbst wird ausschließlich von den eingeprägten Kräften erzeugt.

Prinzip von d'ALEMBERT:

$$\int_K (\ddot{\mathbf{r}}\mathrm{d}m - \mathrm{d}\mathbf{F}^e)^T \,\delta\mathbf{r} = 0\,. \tag{1.70}$$

Im statischen Fall ($\ddot{\mathbf{r}} = 0$) reduziert sich das d'ALEMBERT'sche Prinzip (1.70) zum *Prinzip der virtuellen Arbeit* [45]:

$$\delta W = \int_K (\mathrm{d}\mathbf{F}^e)^T \,\delta\mathbf{r} = 0\,. \tag{1.71}$$

Durch das d'ALEMBERT'sche Prinzip (1.70) lässt sich die ursprüngliche Beziehung

$$\int_K (\ddot{\mathbf{r}}\mathrm{d}m - \mathrm{d}\mathbf{F}^e) = \int_K \mathrm{d}\mathbf{F}^z \tag{1.72}$$

in Terme aufspalten, die auf den Flächen der Zwangsbindungen $\boldsymbol{\Phi}(\mathbf{r}) = \mathbf{0}$ senkrecht stehen ($\perp$), und in solche, die in Richtung der jeweiligen Tangentialebene ($\|$) gültig sind:

$$\int_K (\ddot{\mathbf{r}}\mathrm{d}m - \mathrm{d}\mathbf{F}^e)_\perp + \int_K (\ddot{\mathbf{r}}\mathrm{d}m - \mathrm{d}\mathbf{F}^e)_\| = \int_K (\mathrm{d}\mathbf{F}^z)_\perp + \int_K (\mathrm{d}\mathbf{F}^z)_\|\,. \tag{1.73}$$

Da die Bewegung nur auf den Flächen $\boldsymbol{\Phi}(\mathbf{r}) = \mathbf{0}$ stattfinden kann, müssen die senkrechten und tangentialen Anteile für sich verschwinden:

$$\int_K (\ddot{\mathbf{r}}\mathrm{d}m - \mathrm{d}\mathbf{F}^e)_\| = \int_K (\mathrm{d}\mathbf{F}^z)_\| = \mathbf{0}\,, \tag{1.74}$$

$$\int_K (\ddot{\mathbf{r}}\mathrm{d}m - \mathrm{d}\mathbf{F}^e - \mathrm{d}\mathbf{F}^z)_\perp = \mathbf{0}\,. \tag{1.75}$$

Daraus folgt:

- Nur die eingeprägten Tangentialkräfte liefern einen Beitrag zur Massenbeschleunigung.
- Die senkrechten Komponenten der eingeprägten Kräfte sind im Gleichgewicht mit den Zwangskräften und den Trägheitskräften $(\ddot{\mathbf{r}}\mathrm{d}m)_\perp$.

Wir schließen den Abschnitt mit einigen historischen Anmerkungen zur Entwicklung des d'ALEMBERT'schen Prinzips [68]:

1. Daniel BERNOULLI (1700 - 1782)
   Kräfte, die nicht zur Beschleunigungsbildung beitragen, sind "verlorene Kräfte":

   $$\ddot{\mathbf{r}}\mathrm{d}m - \mathrm{d}\mathbf{F}^e = \mathrm{d}\mathbf{F}^z\,.$$

2. Jean-Baptiste le Rond d'ALEMBERT (1717 - 1783)
   Die Summe aller "verlorenen Kräfte" ist im Gleichgewicht.

3. Joseph-Louis LAGRANGE (1736 - 1813)
Die "verlorenen Kräfte" leisten keine Arbeit. Daraus folgt die LAGRANGE'sche Fassung:

$$(\ddot{\mathbf{r}} \mathrm{d}m - \mathrm{d}\mathbf{F}^e)^T \, \delta\mathbf{r} = (\mathrm{d}\mathbf{F}^z)^T \, \delta\mathbf{r} = 0 \, .$$

1.7.2 Prinzip von Jourdain

Das Prinzip von JOURDAIN folgt qualitativ aus der gleichen Argumentation wie das Prinzip von d'ALEMBERT in der Fassung von LAGRANGE. Bindungsgleichungen, etwa als mathematische Repräsentation eines Gelenks, schreiben eine bestimmte Bewegung vor. Die sich daraus ergebenden Zwangskräfte stehen senkrecht auf den durch die kinematischen Koppelbedingungen definierten Flächen und können damit in ihrer Wirkungsrichtung nicht verschoben oder als Moment nicht verdreht werden. Dies bedeutet nicht nur, dass diese Kräfte nach dem Prinzip von d'ALEMBERT (1.69) keine Arbeit leisten, sondern darüberhinaus, dass sie nach dem JOURDAIN'sche Prinzip auch keine Leistung erbringen. Das Skalarprodukt aus dem Vektor der Zwangskräfte und dem Vektor einer (fast beliebigen) *virtuellen (gedachten) Verschiebegeschwindigkeit* verschwindet:

Philip JOURDAIN (1879 - 1919):
Zwangskräfte erbringen keine Leistung,

$$\int_K (\mathrm{d}\mathbf{F}^z)^T \, \delta\dot{\mathbf{r}} = 0 \, . \tag{1.76}$$

Da die Kopplung in (1.76) über die Verschiebegeschwindigkeiten erfolgt, müssen wir holonome Bindungen wie in (1.6) in differenzierter Form berücksichtigen:

$$\boldsymbol{\Phi}(\mathbf{r}, \dot{\mathbf{r}}, t) = \mathbf{W}(\mathbf{r}, t)^T \, \dot{\mathbf{r}} + \hat{\mathbf{w}}(\mathbf{r}, t) = \mathbf{0} \quad \text{mit} \quad \dot{\mathbf{r}} \in \mathbb{R}^3, \quad \boldsymbol{\Phi} \in \mathbb{R}^m, \quad m < 3 \, . \tag{1.77}$$

Auch nicht-integrierbare nichtholonome Zwangsbedingungen können nun unmittelbar eingesetzt werden; die Einschränkung auf rein holonome Bindungen wie beim Prinzip von d'ALEMBERT (1.69) ist nicht nötig. Bei der Kopplung in (1.76) betrachten wir nur Änderungen in $\delta\dot{\mathbf{r}}$, also $\delta\mathbf{r} = \mathbf{0}$, $\delta t = 0$:

$$\mathbf{0} \stackrel{!}{=} \boldsymbol{\Phi}(\mathbf{r}, \dot{\mathbf{r}} + \delta\dot{\mathbf{r}}, t) = \underbrace{\boldsymbol{\Phi}(\mathbf{r}, \dot{\mathbf{r}}, t)}_{=\mathbf{0}} + \frac{\partial \boldsymbol{\Phi}}{\partial \dot{\mathbf{r}}} \delta\dot{\mathbf{r}} =: \delta\boldsymbol{\Phi} \, . \tag{1.78}$$

Erwartungsgemäß müssen die Verschiebegeschwindigkeiten also analog zum Prinzip von d'ALEMBERT (1.69) senkrecht zur Zwangsrichtung sein:

$$\mathbf{W} \perp \delta\dot{\mathbf{r}}\,. \tag{1.79}$$

Da die Beziehung (1.77) exakt ist, sind die Verschiebegeschwindigkeiten $\delta\dot{\mathbf{r}}$ im Gegensatz zu den virtuellen Verschiebungen $\delta\mathbf{r}$ nicht notwendigerweise klein. Insgesamt folgt

$$\int_K (\ddot{\mathbf{r}}\mathrm{d}m - \mathrm{d}\mathbf{F}^e)^T\,\delta\dot{\mathbf{r}} = 0\,. \tag{1.80}$$

1.8 Newton-Euler Gleichungen für Systeme mit Bindungen

Die Prinzipien von D'ALEMBERT oder JOURDAIN bieten zusammen mit den Gleichungen der Relativkinematik eine transparente und elegante Möglichkeit, die Bewegungsgleichungen sowohl des starren Einzelkörpers als auch eines Systems von Körpern mit den Zwangsbedingungen zu verknüpfen. Die hierfür günstigsten Methoden werden im Folgenden diskutiert.

1.8.1 Starrer Einzelkörper

Gleichung (1.80) enthält die absolute Geschwindigkeit $\dot{\mathbf{r}}$ und die absolute Beschleunigung $\ddot{\mathbf{r}}$ eines beliebigen Punktes eines starren Körpers K. In den nun auftretenden relativen Größen bezeichnen wir diesen Punkt mit P. Mit (1.31) und (1.35) sowie ${}_K\dot{\mathbf{r}}_{O'P} = \mathbf{0}$ und ${}_K\ddot{\mathbf{r}}_{O'P} = \mathbf{0}$ aufgrund der Starrkörperannahme erhalten wir

$$\dot{\mathbf{r}} = \mathbf{v}_{O'} + \tilde{\omega}\mathbf{r}_{O'P}\,, \tag{1.81}$$

$$\ddot{\mathbf{r}} = \mathbf{a}_{O'} + \left(\dot{\tilde{\omega}} + \tilde{\omega}\tilde{\omega}\right)\mathbf{r}_{O'P}\,. \tag{1.82}$$

Gelingt es uns, einen Satz von Minimalkoordinaten $\mathbf{q}$, $\dot{\mathbf{q}}$ für unser System zu finden, so lassen sich die Beziehungen $\mathbf{r}(\mathbf{q},t)$ und $\dot{\mathbf{r}}(\mathbf{q},\dot{\mathbf{q}},t)$ angeben. Nach Wahl der Minimalkoordinaten sind die Zwangsbedingungen (1.77) automatisch erfüllt. Die zeitliche Ableitung $\dot{\mathbf{r}}$ lässt sich in der Form

$$\dot{\mathbf{r}} = \left(\frac{\partial\mathbf{r}}{\partial\mathbf{q}}\right)\dot{\mathbf{q}} + \frac{\partial\mathbf{r}}{\partial t} \tag{1.83}$$

schreiben. Daraus folgt die wichtige Beziehung

$$\left(\frac{\partial\dot{\mathbf{r}}}{\partial\dot{\mathbf{q}}}\right) = \left(\frac{\partial\mathbf{r}}{\partial\mathbf{q}}\right)\,. \tag{1.84}$$

Bei der Variation von $\delta\dot{\mathbf{r}}$ betrachten wir nur Änderungen in $\delta\dot{\mathbf{q}}$:

$$\delta\dot{\mathbf{r}} = \left(\frac{\partial\dot{\mathbf{r}}}{\partial\dot{\mathbf{q}}}\right)\delta\dot{\mathbf{q}} = \left(\frac{\partial\mathbf{r}}{\partial\mathbf{q}}\right)\delta\dot{\mathbf{q}}\,. \tag{1.85}$$

Einsetzen von (1.81) und Ausnutzen von $\tilde{\omega}\mathbf{r}_{O'P} = \tilde{\mathbf{r}}^T_{O'P}\omega$ ergibt

$$\delta\dot{\mathbf{r}} = \left[\left(\frac{\partial\mathbf{v}_{O'}}{\partial\dot{\mathbf{q}}}\right) + \tilde{\mathbf{r}}^T_{O'P}\left(\frac{\partial\omega}{\partial\dot{\mathbf{q}}}\right)\right]\delta\dot{\mathbf{q}}. \tag{1.86}$$

Setzen wir dies zusammen mit (1.82) in (1.80) ein, so erhalten wir das folgende Integral über K:

$$\int_K \delta\dot{\mathbf{q}}^T\left[\left(\frac{\partial\mathbf{v}_{O'}}{\partial\dot{\mathbf{q}}}\right) + \tilde{\mathbf{r}}^T_{O'P}\left(\frac{\partial\omega}{\partial\dot{\mathbf{q}}}\right)\right]^T\left\{\left[\mathbf{a}_{O'} + \left(\dot{\tilde{\omega}} + \tilde{\omega}\tilde{\omega}\right)\mathbf{r}_{O'P}\right]\mathrm{d}m - \mathrm{d}\mathbf{F}^e\right\} = 0\,. \tag{1.87}$$

Da alle Zwangsbedingungen durch die Wahl der Minimalkoordinaten $\mathbf{q}$ erfüllt sind, sind die virtuellen Geschwindigkeiten $\delta\dot{\mathbf{q}}$ frei wählbar. Wir wenden daher das *Fundamentallemma der Variationsrechung* an, wonach der Integrand verschwinden muss, und sortieren nach Auftreten von $\left(\frac{\partial\mathbf{v}_{O'}}{\partial\dot{\mathbf{q}}}\right)^T$ und $\left(\frac{\partial\omega}{\partial\dot{\mathbf{q}}}\right)^T$:

$$\begin{aligned}\mathbf{0} = &\left(\frac{\partial\mathbf{v}_{O'}}{\partial\dot{\mathbf{q}}}\right)^T\left[\int_K\left(\mathbf{a}_{O'} + \left(\dot{\tilde{\omega}} + \tilde{\omega}\tilde{\omega}\right)\mathbf{r}_{O'P}\right)\mathrm{d}m - \int_K\mathrm{d}\mathbf{F}^e\right]\\ &+\left(\frac{\partial\omega}{\partial\dot{\mathbf{q}}}\right)^T\left[\int_K\tilde{\mathbf{r}}_{O'P}\mathbf{a}_{O'}\mathrm{d}m + \int_K\tilde{\mathbf{r}}_{O'P}\dot{\tilde{\omega}}\mathbf{r}_{O'P}\mathrm{d}m + \int_K\tilde{\mathbf{r}}_{O'P}\tilde{\omega}\tilde{\omega}\mathbf{r}_{O'P}\mathrm{d}m - \int_K\tilde{\mathbf{r}}_{O'P}\mathrm{d}\mathbf{F}^e\right]\,.\end{aligned} \tag{1.88}$$

Dies sind Impuls- und Drallsatz projiziert in die Richtung der freien Bewegung. Wie in Kapitel 1.5 führen wir eingeprägte Kräfte und Momente

$$\mathbf{F}^e = \int_K\mathrm{d}\mathbf{F}^e\,, \tag{1.89}$$

$$\mathbf{M}^e_{O'} = \int_K\tilde{\mathbf{r}}_{O'P}\,\mathrm{d}\mathbf{F}^e \tag{1.90}$$

ein und verwenden im Folgenden die Definition des Massenmittelpunkts (1.46)

$$\mathbf{r}_{O'S} = \frac{1}{m}\int_K\mathbf{r}_{O'P}\,\mathrm{d}m \tag{1.91}$$

und des *Trägheitstensors*

$$\Theta_{O'} = -\int_K\tilde{\mathbf{r}}_{O'P}\tilde{\mathbf{r}}_{O'P}\,\mathrm{d}m\,, \tag{1.92}$$

der mit Hilfe des *Satzes von* HUYGENS-STEINER auf den Massenmittelpunkt als Bezugspunkt umgerechnet werden kann:

$$
\begin{aligned}
\Theta_S &= -\int_K \tilde{\mathbf{r}}_{SP}\tilde{\mathbf{r}}_{SP}\,\mathrm{d}m = -\int_K (\tilde{\mathbf{r}}_{SO'}+\tilde{\mathbf{r}}_{O'P})(\tilde{\mathbf{r}}_{SO'}+\tilde{\mathbf{r}}_{O'P})\,\mathrm{d}m \\
&= \Theta_{O'} - m\tilde{\mathbf{r}}_{O'S}^2 - \int_K \tilde{\mathbf{r}}_{SO'}\tilde{\mathbf{r}}_{O'P}\,\mathrm{d}m - \int_K \tilde{\mathbf{r}}_{O'P}\tilde{\mathbf{r}}_{SO'}\,\mathrm{d}m \\
&= \Theta_{O'} + m\tilde{\mathbf{r}}_{O'S}^2 \,.
\end{aligned} \tag{1.93}
$$

Wir erhalten abschließend

$$
\begin{aligned}
\mathbf{0} = {} & \mathbf{J}_{O'}^T\left[m\mathbf{a}_{O'} + m\left(\dot{\tilde{\omega}} + \tilde{\omega}\tilde{\omega}\right)\mathbf{r}_{O'S} - \mathbf{F}^e\right] \\
& + \mathbf{J}_R^T\left[\underbrace{m\tilde{\mathbf{r}}_{O'S}\mathbf{a}_{O'}}_{\text{Bahndrehimpulsänderung}} + \underbrace{\Theta_{O'}\dot{\omega}}_{\text{Relativanteil}} + \underbrace{\tilde{\omega}\Theta_{O'}\omega}_{\text{Kreiselanteil}} - \mathbf{M}_{O'}^e\right]
\end{aligned} \tag{1.94}
$$

mit den JACOBI-Matrizen

$$
\mathbf{J}_{O'} = \left(\frac{\partial \mathbf{v}_{O'}}{\partial \dot{\mathbf{q}}}\right), \tag{1.95}
$$

$$
\mathbf{J}_R = \left(\frac{\partial \omega}{\partial \dot{\mathbf{q}}}\right). \tag{1.96}
$$

Man bezeichnet *Relativanteil* und *Kreiselanteil* zusammen als *Eigendrehimpulsänderung* zur Unterscheidung von der *Bahndrehimpulsänderung*. Zur Vereinfachung des Kreiselanteils wurde die JACOBI-*Identität* für das Vektorprodukt verwendet:

$$
\mathbf{i}\times(\mathbf{j}\times\mathbf{k}) = -\mathbf{j}\times(\mathbf{k}\times\mathbf{i}) - \mathbf{k}\times(\mathbf{i}\times\mathbf{j}) \tag{1.97}
$$

mit $\mathbf{i} = \mathbf{r}_{O'P}$, $\mathbf{j} = \omega$, $\mathbf{k} = \omega \times \mathbf{r}_{O'P}$.

1.8.2 System aus mehreren starren Einzelkörpern

Gleichung (1.94) lässt sich leicht auf ein *Mehrkörpersystem (MKS)* bestehend aus mehreren starren Einzelkörpern erweitern, indem wir über alle n Körper des Mehrkörpersystems summieren. Die verwendeten Größen werden dabei mit i indiziert. Gleichung (1.94) ändert sich zu

$$
\begin{aligned}
& \sum_{i=1}^n \mathbf{J}_{O'_i}^T\left[m_i\mathbf{a}_{O'_i} + m_i\left(\dot{\tilde{\omega}}_i + \tilde{\omega}_i\tilde{\omega}_i\right)\mathbf{r}_{O'_iS_i} - \mathbf{F}_i^e\right] \\
& + \sum_{i=1}^n \mathbf{J}_{R_i}^T\left[m_i\tilde{\mathbf{r}}_{O'_iS_i}\mathbf{a}_{O'_i} + \Theta_{O'_i,i}\dot{\omega}_i + \tilde{\omega}_i\Theta_{O'_i,i}\omega_i - \mathbf{M}_{O'_i,i}^e\right] = \mathbf{0}\,.
\end{aligned} \tag{1.98}
$$

1.8.3 Anmerkungen

Bei der praktisch recht häufigen Wahl des Massenmittelpunktes als Bezugspunkt wird $\mathbf{r}_{O'S} = \mathbf{0}$ und die zeitlichen Ableitungen des Impulses und des Dralls vereinfachen sich zu:

$$\mathbf{0} = \mathbf{J}_S^T \left[m\mathbf{a}_S - \mathbf{F}^e\right] + \mathbf{J}_R^T \left[\Theta_S \dot{\omega} + \tilde{\omega}\Theta_S \omega - \mathbf{M}_S^e\right] . \tag{1.99}$$

Was bedeutet (1.94) grundsätzlich? Die Zeilenvektoren der JACOBI-*Matrizen* $\mathbf{J}_{O'}$, $\mathbf{J}_R$ stellen die Gradienten bezüglich $\dot{\mathbf{q}}$ der durch $\mathbf{v}_{O'}(\mathbf{q},\dot{\mathbf{q}},t)$ und $\omega(\mathbf{q},\dot{\mathbf{q}},t)$ definierten Zwangsbedingungen dar. Die Multiplikation der JACOBI-*Matrix der Translation* $\mathbf{J}_{O'}$ mit dem Impulssatz und die Multiplikation der JACOBI-*Matrix der Rotation* $\mathbf{J}_R$ mit dem Drallsatz beschreibt die Projektion in die durch die Zwangsbedingungen aufgespannten Flächen gemäß Abschnitt 1.7.1 (Abb. 1.16). Mit (1.94) werden demnach alle Kräfte und Momente ausgeblendet, die für den Bewegungsablauf "verlorene Kräfte" sind, und es werden nur diejenigen Kräfte und Momente berücksichtigt, die dem starren Körper Beschleunigungen in den durch die Bindungen erlaubten freien Richtungen erteilen.

Für jede Zeile von $\mathbf{J}_{O'}^T, \mathbf{J}_R^T$ erhalten wir in (1.94) ein Skalarprodukt mit der entsprechenden Vektordifferentialgleichung des Impuls- oder Drallsatzes. Impuls- und Drallsatz dürfen demnach in verschiedenen Koordinatensystemen ausgewertet werden, da dies das Skalarprodukt eines Gradienten mit einem Vektor nicht ändert, sofern Gradient und zugehöriger Vektor jeweils im gleichen Koordinatensystem definiert sind. So bietet sich in den meisten Fällen eine Auswertung von $\mathbf{J}_{O'}$ mit dem Impulssatz in raumfesten, eine Auswertung von $\mathbf{J}_R$ mit dem Drallsatz aber in körperfesten Koordinaten an, da in letzteren der Trägheitstensor (1.92) konstant ist.

Aus der obigen Interpretation von (1.94) folgt bei freier Bewegung des starren Körpers, also beim Fehlen von Zwangsbedingungen, dass $\mathbf{q} = \mathbf{r}$ gewählt werden kann. Die Kopplung von Impuls- und Drallsatz entfällt und die Bewegung wird durch die beiden Gleichungen

$$m\mathbf{a}_{O'} + m\left(\dot{\tilde{\omega}} + \tilde{\omega}\tilde{\omega}\right)\mathbf{r}_{O'S} = \mathbf{F}^e , \tag{1.100}$$

$$m\tilde{\mathbf{r}}_{O'S}\mathbf{a}_{O'} + \Theta_{O'}\dot{\omega} + \tilde{\omega}\Theta_{O'}\omega = \mathbf{M}_{O'}^e \tag{1.101}$$

beschrieben (Kapitel 1.5).

Der Drallsatz in (1.94)

$$m\tilde{\mathbf{r}}_{O'S}\mathbf{a}_{O'} + \Theta_{O'}\dot{\omega} + \tilde{\omega}\Theta_{O'}\omega = \mathbf{M}_{O'}^e \tag{1.102}$$

ist bezüglich des bewegten, körperfesten Punkt O' angegeben im Gegensatz zur Darstellung (1.51). Zur Erklärung betrachten wir Definition (1.49) und setzen (1.21) sowie (1.81) ein:

$$\mathbf{L}_O := \int_K \mathbf{r} \times (\dot{\mathbf{r}}\mathrm{d}m) = \mathbf{L}_{O'} + m\left[\mathbf{r}_{O'} \times (\mathbf{v}_{O'} + \omega \times \mathbf{r}_{O'S}) + \mathbf{r}_{O'S} \times \mathbf{v}_{O'}\right] . \tag{1.103}$$

Unter Zuhilfenahme der EULER'schen Differentiationsregel, des Impulssatzes und der Rechenregeln für das Vektorprodukt folgt für die absolute Änderung des zweiten Summanden

$$\begin{aligned}(m\mathbf{v}_{O'}) \times (\mathbf{v}_{O'} + \omega \times \mathbf{r}_{O'S}) + \mathbf{r}_{O'} \times \left(m\mathbf{a}_{O'} + m(\dot{\tilde{\omega}} + \tilde{\omega}\tilde{\omega})\mathbf{r}_{O'S}\right)\\ + (\omega \times \mathbf{r}_{O'S}) \times (m\mathbf{v}_{O'}) + (m\mathbf{r}_{O'S}) \times \mathbf{a}_{O'}\\ = \mathbf{r}_{O'} \times \mathbf{F}^e + (m\mathbf{r}_{O'S}) \times \mathbf{a}_{O'} \,. \end{aligned} \tag{1.104}$$

Mit der Beziehung für die Momente

$$\mathbf{M}_O = \mathbf{M}_{O'} + \mathbf{r}_{O'} \times \mathbf{F}^e \tag{1.105}$$

folgt aus dem Drallsatz bezüglich des raumfesten Punktes O (1.51) der Drallsatz bezüglich des bewegten, körperfesten Punktes O' (1.94).

Mit den absoluten Änderungen des Impulses $(m_K\mathbf{a}_{O'} + m\left({}_K\dot{\tilde{\omega}} + {}_K\tilde{\omega}\,{}_K\tilde{\omega}\right)\,{}_K\mathbf{r}_{O'S})$ und des Dralls $({}_K\Theta_{O'}\,{}_K\dot{\omega} + {}_K\tilde{\omega}\,{}_K\Theta_{O'}\,{}_K\omega)$ bezüglich O' im körperfesten Koordinatensystem ergeben sich Impuls und Drall um den Punkt O' über die EULER'sche Differentiationsregel:

$${}_K\mathbf{p} = m\,{}_K\mathbf{v}_{O'} + m\,{}_K\tilde{\omega}\,{}_K\mathbf{r}_{O'S} \,, \tag{1.106}$$

$${}_K\mathbf{L}_{O'} = {}_K\Theta_{O'}\,{}_K\omega \,. \tag{1.107}$$

In einem beliebigen Referenzsystem R folgt damit für die absolute Impuls- und Dralländerung die Abhängigkeit von der zugehörigen Winkelgeschwindigkeit:

$${}_R\omega_R \times {}_R\mathbf{p} + {}_R\dot{\mathbf{p}} \,, \tag{1.108}$$

$${}_R\omega_R \times {}_R\mathbf{L}_{O'} + {}_R\dot{\mathbf{L}}_{O'} \,. \tag{1.109}$$

Wählt man $O' = S$ als Massenmittelpunkt ($\mathbf{r}_{O'S} = \mathbf{0}$) oder als körper- und gleichzeitig raumfesten Fixpunkt ($\mathbf{a}_{O'} = \mathbf{0}$) erhält man die folgende Gestalt des Drallsatzes:

$$\Theta_{O'}\dot{\omega} + \omega \times \Theta_{O'}\omega = \mathbf{M}^e_{O'} \,. \tag{1.110}$$

Gemäß [45, 24] ist dies die Vektorform der sogenannten *dynamischen* EULER-*Gleichung*, wenn man ein *Hauptachsensystem* also einen diagonalen Trägheitstensor voraussetzt. Sie spielt in der Kreiseltheorie eine maßgebliche Rolle.

Über (1.96) haben wir die JACOBI-Matrix der Rotation definiert als

$$\mathbf{J}_R = \left(\frac{\partial \omega}{\partial \dot{\mathbf{q}}}\right) \,. \tag{1.111}$$

Nun gilt für die JACOBI-Matrizen der Translation (1.84):

$$\left(\frac{\partial \dot{\mathbf{r}}}{\partial \dot{\mathbf{q}}}\right) = \left(\frac{\partial \mathbf{r}}{\partial \mathbf{q}}\right) \,. \tag{1.112}$$

Es gilt (Kapitel 1.4)

$$\omega = \mathbf{Y}^{-1}(\varphi)\dot{\varphi} . \tag{1.113}$$

Wenn wir davon ausgehen, dass $\varphi = \varphi(\mathbf{q},t)$, so gilt

$$\dot{\varphi} = \left(\frac{\partial \varphi}{\partial \mathbf{q}}\right)\dot{\mathbf{q}} + \frac{\partial \varphi}{\partial t} \tag{1.114}$$

und erwartungsgemäß auch hier

$$\left(\frac{\partial \dot{\varphi}}{\partial \dot{\mathbf{q}}}\right) = \left(\frac{\partial \varphi}{\partial \mathbf{q}}\right) . \tag{1.115}$$

Mit der Parametrisierung $\varphi = \varphi(\mathbf{q},t)$ ist $\dot{\varphi} = \dot{\varphi}(\mathbf{q},\dot{\mathbf{q}},t)$ und damit $\omega = \omega(\mathbf{q},\dot{\mathbf{q}},t)$. Also folgt der nun vielleicht ungewöhnlich erscheinende Zusammenhang

$$\mathbf{J}_R = \mathbf{Y}^{-1}(\varphi(\mathbf{q},t))\left(\frac{\partial \dot{\varphi}}{\partial \dot{\mathbf{q}}}\right) . \tag{1.116}$$

Die Beziehung

$$\mathbf{J}_R = \left(\frac{\partial \dot{\varphi}}{\partial \dot{\mathbf{q}}}\right) \tag{1.117}$$

gilt im Allgemeinen also nur für ebene Drehungen.

Beispiel 1.7. Zur Erläuterung des Drallsatzes wird in [30] ein ferngesteuertes Auto mit Hochgeschwindigkeitskreisel vorgestellt. Das Prinzip zeigt Abb. 1.17. Das ferngesteuerte Auto fährt eine Linkskurve. Dadurch wirkt ein Zwangsmoment $\mathbf{M}_S(t)$. Wir verwenden im Folgenden den Drallsatz

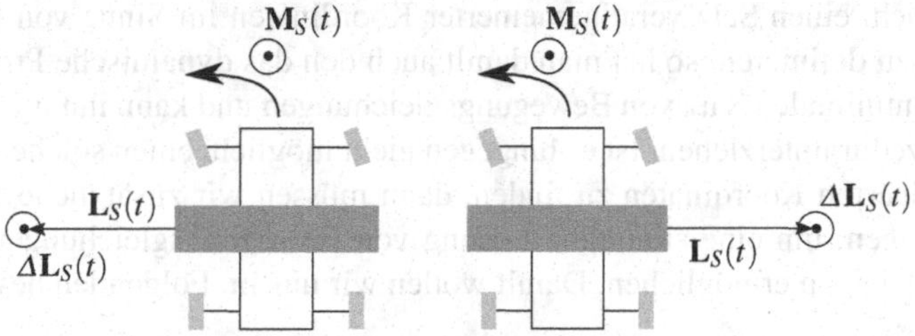

Abb. 1.17: Ferngesteuertes Auto – Drallsatz in der Praxis.

$$\Delta\mathbf{L}_S(t) = \mathbf{M}_S(t)\Delta t .$$

- Auf der linken Seite ist der Hochgeschwindigkeitskreisel derart montiert, dass der Drall $\mathbf{L}_S(t)$ nach links zeigt. Mit dem Drallsatz folgt, dass die Innenräder vom Boden abheben.
- Auf der rechten Seite zeigt der Drallvektor des Hochgeschwindigkeitskreisels nach rechts. Mit dem Drallsatz folgt, dass die Außenräder vom Boden abheben.

1.9 Lagrange'sche Bewegungsgleichungen

Im Kapitel 1.8 haben wir mit den NEWTON-EULER Gleichungen eine Methode kennengelernt, um die mathematische Darstellung gekoppelter mechanischer Systeme zu *synthetisieren*. Kopplungen lassen sich in kinematisch-algebraischer Form durch Zwangsbedingungen beschreiben, die Dynamik gekoppelter Systeme ergibt sich durch geeignete Projektion der Bewegung der einzelnen Körper in die durch die Kopplungen freigelassenen Richtungen. Unter Verwendung von Minimalkoordinaten erhält man den das dynamische Problem beschreibenden minimalen Satz von Bewegungsgleichungen.

1.9.1 Lagrange'sche Bewegungsgleichungen erster Art

In den Abschnitten 1.7 und 1.8 haben wir einige Werkzeuge bereitgestellt, um gekoppelte mechanische Systeme darzustellen. Kopplungen lassen sich danach in kinematisch-algebraischer Form durch Zwangsbedingungen beschreiben, die Dynamik gekoppelter Systeme ergibt sich durch geeignete Projektion der Bewegung der einzelnen Körper in die durch die Kopplungen freigelassenen Richtungen. Ist es zusätzlich möglich, einen Satz verallgemeinerter Koordinaten im Sinne von Minimalkoordinaten zu definieren, so hat man damit auch den das dynamische Problem beschreibenden minimalen Satz von Bewegungsgleichungen und kann ihn irgendeiner Lösungsprozedur unterziehen. Ist es hingegen nicht möglich, einen solchen Satz von verallgemeinerten Koordinaten zu finden, dann müssen wir zusätzliche Überlegungen einbringen, um eine simultane Lösung von Bewegungsgleichungen und Zwangsbedingungen zu ermöglichen. Damit wollen wir uns im Folgenden beschäftigen [66, 5].

Wir betrachten einen Verband von n gekoppelten starren Körpern und beschreiben zunächst die Geschwindigkeit des starren Einzelkörpers i mit Hilfe von (1.81)

$$\dot{\mathbf{r}}_i = (\mathbf{v}_{O'} + \tilde{\omega}\mathbf{r}_{O'P})_i = \left(\mathbf{v}_{O'} + \tilde{\mathbf{r}}_{O'P}^T\omega\right)_i . \tag{1.118}$$

Anschließend wählen wir jeweils

$$\dot{\mathbf{z}}_i^T = \left(\mathbf{v}_{O'}^T \quad \omega^T\right)_i \in \mathrm{I\!R}^6 \tag{1.119}$$

als generalisierte Geschwindigkeitskoordinaten und bilden die virtuelle Geschwindigkeit

$$\delta \dot{\mathbf{r}}_i = \left(\mathbf{I} \;\; \tilde{\mathbf{r}}_{O'P}^T\right)_i \begin{pmatrix} \delta \mathbf{v}_{O'} \\ \delta \omega \end{pmatrix}_i . \tag{1.120}$$

Die Beschleunigungen folgen aus (1.82). Die virtuelle Leistung des gesamten Systems ergibt sich durch Anwendung der Überlegungen aus Kapitel 1.7:

$$\sum_{i=1}^{n} \int_{K_i} \delta \dot{\mathbf{r}}_i^T \left(\ddot{\mathbf{r}}_i \mathrm{d}m_i - \mathrm{d}\mathbf{F}_i^e - \mathrm{d}\mathbf{F}_i^z\right) = 0 . \tag{1.121}$$

Mit (1.82) und (1.120) erhält man

$$\sum_{i=1}^{n} \int_{K_i} \begin{pmatrix} \delta \mathbf{v}_{O'} \\ \delta \omega \end{pmatrix}_i^T \begin{pmatrix} \mathbf{I} \\ \tilde{\mathbf{r}}_{O'P} \end{pmatrix}_i \left\{ \left[\mathbf{a}_{O'} + \left(\dot{\tilde{\omega}} + \tilde{\omega}\tilde{\omega}\right) \mathbf{r}_{O'P}\right] \mathrm{d}m - \mathrm{d}\mathbf{F}^e - \mathrm{d}\mathbf{F}^z \right\}_i = 0 . \tag{1.122}$$

In Analogie zu (1.94) folgt

$$\sum_{i=1}^{n} \begin{pmatrix} \delta \mathbf{v}_{O'} \\ \delta \omega \end{pmatrix}_i^T \begin{pmatrix} m\mathbf{a}_{O'} + m\tilde{\mathbf{r}}_{O'S}^T \dot{\omega} + m\tilde{\omega}\tilde{\omega}\mathbf{r}_{O'S} - \mathbf{F}^e - \mathbf{F}^z \\ m\tilde{\mathbf{r}}_{O'S}\mathbf{a}_{O'} + \Theta_{O'}\dot{\omega} + \tilde{\omega}\Theta_{O'}\omega - \mathbf{M}_{O'}^e - \mathbf{M}_{O'}^z \end{pmatrix}_i = 0 \tag{1.123}$$

oder zusammengefasst

$$\sum_{i=1}^{n} \delta \underbrace{\begin{pmatrix} \mathbf{v}_{O'} \\ \omega \end{pmatrix}_i^T}_{\dot{\mathbf{z}}_i} \left\{ \underbrace{\begin{pmatrix} m\mathbf{I} & m\tilde{\mathbf{r}}_{O'S}^T \\ m\tilde{\mathbf{r}}_{O'S} & \Theta_{O'} \end{pmatrix}}_{\mathbf{M}} \underbrace{\begin{pmatrix} \mathbf{a}_{O'} \\ \dot{\omega} \end{pmatrix}}_{\ddot{\mathbf{z}}} + \underbrace{\begin{pmatrix} m\tilde{\omega}\tilde{\omega}\mathbf{r}_{O'S} \\ \tilde{\omega}\Theta_{O'}\omega \end{pmatrix}}_{\mathbf{f}^g} - \underbrace{\begin{pmatrix} \mathbf{F}^e \\ \mathbf{M}_{O'}^e \end{pmatrix}}_{\mathbf{f}^e} - \underbrace{\begin{pmatrix} \mathbf{F}^z \\ \mathbf{M}_{O'}^z \end{pmatrix}}_{\mathbf{f}^z} \right\}_i = 0 . \tag{1.124}$$

Alle Abkürzungen in (1.124) sind im $\mathbb{R}^6$ definiert. Mit

$$\mathbf{z} := \begin{pmatrix} \mathbf{z}_1 \\ \vdots \\ \mathbf{z}_n \end{pmatrix}, \mathbf{f}^g := \begin{pmatrix} \mathbf{f}_1^g \\ \vdots \\ \mathbf{f}_n^g \end{pmatrix}, \mathbf{f}^e := \begin{pmatrix} \mathbf{f}_1^e \\ \vdots \\ \mathbf{f}_n^e \end{pmatrix}, \mathbf{f}^z := \begin{pmatrix} \mathbf{f}_1^z \\ \vdots \\ \mathbf{f}_n^z \end{pmatrix} \tag{1.125}$$

erhalten wir entsprechende Vektoren im $\mathbb{R}^{6n}$ und mit

$$\mathbf{M} := \mathrm{diag}\left(\mathbf{M}_i\right) \in \mathbb{R}^{6n,6n} \tag{1.126}$$

die *Massenmatrix* des Gesamtsystems. Es folgt

$$\delta \dot{\mathbf{z}}^T \left(\mathbf{M}\ddot{\mathbf{z}} + \mathbf{f}^g - \mathbf{f}^e - \mathbf{f}^z\right) = 0 . \tag{1.127}$$

Die virtuellen Geschwindigkeiten $\delta\dot{\mathbf{z}}$ sind nicht frei wählbar, sondern unterliegen Nebenbedingungen vom Typ (1.77)

$$\Phi(\mathbf{z},\dot{\mathbf{z}},t) = \mathbf{W}(\mathbf{z},t)^T\,\dot{\mathbf{z}} + \hat{\mathbf{w}}(\mathbf{z},t) = \mathbf{0} \quad \text{mit} \quad \dot{\mathbf{z}} \in \mathbb{R}^{6n}, \quad \Phi \in \mathbb{R}^m, \quad m < 6n\,. \tag{1.128}$$

Mit (1.78) folgt einerseits

$$\delta\Phi = \mathbf{W}(\mathbf{z},t)^T\,\delta\dot{\mathbf{z}} = \mathbf{0} \tag{1.129}$$

mit der JACOBI-*Matrix der generalisierten Kraftrichtungen* $\mathbf{W} \in \mathbb{R}^{6n,m}$. Die Spalten von $\mathbf{W}(\mathbf{z},t)$ stehen also senkrecht auf $\delta\dot{\mathbf{z}}$. Andererseits gilt das JOURDAINsche Prinzip (1.76):

$$0 = \sum_{i=1}^{n}\int_{K_i} \delta\dot{\mathbf{r}}_i^T\,\mathrm{d}\mathbf{F}_i^z = \sum_{i=1}^{n}\int_{K_i} \begin{pmatrix}\delta\mathbf{v}_{O'}\\ \delta\omega\end{pmatrix}_i^T \begin{pmatrix}\mathbf{I}\\ \tilde{\mathbf{r}}_{O'P}\end{pmatrix}_i \mathrm{d}\mathbf{F}_i^z = \delta\dot{\mathbf{z}}^T\mathbf{f}^z\,. \tag{1.130}$$

Der Vektor der generalisierten Zwangskräfte $\mathbf{f}^z$ steht senkrecht auf $\delta\dot{\mathbf{z}}$. Insgesamt ergeben sich die generalisierten Zwangskräfte $\mathbf{f}^z$ demnach aus einer Linearkombination der Spalten von $\mathbf{W}$:

$$\mathbf{f}^z = -\mathbf{W}(\mathbf{z},t)\lambda \quad \text{mit}\ \lambda \in \mathbb{R}^m\,. \tag{1.131}$$

Wir setzen (1.131) in (1.127) ein. Dadurch werden die Bindungsgleichungen berücksichtigt und die virtuellen Geschwindigkeiten $\delta\dot{\mathbf{z}}$ dürfen beliebige, verträgliche Werte annehmen. Mit dem Fundamentallemma der Variationsrechnung erhält man für die unbekannten Größen $\ddot{\mathbf{z}} \in \mathbb{R}^{6n}$ und $\lambda \in \mathbb{R}^m$ insgesamt $(6n+m)$ lineare Gleichungen:

$$\begin{pmatrix}\mathbf{M} & \mathbf{W}\\ \mathbf{W}^T & \mathbf{0}\end{pmatrix}\begin{pmatrix}\ddot{\mathbf{z}}\\ \lambda\end{pmatrix} + \begin{pmatrix}\mathbf{f}^g - \mathbf{f}^e\\ \bar{\mathbf{w}}\end{pmatrix} = \begin{pmatrix}\mathbf{0}\\ \mathbf{0}\end{pmatrix}. \tag{1.132}$$

Dazu wurde statt (1.128) die entsprechende versteckte Zwangsbedingungen auf Beschleunigungsebene (Kapitel 1.3.3) hinzugefügt. Gleichung (1.132) heißt *Sattelpunktform*, da die Lösung von

$$\begin{pmatrix}\mathbf{M} & \mathbf{W}\\ \mathbf{W}^T & \mathbf{0}\end{pmatrix}\begin{pmatrix}\ddot{\mathbf{z}}\\ \lambda\end{pmatrix} = \begin{pmatrix}\mathbf{0}\\ \mathbf{0}\end{pmatrix} \tag{1.133}$$

ein Sattelpunkt der quadratischen Funktion

$$\begin{pmatrix}\ddot{\mathbf{z}}^T & \lambda^T\end{pmatrix}\begin{pmatrix}\mathbf{M} & \mathbf{W}\\ \mathbf{W}^T & \mathbf{0}\end{pmatrix}\begin{pmatrix}\ddot{\mathbf{z}}\\ \lambda\end{pmatrix} \tag{1.134}$$

ist. Löst man die erste Gleichung von (1.132) nach $\ddot{\mathbf{z}}$ auf

$$\ddot{\mathbf{z}} = -\mathbf{M}^{-1}(\mathbf{f}^g - \mathbf{f}^e + \mathbf{W}\lambda) \tag{1.135}$$

und setzt in die zweite Gleichung von (1.132) ein, erhält man einen Ausdruck für den LAGRANGE-Multiplikator

$$\lambda = -(\mathbf{W}^T\mathbf{M}^{-1}\mathbf{W})^{-1}\left[\mathbf{W}^T\mathbf{M}^{-1}(\mathbf{f}^g - \mathbf{f}^e) - \bar{\mathbf{w}}\right] . \tag{1.136}$$

Setzt man (1.136) wieder in (1.135) ein erhält man ein reduziertes Differentialgleichungssystem für $\mathbf{z}$, das die Zwangsbedingungen bereits erfüllt.

Beispiel 1.8 (Nullraummatrix beim Fadenpendel). Wir betrachten erneut das Fadenpendel aus Abb. 1.2 mit $\mathbf{z} = \mathbf{r}$ und führen zusätzlich die Minimalkoordinate $q = \vartheta$ ein (Abb. 1.18). Wir können die kartesische Lage $\mathbf{r}$ durch die Minimalkoordinate q parametrisieren:

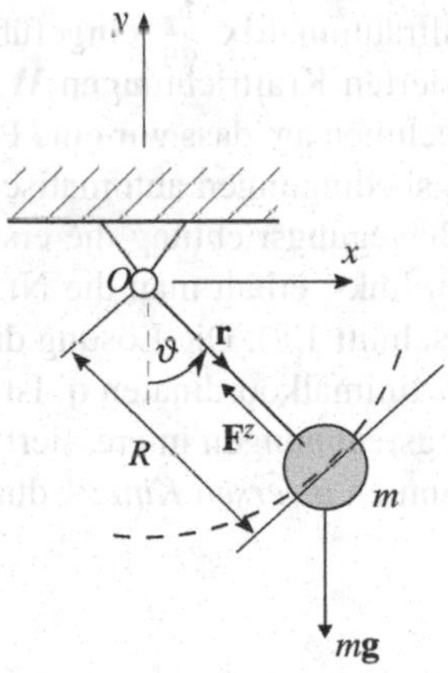

Abb. 1.18: Nullraummatrix beim Fadenpendel.

$$\mathbf{r} = \mathbf{r}(q) = \begin{pmatrix} R\sin\vartheta & -R\cos\vartheta & 0 \end{pmatrix}^T .$$

Für die generalisierten Koordinaten $\mathbf{r}$ gilt

$$m\ddot{\mathbf{r}} = m\mathbf{g} + \mathbf{F}^z ,$$
$$\Phi(\mathbf{r}(q)) = \mathbf{r}(q)^T\mathbf{r}(q) - R^2 = 0 ,$$

wobei die holonom-skleronome Bindung durch die minimale Beschreibung automatisch erfüllt ist [22, 29, 45]. Die JACOBI-Matrix der Translation im Angriffspunkt der Schwerkraft

$$\mathbf{J}_S = \frac{\partial \mathbf{r}}{\partial q} = \begin{pmatrix} R\cos\vartheta & R\sin\vartheta & 0 \end{pmatrix}^T$$

beschreibt die momentane freie Bewegungsrichtung der Punktmasse. Es folgt

$$0 = \frac{\partial \Phi}{\partial q} = \frac{\partial \Phi}{\partial \mathbf{r}} \frac{\partial \mathbf{r}}{\partial q} = 2\mathbf{r}^T \mathbf{J}_S \,.$$

Die JACOBI-Matrix der Translation ist aufgrund der speziellen Wahl $\mathbf{z} = \mathbf{r}$ die Nullraummatrix der Bewegung und projiziert Kräfte in die Richtung der freien Bewegung. Nur diese Komponenten verändern aktiv den Energiehaushalt des Systems. Für die Minimalkoordinate q erhalten wir die Bewegungsgleichung

$$m\mathbf{J}_S^T \ddot{\mathbf{r}} = m\mathbf{J}_S^T \mathbf{g} + \underbrace{\mathbf{J}_S^T \mathbf{F}^z}_{=0} \,.$$

In Beispiel 1.8 werden für das Fadenpendel minimale $\mathbf{q}$ und nicht-minimale $\mathbf{z}$ Parametrisierungen verglichen und die Nullraummatrix $\frac{\partial \mathbf{z}}{\partial \mathbf{q}}$ eingeführt, die auf den Spalten der JACOBI-Matrix der generalisierten Kraftrichtungen $\mathbf{W}$ senkrecht steht (1.129). Betrachten wir nun (1.132) und nehmen an, dass wir eine Parametrisierung $\mathbf{z}(\mathbf{q})$ finden können; dann sind die Zwangsbedingungen automatisch erfüllt. Multipliziert man zur Projektion in die freie Bewegungsrichtung die erste Zeile mit der transponierten Nullraummatrix $(\frac{\partial \mathbf{z}}{\partial \mathbf{q}})^T$ von links, erhält man die NEWTON-EULER-Gleichungen in Minimalkoordinaten (Abschnitt 1.8). Die Lösung dieser Differentialgleichungen ist eine Zeittrajektorie der Minimalkoordinaten $\mathbf{q}$. Ist man an den generalisierten Zwangskräften für Auslegungsrechnungen interessiert, so können diese über die Beziehung $\mathbf{z}(\mathbf{q})$ in der sogenannten *inversen Kinetik* durch Auswertung von (1.136) gewonnen werden.

1.9.2 Lagrange'sche Bewegungsgleichungen zweiter Art

1.9.2.1 Herleitung

Da wir zur Beschreibung Minimalkoordinaten nutzen möchten, beschränken wir uns auf holonome Bindungen. Zur Herleitung der LAGRANGE'schen Gleichungen zweiter Art gehen wir vom d'ALEMBERT'schen Prinzip (1.70) aus. Für ein Mehrkörpersystem gilt

$$\sum_{i=1}^{n} \int_{K_i} (\ddot{\mathbf{r}}\mathrm{d}m - \mathrm{d}\mathbf{F}^e)_i^T \,\delta\mathbf{r}_i = 0 \,. \tag{1.137}$$

Um diesen Ausdruck auswerten zu können, betrachten wir die kinetische Energie aller Teilkörper:

$$T = \sum_{i=1}^{n} T_i = \sum_{i=1}^{n} \frac{1}{2} \int_{K_i} \dot{\mathbf{r}}_i^T \dot{\mathbf{r}}_i \mathrm{d}m_i \,. \tag{1.138}$$

Für die folgenden Zwischenrechnungen beschränken wir uns auf einen einzelnen Körper K_i und fassen später das Ergebnis zusammen. Der Beschleunigungsterm in (1.137) lässt sich folgendermaßen umformen:

$$\begin{aligned} \int_{K_i} \ddot{\mathbf{r}}_i^T \mathrm{d}m_i \delta\mathbf{r}_i &= \frac{\mathrm{d}}{\mathrm{d}t} \int_{K_i} \dot{\mathbf{r}}_i^T \mathrm{d}m_i \delta\mathbf{r}_i - \int_{K_i} \dot{\mathbf{r}}_i^T \mathrm{d}m_i \delta\dot{\mathbf{r}}_i \\ &= \frac{\mathrm{d}}{\mathrm{d}t} \int_{K_i} \frac{\partial}{\partial \dot{\mathbf{r}}_i} \left(\frac{1}{2} \dot{\mathbf{r}}_i^T \dot{\mathbf{r}}_i \mathrm{d}m_i \right) \delta\mathbf{r}_i - \delta \int_{K_i} \left(\frac{1}{2} \dot{\mathbf{r}}_i^T \dot{\mathbf{r}}_i \mathrm{d}m_i \right) . \end{aligned} \tag{1.139}$$

Dabei gilt die Vertauschbarkeit von Integration, Differentiation und Variation aufgrund von Linearität und von konstanten Integrationsgebieten [21, 29]. Mit Parametrisierung in Minimalkoordinaten $\mathbf{r}_i = \mathbf{r}_i(\mathbf{q},t)$ ($\mathbf{r}_i \in \mathbb{R}^3$, $\mathbf{q} \in \mathbb{R}^f$), (1.84) und Variation nach $\delta\mathbf{q}$ gilt ($\delta t = 0$):

$$\delta\mathbf{r}_i = \left(\frac{\partial \mathbf{r}_i}{\partial \mathbf{q}} \right) \delta\mathbf{q} = \left(\frac{\partial \dot{\mathbf{r}}_i}{\partial \dot{\mathbf{q}}} \right) \delta\mathbf{q} \,. \tag{1.140}$$

Zusammen mit (1.138) erhalten wir aus (1.139) den Ausdruck

$$\begin{aligned} \int_{K_i} \ddot{\mathbf{r}}_i^T \mathrm{d}m_i \delta\mathbf{r}_i &= \frac{\mathrm{d}}{\mathrm{d}t} \int_{K_i} \frac{\partial}{\partial \dot{\mathbf{r}}_i} \left(\frac{1}{2} \dot{\mathbf{r}}_i^T \dot{\mathbf{r}}_i \mathrm{d}m_i \right) \left(\frac{\partial \dot{\mathbf{r}}_i}{\partial \dot{\mathbf{q}}} \right) \delta\mathbf{q} - \delta T_i \\ &= \frac{\mathrm{d}}{\mathrm{d}t} \int_{K_i} \frac{\partial}{\partial \dot{\mathbf{q}}} \left(\frac{1}{2} \dot{\mathbf{r}}_i^T \dot{\mathbf{r}}_i \mathrm{d}m_i \right) \delta\mathbf{q} - \delta T_i \\ &= \frac{\mathrm{d}}{\mathrm{d}t} \left(\frac{\partial T_i}{\partial \dot{\mathbf{q}}} \delta\mathbf{q} \right) - \delta T_i \,. \end{aligned} \tag{1.141}$$

Die kinetische Energie $T_i = T_i(\mathbf{q}, \dot{\mathbf{q}}, t)$ variieren wir ohne Berücksichtigung der expliziten Zeitabhängigkeit ($\delta t = 0$, siehe Abschnitt 1.3.4):

$$\delta T_i = \frac{\partial T_i}{\partial \mathbf{q}} \delta\mathbf{q} + \frac{\partial T_i}{\partial \dot{\mathbf{q}}} \delta\dot{\mathbf{q}} \,. \tag{1.142}$$

Damit folgt

$$\int_{K_i} \ddot{\mathbf{r}}_i^T \mathrm{d}m_i \delta\mathbf{r}_i = \left[\frac{\mathrm{d}}{\mathrm{d}t} \left(\frac{\partial T_i}{\partial \dot{\mathbf{q}}} \right) - \frac{\partial T_i}{\partial \mathbf{q}} \right] \delta\mathbf{q} + \frac{\partial T_i}{\partial \dot{\mathbf{q}}} \left[\frac{d}{\mathrm{d}t} (\delta\mathbf{q}) - \delta\dot{\mathbf{q}} \right] . \tag{1.143}$$

Unter Ausnutzung der Vertauschbarkeit von Differentiation und Variation [29] verschwindet der letzte Summand in (1.143) ($\frac{d}{\mathrm{d}t}(\delta\mathbf{q}) - \delta\dot{\mathbf{q}} = \mathbf{0}$).

Die virtuelle Arbeit der eingeprägten Kräfte $\mathrm{d}\mathbf{F}_i^e$ lässt sich in der Form

$$\delta W_i^e = \int_{K_i} (\mathrm{d}\mathbf{F}_i^e)^T \, \delta \mathbf{r}_i = \int_{K_i} (\mathrm{d}\mathbf{F}_i^e)^T \left(\frac{\partial \mathbf{r}_i}{\partial \mathbf{q}} \right) \delta \mathbf{q} = \mathbf{Q}_i^T \, \delta \mathbf{q} \tag{1.144}$$

darstellen, wobei

$$\mathbf{Q}_i = \int_{K_i} \left(\frac{\partial \mathbf{r}_i}{\partial \mathbf{q}} \right)^T \mathrm{d}\mathbf{F}_i^e = \int_{K_i} \left(\frac{\partial \dot{\mathbf{r}}_i}{\partial \dot{\mathbf{q}}} \right)^T \mathrm{d}\mathbf{F}_i^e \tag{1.145}$$

als *generalisierte Kräfte* des Teilkörpers K_i bezeichnet werden. Als Zusammenfassung der Gleichungen (1.137), (1.143), (1.145) erhalten wir

$$\sum_{i=1}^{n} \left[\frac{\mathrm{d}}{\mathrm{d}t} \left(\frac{\partial T_i}{\partial \dot{\mathbf{q}}} \right) - \left(\frac{\partial T_i}{\partial \mathbf{q}} \right) - \mathbf{Q}_i^T \right] \delta \mathbf{q} = 0 \, . \tag{1.146}$$

Da $\delta \mathbf{q}$ beliebig ist und wir mit $\mathbf{q}$ bereits auf Minimalkoordinaten übergegangen sind, ergeben sich die LAGRANGE'schen Bewegungsgleichungen zweiter Art aus dem Fundamentallemma der Variationsrechnung:

$$\sum_{i=1}^{n} \left[\frac{\mathrm{d}}{\mathrm{d}t} \left(\frac{\partial T_i}{\partial \dot{\mathbf{q}}} \right) - \left(\frac{\partial T_i}{\partial \mathbf{q}} \right) - \mathbf{Q}_i^T \right] = \mathbf{0} \, . \tag{1.147}$$

Generalisierte konservative Kräfte $\mathbf{Q}_K$ ergeben sich aus einem Potential V (Kapitel 1.6):

$$\mathbf{Q}_{K_i} = - \left(\frac{\partial V_i}{\partial \mathbf{q}} \right)^T \, . \tag{1.148}$$

Wir wollen annehmen, dass im betrachteten mechanischen System sowohl generalisierte konservative Kräfte $\mathbf{Q}_K$ als auch generalisierte nicht-konservative Kräfte $\mathbf{Q}_{NK}$ vorhanden sind. Mit

$$V = \sum_{i=1}^{n} V_i \, , \tag{1.149}$$

$$\mathbf{Q}_{NK} = \sum_{i=1}^{n} \int_{K_i} \left(\frac{\partial \mathbf{r}_i}{\partial \mathbf{q}} \right)^T \mathrm{d}\mathbf{F}_{NK_i}^e \tag{1.150}$$

lassen sich die f LAGRANGE'schen Gleichungen zweiter Art kompakt angeben:

$$\frac{\mathrm{d}}{\mathrm{d}t} \left(\frac{\partial T}{\partial \dot{\mathbf{q}}} \right) - \left(\frac{\partial T}{\partial \mathbf{q}} \right) + \left(\frac{\partial V}{\partial \mathbf{q}} \right) = \mathbf{Q}_{NK}^T \, . \tag{1.151}$$

Der Sonderfall $\frac{\mathrm{d}}{\mathrm{d}t} \left(\frac{\partial T}{\partial \dot{q}_s} \right) = 0$ (zyklische Impulse) wird in Abschnitt 4.4.3 behandelt.

1.9.2.2 Auswertung

Wir haben (1.151) für beliebige mechanische Körper hergeleitet. Die Energiedarstellung bietet sogar die Möglichkeit der Übertragung in andere physikalische Domänen [26]. Wir beschränken uns zur Auswertung von (1.151) allerdings wie in Kapitel 1.8 auf starre Körper.

Die kinetische Energie eines Einzelkörpers (1.138) folgt mit (1.81) und (1.92):

$$\begin{aligned} T_i &= \frac{1}{2}\int_{K_i} [\mathbf{v}_{O'} + \tilde{\omega}\mathbf{r}_{O'P}]_i^T [\mathbf{v}_{O'} + \tilde{\omega}\mathbf{r}_{O'P}]_i \mathrm{d}m_i \\ &= \left\{\frac{1}{2}m\mathbf{v}_{O'}^T\mathbf{v}_{O'} + m\mathbf{v}_{O'}^T\tilde{\omega}\mathbf{r}_{O'S} + \frac{1}{2}\int_{K_i}[-\tilde{\mathbf{r}}_{O'P}\omega]^T[-\tilde{\mathbf{r}}_{O'P}\omega]\,\mathrm{d}m\right\}_i \\ &= \left\{\frac{1}{2}m\mathbf{v}_{O'}^T\mathbf{v}_{O'} + m\mathbf{v}_{O'}^T\tilde{\omega}\mathbf{r}_{O'S} + \frac{1}{2}\omega^T\Theta_{O'}\omega\right\}_i . \end{aligned} \tag{1.152}$$

Der Energieausdruck (1.152) besteht aus drei Anteilen: einem Translationsterm, einem Koppelterm, und einem Rotationsterm. Der Koppelterm verschwindet, wenn man als Bezugspunkt jeweils den Massenmittelpunkt $O'_i = S_i$ benutzt: $\mathbf{r}_{O'_i S_i} = \mathbf{0}$. Es folgt:

$$T_i = \left\{\frac{1}{2}m\mathbf{v}_S^T\mathbf{v}_S + \frac{1}{2}\omega^T\Theta_S\omega\right\}_i . \tag{1.153}$$

Bei der potentiellen Energie sind allgemeines Federpotential [15] und Gravitationspotential in der Praxis häufig anzutreffen:

$$V_f = \frac{1}{2}\left(\mathbf{r}_{F_1F_2} - \mathbf{r}^0_{F_1F_2}\right)^T \mathbf{C}\left(\mathbf{r}_{F_1F_2} - \mathbf{r}^0_{F_1F_2}\right) , \tag{1.154}$$

$$V_g = -m\mathbf{g}^T\mathbf{r}_{OS} . \tag{1.155}$$

Dabei ist $\mathbf{r}_{F_1F_2}$ der Abstandsvektor der Federendpunkte, $\mathbf{r}^0_{F_1F_2}$ der entspannte Abstandsvektor, $\mathbf{C}$ eine positiv-definite Matrix als Federkonstante, $\mathbf{g}$ die Erdbeschleunigung, $\mathbf{r}_{OS}$ der Vektor vom ruhenden Bezugspunkt bis zum Schwerpunkt eines Körpers ausgewertet jeweils im gleichen Koordinatensystem. Zur Modellierung in der Mehrkörperdynamik werden die Federpotentiale

$$V_f = \frac{1}{2}c(\| \mathbf{r}_{F_1F_2} \| - l_0)^2 , \tag{1.156}$$

$$V_f = \frac{1}{2}c(\alpha - \alpha_0)^2 \tag{1.157}$$

für translatorische Federn mit der Federkonstanten c und der entspannten Länge l_0 und für rotatorische Federn bei fester Achse mit Verdrehwinkel α und entspannter Auslenkung α_0 bevorzugt.

Nichtkonservative Kräfte

$$\mathbf{Q}_{NK} = \sum_{i=1}^{n} \int_{K_i} \left(\frac{\partial \mathbf{r}_i}{\partial \mathbf{q}}\right)^T \mathrm{d}\mathbf{F}^e_{NK_i} = \sum_{i=1}^{n} \int_{K_i} \left(\frac{\partial \dot{\mathbf{r}}_i}{\partial \dot{\mathbf{q}}}\right)^T \mathrm{d}\mathbf{F}^e_{NK_i} \tag{1.158}$$

sind auch nach Verwendung von (1.84) noch auf ihren Angriffspunkt bezogen. Für einen Starrkörper nutzen wir (1.81) und beziehen alles auf den Punkt O' unter Verwendung der Definitionen in Kapitel 1.8:

$$\begin{aligned}\mathbf{Q}_{NK} &= \sum_{i=1}^{n} \int_{K_i} \left[\left(\frac{\partial \mathbf{v}_{O'}}{\partial \dot{\mathbf{q}}}\right)^T + \left(\frac{\partial \omega}{\partial \dot{\mathbf{q}}}\right)^T \tilde{\mathbf{r}}_{O'P}\right]_i \mathrm{d}\mathbf{F}^e_{NK_i} \\ &= \sum_{i=1}^{n} \mathbf{J}^T_{O'_i}\mathbf{F}^e_{NK_i} + \mathbf{J}^T_{R_i}\mathbf{M}^e_{NK_i,O'} \,.\end{aligned} \tag{1.159}$$

Dies führt *Versatzmomente* $\mathbf{M}^e_{NK_i,O'}$ in die Beschreibung ein. Auftretende *freie Momente* können also auch über die JACOBI-Matrix der Rotation in die freie Bewegungsrichtung projiziert werden. Für Kräfte verwendet man häufig direkt die JACOBI-Matrix der Translation im Kraftangriffspunkt.

Aus dem Vorhergehenden ergibt sich eine *analytische Variante* zur Herleitung der Bewegungsgleichungen durch die Anwendung der LAGRANGE'schen Gleichungen zweiter Art in folgenden Schritten:

- Finde und wähle die Minimalkoordinaten $\mathbf{q} \in \mathbb{R}^f$.
- Berechne die kinetischen Energien T_i und die potentiellen Energien V_i.
- Berechne die generalisierten nicht-konservativen Kräfte und Momente $\mathbf{Q}_{NK}$.
- Werte die LAGRANGE'schen Gleichungen zweiter Art aus.

1.9.2.3 Beispiele

Beispiel 1.9 (KEPLER'sche Gesetze (Planetenbahnen)). Nach Johannes KEPLER sind die drei folgenden Gesetze benannt:

1. Die Planeten bewegen sich auf elliptischen Bahnen, in deren einem Brennpunkt die Sonne steht. (Ellipsensatz)
2. Der "Fahrstrahl Sonne-Planet" überstreicht in gleichen Zeiten gleich große Flächen. (Flächensatz)
3. Die Quadrate der Umlaufzeiten zweier Planeten verhalten sich wie die dritten Potenzen (Kuben) der großen Bahnhalbachsen.

Wir wollen den Flächensatz für einen Planeten der Masse m im Schwerefeld der Sonne (Masse M) mit Hilfe der LAGRANGE'schen Gleichungen zweiter Art beweisen (Abb. 1.19). Dazu wählen wir zunächst Minimalkoordinaten $\mathbf{q} = (r, \varphi)^T$ und beschreiben anschließend den Ortsvektor von m und die Winkelgeschwindigkeit des begleitenden Koordinatensystems K:

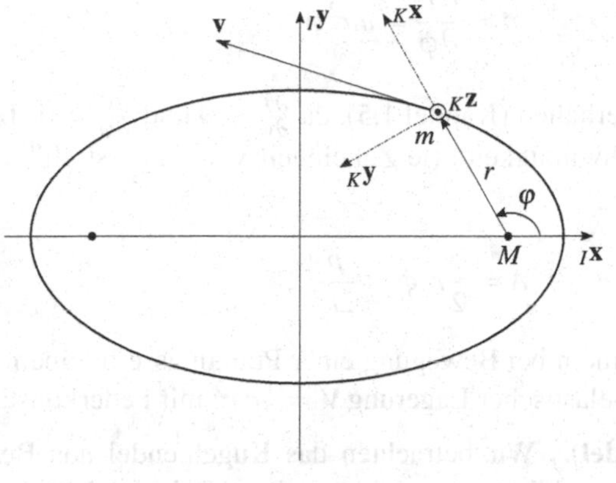

Abb. 1.19: KEPLER'sche Gesetze.

$$
{}_K\mathbf{r} = \begin{pmatrix} r & 0 & 0 \end{pmatrix}^T ,
$$
$$
{}_K\boldsymbol{\omega} = \begin{pmatrix} 0 & 0 & \dot{\varphi} \end{pmatrix}^T .
$$

Die absolute Geschwindigkeit von m beträgt

$$
\begin{aligned}
{}_K\mathbf{v} &= \begin{pmatrix} \dot{r} & 0 & 0 \end{pmatrix}^T + \begin{pmatrix} 0 & 0 & \dot{\varphi} \end{pmatrix}^T \times \begin{pmatrix} r & 0 & 0 \end{pmatrix}^T \\
&= \begin{pmatrix} \dot{r} & 0 & 0 \end{pmatrix}^T + \begin{pmatrix} 0 & r\dot{\varphi} & 0 \end{pmatrix}^T = \begin{pmatrix} 1 & 0 \\ 0 & r \\ 0 & 0 \end{pmatrix} \dot{\mathbf{q}} .
\end{aligned}
$$

Damit ergibt sich seine kinetische Energie zu

$$
T = \frac{1}{2} m\, {}_K\mathbf{v}^T\, {}_K\mathbf{v} = \frac{1}{2} \dot{\mathbf{q}}^T \begin{pmatrix} m & 0 \\ 0 & mr^2 \end{pmatrix} \dot{\mathbf{q}} .
$$

Das Gravitationspotential des zentralen Kraftfeldes berechnet sich zu

$$
V = \gamma \frac{Mm}{r^2}
$$

mit der *Gravitationskonstante* γ. Da keine nichtkonservativen Kräfte vorhanden sind, werten wir direkt die LAGRANGE'schen Gleichungen zweiter Art aus:

$$
\begin{pmatrix} m & 0 \\ 0 & mr^2 \end{pmatrix} \ddot{\mathbf{q}} + \begin{pmatrix} -2\gamma\frac{mM}{r^3} \\ 0 \end{pmatrix} = \begin{pmatrix} 0 \\ 0 \end{pmatrix} .
$$

Für uns interessant ist die zweite Zeile: φ ist eine sogenannte *zyklische Koordinate* (Abschnitt 4.4.3). Der *generalisierte Impuls*

$$p = \frac{\partial T}{\partial \dot{\varphi}} = mr^2\dot{\varphi}$$

in Richtung von φ bleibt erhalten (Kapitel 1.5), da $\frac{\partial T}{\partial \varphi} = 0$ und $\frac{\partial V}{\partial \varphi} = 0$. Tatsächlich ist also die "Flächengeschwindigkeit" (je Zeiteinheit vom "Fahrstrahl" r überstrichene Fläche) konstant:

$$\dot{A} = \frac{1}{2}r^2\dot{\varphi} = \frac{p}{2m} \; .$$

Entsprechendes gilt allgemein bei Bewegung einer Punktmasse in einem zentralen Kraftfeld, auch bei linear-elastischer Lagerung $V = \frac{1}{2}c\,r^2$ mit Federkonstante c.

Beispiel 1.10 (Kugelpendel). Wir betrachten das Kugelpendel aus Beispiel 1.4 und wollen auch hier eine zyklische Koordinate wie in Beispiel 1.9 identifizieren (Abb. 1.20). Als Minimalkoordinaten wählen wir $\mathbf{q} = (\psi, \vartheta)^T$. Im K-System wird

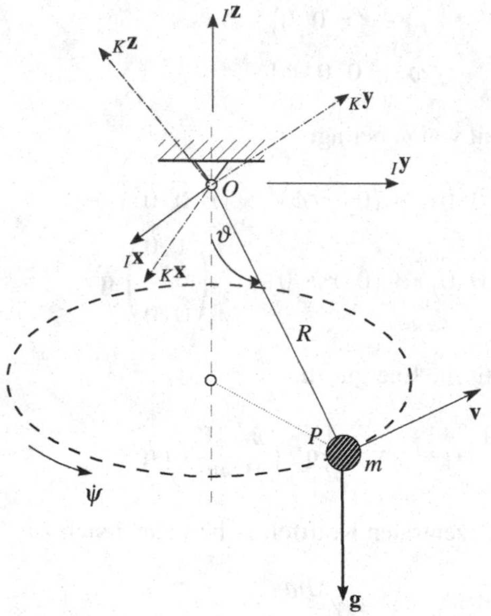

Abb. 1.20: Kugelpendel.

die Punktmasse m durch den Ortsvektor

$$_K\mathbf{r}_{OP} = \begin{pmatrix}0 & 0 & -R\end{pmatrix}^T$$

beschrieben. Die Winkelgeschwindigkeit des K-Systems kann über die EULER'sche Drehreihenfolge beschrieben werden:

$$_K\omega = \begin{pmatrix}\dot{\vartheta} & \dot{\psi}\sin\vartheta & \dot{\psi}\cos\vartheta\end{pmatrix}^T \; .$$

Damit erhalten wir die absolute Geschwindigkeit von m im K-System

$$_K\mathbf{v} = {}_K\boldsymbol{\omega} \times {}_K\mathbf{r}_{OP} = \begin{pmatrix} -R\dot{\psi}\sin\vartheta & R\dot{\vartheta} & 0 \end{pmatrix}^T$$

und schließlich die kinetische Energie

$$T = \frac{1}{2} m\, {}_K\mathbf{v}^T\, {}_K\mathbf{v} = \frac{1}{2} \dot{\mathbf{q}}^T \begin{pmatrix} mR^2 \sin^2\vartheta & 0 \\ 0 & mR^2 \end{pmatrix} \dot{\mathbf{q}} .$$

Mit der Erdbeschleunigung $_I\mathbf{g} = \begin{pmatrix} 0 & 0 & -g \end{pmatrix}^T$ berechnet sich das Gravitationspotential zu

$$V = -mgR\cos\vartheta .$$

Die LAGRANGE'schen Gleichungen zweiter Art lauten

$$\underbrace{\begin{pmatrix} mR^2 \sin^2\vartheta & 0 \\ 0 & mR^2 \end{pmatrix} \ddot{\mathbf{q}} + \begin{pmatrix} 2mR^2 \sin\vartheta\cos\vartheta\,\dot{\vartheta}\dot{\psi} \\ 0 \end{pmatrix}}_{\frac{d}{dt}\left(\frac{\partial T}{\partial \dot{\mathbf{q}}}\right)}$$
$$\underbrace{-\begin{pmatrix} 0 \\ mR^2 \sin\vartheta\cos\vartheta\,\dot{\psi}\dot{\psi} \end{pmatrix}}_{\frac{\partial T}{\partial \mathbf{q}}} + \underbrace{\begin{pmatrix} 0 \\ mgR\sin\vartheta \end{pmatrix}}_{\frac{\partial V}{\partial \mathbf{q}}} = \begin{pmatrix} 0 \\ 0 \end{pmatrix} .$$

Da $\frac{\partial T}{\partial \psi} = \frac{\partial V}{\partial \psi} = 0$, ist ψ zyklische Koordinate und der generalisierte Impuls

$$\left(\frac{\partial T}{\partial \dot{\psi}}\right) = mR^2 \sin^2\vartheta\,\dot{\psi}$$

in Richtung von ψ ist konstant. Die Projektion des Fadens auf die Horizontalebene überstreicht wie in Beispiel 1.9 der "Fahrstrahl" in gleichen Zeiten gleiche Flächen.

Beispiel 1.11 (Ausgleichsgetriebe). Für das Ausgleichsgetriebe in Abb. 1.21 werden die Bewegungsverhältnisse bei Belastungsänderungen gesucht. Es sind 1 das Antriebsrad, 2 ein Tellerrad, 3, 4 Abtriebsräder und 5, 6 Ausgleichsräder (Satelliten-Räder); ihre jeweiligen Winkelstellungen werden mit

$$\mathbf{z}^T = \begin{pmatrix} \varphi_1 & \varphi_2 & \varphi_3 & \varphi_4 & \varphi_5 & \varphi_6 \end{pmatrix}^T$$

beschrieben. Dabei gelten die folgenden kinematischen Beziehungen:

$$\boldsymbol{\Phi}(\mathbf{z}) = \begin{pmatrix} \varphi_1 - a_1\varphi_2 \\ \varphi_2 - \frac{1}{2}(\varphi_3 + \varphi_4) \\ \varphi_5 - a_2(\varphi_3 - \varphi_4) \\ \varphi_6 + a_2(\varphi_3 - \varphi_4) \end{pmatrix} = \mathbf{0} .$$

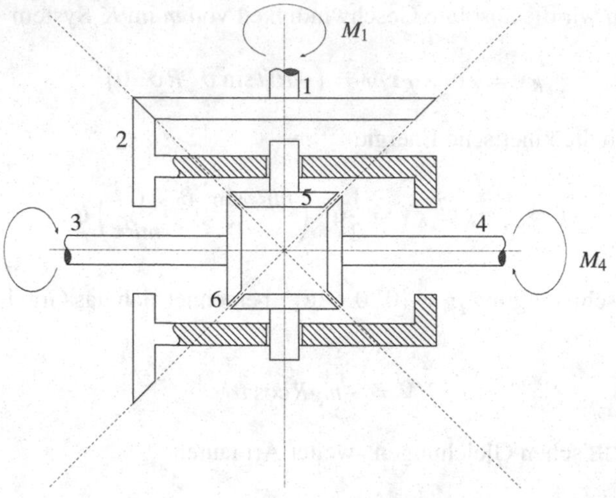

Abb. 1.21: Ausgleichsgetriebe.

Die Größen a_1 und a_2 sind die jeweiligen Übersetzungsverhältnisse. Das System besteht also aus sechs Teilkörper und vier Zwangsbedingungen; es hat zwei Freiheitsgrade. Als Minimalkoordinaten werden am besten

$$\mathbf{q}^T = \begin{pmatrix} q_1 & q_2 \end{pmatrix}^T = \begin{pmatrix} \varphi_3 & \varphi_4 \end{pmatrix}^T$$

verwendet, da sich alle anderen vier φ_i leicht durch sie ausdrücken lassen:

$$\mathbf{z} = \mathbf{z}(\mathbf{q}) = \begin{pmatrix} \varphi_1 \\ \varphi_2 \\ \varphi_3 \\ \varphi_4 \\ \varphi_5 \\ \varphi_6 \end{pmatrix} = \begin{pmatrix} \frac{1}{2} a_1 (q_1 + q_2) \\ \frac{1}{2} (q_1 + q_2) \\ q_1 \\ q_2 \\ a_2 (q_1 - q_2) \\ -a_2 (q_1 - q_2) \end{pmatrix} .$$

Die Matrix der generalisierten Kraftrichtungen ergibt sich zu

$$\mathbf{W} = \begin{pmatrix} 1 & -a_1 & 0 & 0 & 0 & 0 \\ 0 & 1 & -\frac{1}{2} & -\frac{1}{2} & 0 & 0 \\ 0 & 0 & -a_2 & +a_2 & 1 & 0 \\ 0 & 0 & +a_2 & -a_2 & 0 & 1 \end{pmatrix}^T = \left(\frac{\partial \Phi}{\partial \mathbf{z}} \right)^T .$$

Die Nullraummatrix (JACOBI-Matrix) erfüllt

$$\frac{\partial \mathbf{z}}{\partial \mathbf{q}} = \begin{pmatrix} a_1/2 & a_1/2 \\ 1/2 & 1/2 \\ 1 & 0 \\ 0 & 1 \\ a_2 & -a_2 \\ -a_2 & a_2 \end{pmatrix} .$$

Somit lassen sich die nicht-konservativen eingeprägten Kräfte

$$\mathbf{f}^e = \begin{pmatrix} M_1 & 0 & -M_3 & -M_4 & 0 & 0 \end{pmatrix}^T$$

wie folgt in Richtung der Minimalkoordinaten projizieren:

$$\mathbf{Q}_{NK} = \left(\frac{\partial \mathbf{z}}{\partial \mathbf{q}}\right)^T \mathbf{f}^e = \begin{pmatrix} a_1/2 \; M_1 - M_3 \\ a_1/2 \; M_1 - M_4 \end{pmatrix} .$$

Auch die kinetische Energie können wir bezüglich $\mathbf{z}$ und $\mathbf{q}$ darstellen:

$$T = \frac{1}{2}\dot{\mathbf{z}}^T \mathbf{M} \dot{\mathbf{z}} = \frac{1}{2}\dot{\mathbf{q}}^T \underbrace{\left[\left(\frac{\partial \mathbf{z}}{\partial \mathbf{q}}\right)^T \mathbf{M} \left(\frac{\partial \mathbf{z}}{\partial \mathbf{q}}\right)\right]}_{\mathbf{M}^* = \begin{pmatrix} M^*_{11} & M^*_{12} \\ M^*_{12} & M^*_{22} \end{pmatrix}} \dot{\mathbf{q}}$$

mit $\mathbf{M} = \operatorname{diag}(J_i)$. Die Querträgheitsmomente der Teilkörper 5 und 6 sollen dabei in J_2 enthalten sein. Für die in Richtung der Minimalkoordinaten projizierte Massenmatrix ergibt sich

$$\begin{aligned} M^*_{11} &= J_1 \left(\frac{a_1}{2}\right)^2 + \frac{1}{4}J_2 + J_3 + a_2^2 (J_5 + J_6) , \\ M^*_{12} &= J_1 \left(\frac{a_1}{2}\right)^2 + \frac{1}{4}J_2 - a_2^2 (J_5 + J_6) , \\ M^*_{22} &= J_1 \left(\frac{a_1}{2}\right)^2 + \frac{1}{4}J_2 + J_4 + a_2^2 (J_5 + J_6) \end{aligned}$$

und somit

$$T = \frac{1}{2} M^*_{11} \dot{\varphi}_3^2 + M^*_{12} \dot{\varphi}_3 \dot{\varphi}_4 + \frac{1}{2} M^*_{22} \dot{\varphi}_4^2 .$$

Wenn $J_3 = J_4$, dann ist $M^*_{11} = M^*_{22}$. Es gilt generell $M^*_{11} > M^*_{12}$.

Auswerten der LAGRANGE'schen Gleichungen zweiter Art mit $M^*_{11} = M^*_{22}$ ergibt

$$\begin{aligned} \left(\frac{\partial T}{\partial \dot{\varphi}_3}\right) &= M^*_{11} \dot{\varphi}_3 + M^*_{12} \dot{\varphi}_4 , & \left(\frac{\partial T}{\partial \varphi_3}\right) &= 0 , \\ \left(\frac{\partial T}{\partial \dot{\varphi}_4}\right) &= M^*_{11} \dot{\varphi}_4 + M^*_{12} \dot{\varphi}_3 , & \left(\frac{\partial T}{\partial \varphi_4}\right) &= 0 \end{aligned}$$

und damit die Bewegungsdifferentialgleichungen in Minimalkoordinaten:

$$M_{11}^* \ddot{\varphi}_3 + M_{12}^* \ddot{\varphi}_4 = \frac{1}{2} M_1 a_1 - M_3 \,,$$
$$M_{11}^* \ddot{\varphi}_4 + M_{12}^* \ddot{\varphi}_3 = \frac{1}{2} M_1 a_1 - M_4 \,.$$

In die Bewegungsgleichungen sind die Drehmomente $M_i = M_i(\varphi_i)$ einzusetzen, so dass meist komplizierte Differentialgleichungen zu lösen sind. Hier sollen nur vier allgemeine Fragen beantwortet werden, die aber einige Auskunft über das Verhalten des Getriebes geben:

1. Gleichmäßiger Lauf (stationäre Bewegung):

$$\ddot{\varphi}_3 = \ddot{\varphi}_4 = 0$$

ist nur möglich für $M_3 = M_4 = \frac{1}{2} M_1 a_1$.

2. Abtriebsbeschleunigungen (algebraisch auflösen nach $\ddot{\varphi}_3$ und $\ddot{\varphi}_4$):

$$\ddot{\varphi}_3 = \frac{\frac{1}{2} M_1 a_1 (M_{11}^* - M_{12}^*) - M_{11}^* M_3 + M_{12}^* M_4}{M_{11}^{*2} - M_{12}^{*2}} \,,$$
$$\ddot{\varphi}_4 = \frac{\frac{1}{2} M_1 a_1 (M_{11}^* - M_{12}^*) - M_{11}^* M_4 + M_{12}^* M_3}{M_{11}^{*2} - M_{12}^{*2}} \,.$$

3. Antriebsbeschleunigung:

$$\ddot{\varphi}_1 = \frac{a_1}{2} (\ddot{\varphi}_3 + \ddot{\varphi}_4) = \frac{a_1}{2} \left(\frac{M_1 a_1 - M_3 - M_4}{M_{11}^* + M_{12}^*} \right) .$$

4. Plötzliche Belastungsänderung, zum Beispiel ΔM_3:

$$M_3 = M_{3_0} + \Delta M_3$$

führt zu $\ddot{\varphi}_i = \ddot{\varphi}_{i_0} + \Delta \ddot{\varphi}_i$. Wenn zuvor stationäre Bewegung ($\ddot{\varphi}_3 = \ddot{\varphi}_4 = 0$) vorhanden war, dann wird nach der Änderung

$$\Delta \ddot{\varphi}_3 = -\frac{M_{11}^* \Delta M_3}{M_{11}^{*2} - M_{12}^{*2}} < 0 \qquad \text{verzögert} \,,$$
$$\Delta \ddot{\varphi}_4 = +\frac{M_{12}^* \Delta M_3}{M_{11}^{*2} - M_{12}^{*2}} > 0 \qquad \text{beschleunigt} \,,$$
$$\Delta \ddot{\varphi}_1 = -\frac{a_1}{2} \left(\frac{\Delta M_3}{M_{11}^{*2} - M_{12}^{*2}} \right) < 0 \,.$$

Wegen $M_{11}^* > M_{12}^*$ ist $|\, \Delta \ddot{\varphi}_3 \,| > |\, \Delta \ddot{\varphi}_4 \,|$.

1.10 Gleichungen von Hamilton

Das HAMILTON'*sche Prinzip* und die daraus ableitbaren kanonischen Gleichungen gewinnen mit dem zunehmenden Interesse an Problemen der nichtlinearen Dynamik für technikrelevante Anwendungen an Bedeutung [25, 43]. Wir verwenden in diesem Kapitel eine Beschreibung in Minimalkoordinaten.

1.10.1 Prinzip von Hamilton

Um zum Prinzip von HAMILTON zu gelangen, betrachten wir die Gleichungen (1.137), (1.141) und (1.144) aus Kapitel 1.9:

$$\sum_{i=1}^{n} \int_{K_i} (\ddot{\mathbf{r}} \mathrm{d}m - \mathrm{d}\mathbf{F}^e)_i^T \, \delta \mathbf{r}_i = 0 \,, \tag{1.160}$$

$$\int_{K_i} \ddot{\mathbf{r}}_i^T \, \mathrm{d}m_i \delta \mathbf{r}_i = \frac{\mathrm{d}}{\mathrm{d}t} \left(\frac{\partial T_i}{\partial \dot{\mathbf{q}}} \delta \mathbf{q} \right) - \delta T_i \,, \tag{1.161}$$

$$\int_{K_i} (\mathrm{d}\mathbf{F}_i^e)^T \, \delta \mathbf{r}_i = \delta W_i^e \,. \tag{1.162}$$

Wir nutzen die gesamte kinetische Energie und die gesamte virtuelle Arbeit der eingeprägten Kräfte

$$T = \sum_{i=1}^{n} T_i \,, \tag{1.163}$$

$$\delta W^e = \sum_{i=1}^{n} \delta W_i^e \tag{1.164}$$

sowie den bereits in Beispiel 1.9 eingeführten generalisierten Impuls als Ableitung der kinetischen Energie nach den generalisierten minimalen Geschwindigkeiten:

$$\mathbf{p}^T = \left(\frac{\partial T}{\partial \dot{\mathbf{q}}} \right) . \tag{1.165}$$

Wir erhalten somit die sogenannte LAGRANGE'*sche Zentralgleichung* [54]

$$\frac{\mathrm{d}}{\mathrm{d}t} (\mathbf{p}^T \delta \mathbf{q}) - \delta T - \delta W^e = 0 \,. \tag{1.166}$$

Integration von (1.166) zwischen zwei Zeitpunkten t_1 und t_2 ergibt

$$\int_{t_1}^{t_2} \delta\,(T + W^e)\,\mathrm{d}t = \left(\mathbf{p}^T \delta\mathbf{q}\right)\Big|_{t_1}^{t_2} . \tag{1.167}$$

Betrachten wir virtuelle Verschiebungen mit $\delta\mathbf{q}(t_1) = \mathbf{0}$ und $\delta\mathbf{q}(t_2) = \mathbf{0}$, folgt

$$\int_{t_1}^{t_2} (\delta T + \delta W^e)\,\mathrm{d}t = 0 . \tag{1.168}$$

Für konservative Systeme ergeben sich die eingeprägten Kräfte aus einem Potential (Kapitel 1.6):

$$(\mathrm{d}\mathbf{F}^e)_i^T = -\frac{\partial\,(\mathrm{d}V_i)}{\partial \mathbf{r}_i} , \tag{1.169}$$

so dass

$$\delta W_i^e = \int_{K_i} (\mathrm{d}\mathbf{F}_i^e)^T\,\delta\mathbf{r}_i = -\delta V_i . \tag{1.170}$$

Mit

$$\delta V = \sum_{i=1}^{n} \delta V_i \tag{1.171}$$

folgt

$$\int_{t_1}^{t_2} \delta\,(T - V)\,\mathrm{d}t =: \int_{t_1}^{t_2} \delta L = 0 \tag{1.172}$$

mit der LAGRANGE-*Funktion* $L = T - V$. Die Variationen δL müssen dabei mit den Bindungen im System verträglich sein. Bei holonomen Zwangsbedingungen, die wir als Ausgangspunkt für das D'ALEMBERT'sche Prinzip bereits vorausgesetzt haben, erhalten wir die Vertauschbarkeit von Variation und Integration sowie das

HAMILTON'sche Prinzip als *Variationsproblem* [29]:

$$\delta \int_{t_1}^{t_2} L\mathrm{d}t = 0 \quad \text{oder} \quad \int_{t_1}^{t_2} L\mathrm{d}t \to \text{stationär} . \tag{1.173}$$

Das HAMILTON'sche Prinzip ist ein *Integralprinzip* und variiert ein Bahnelement im Gegensatz zum Prinzip von D'ALEMBERT, welches als *Differentialprinzip* Nachbarzustände vergleicht. Da die variierte Größe bei Integralprinzipien die Dimension einer *Wirkung* (= Energie · Zeit) hat, werden sie *Prinzipien der kleinsten Wirkung* genannt [23].

Zur Lösung von (1.173) bettet man

$$\mathbf{q}_\varepsilon(t) = \mathbf{q}_0(t) + \varepsilon\eta_{\mathbf{q}}(t) \tag{1.174}$$

mit dem Parameter ε in eine Schar von Funktionen ein mit der Verträglichkeitsbedingung

$$\eta_{\mathbf{q}}(t_1) = \eta_{\mathbf{q}}(t_2) = \mathbf{0} . \tag{1.175}$$

Die Bedingung (1.173) bedeutet dann

$$\begin{aligned} 0 = \frac{\mathrm{d}}{\mathrm{d}\varepsilon}\left(\int_{t_1}^{t_2} L \mathrm{d}t\right)\Big|_{\varepsilon=0} &= \int_{t_1}^{t_2}\left(\frac{\partial L}{\partial \mathbf{q}}\eta_{\mathbf{q}}(t) + \frac{\partial L}{\partial \dot{\mathbf{q}}}\dot{\eta}_{\mathbf{q}}(t)\right)\mathrm{d}t \\ &= \int_{t_1}^{t_2}\left(\frac{\partial L}{\partial \mathbf{q}}\eta_{\mathbf{q}}(t) - \frac{\mathrm{d}}{\mathrm{d}t}\left(\frac{\partial L}{\partial \dot{\mathbf{q}}}\right)\eta_{\mathbf{q}}(t)\right)\mathrm{d}t + \underbrace{\left[\frac{\partial L}{\partial \dot{\mathbf{q}}}\eta_{\mathbf{q}}(t)\right]_{t_1}^{t_2}}_{=0} . \end{aligned} \tag{1.176}$$

Da $\eta_{\mathbf{q}}$ beliebig ist, folgen daraus die sogenannten EULER-LAGRANGE-*Gleichungen*

$$\frac{\mathrm{d}}{\mathrm{d}t}\left(\frac{\partial L}{\partial \dot{\mathbf{q}}}\right) - \frac{\partial L}{\partial \mathbf{q}} = \mathbf{0}^T , \tag{1.177}$$

welche wir in unserem Fall mit $L = T - V$ als LAGRANGE'sche Gleichungen zweiter Art (1.151) wiederentdecken.

1.10.2 Kanonische Gleichungen von Hamilton

Wir beschreiben ein dynamisches System durch Minimalkoordinaten $\mathbf{q}$ und durch generalisierte Impulskoordinaten $\mathbf{p}$ anstatt der üblicherweise benutzten Geschwindigkeitskoordinaten $\dot{\mathbf{q}}$. Bei der folgenden Herleitung wollen wir uns ausgehend von den LAGRANGE'schen Bewegungsgleichungen zweiter Art auf konservative, holonome-skleronome Systeme beschränken. Eine allgemeinere Darstellung findet man in [29].

Die LAGRANGE'schen Gleichungen zweiter Art (1.177) ergeben mit (1.165)

$$\frac{\partial L}{\partial \mathbf{q}} = \dot{\mathbf{p}}^T . \tag{1.178}$$

Nachdem die LAGRANGE-Funktion von $\mathbf{q}$ und $\dot{\mathbf{q}}$ abhängt, $L = L(\mathbf{q}, \dot{\mathbf{q}})$, folgt

$$\delta L = \left(\frac{\partial L}{\partial \mathbf{q}}\right)\delta\mathbf{q} + \left(\frac{\partial L}{\partial \dot{\mathbf{q}}}\right)\delta\dot{\mathbf{q}} = \dot{\mathbf{p}}^T\delta\mathbf{q} + \mathbf{p}^T\delta\dot{\mathbf{q}} . \tag{1.179}$$

Die virtuelle Änderung des Produktes $(\mathbf{p}^T\dot{\mathbf{q}})$ ergibt andererseits

$$\delta\left(\mathbf{p}^T\dot{\mathbf{q}}\right) = \mathbf{p}^T\delta\dot{\mathbf{q}} + \dot{\mathbf{q}}^T\delta\mathbf{p} . \tag{1.180}$$

Führen wir an dieser Stelle die HAMILTON-*Funktion*

$$H(\mathbf{q},\mathbf{p}) = \mathbf{p}^T \dot{\mathbf{q}} - L \tag{1.181}$$

ein, bilden formal die Variation

$$\delta H = \left(\frac{\partial H}{\partial \mathbf{q}}\right) \delta \mathbf{q} + \left(\frac{\partial H}{\partial \mathbf{p}}\right) \delta \mathbf{p} \tag{1.182}$$

und vergleichen diesen Ausdruck mit der Differenz der Gleichungen (1.180) und (1.179)

$$\delta\left(\dot{\mathbf{p}}^T \dot{\mathbf{q}} - L\right) = \dot{\mathbf{q}}^T \delta \mathbf{p} - \dot{\mathbf{p}}^T \delta \mathbf{q}\,, \tag{1.183}$$

so ergeben sich die *kanonischen Bewegungsgleichungen* von

William HAMILTON (1805 - 1865):

$$\dot{\mathbf{q}}^T = \frac{\partial H}{\partial \mathbf{p}}\,, \quad \dot{\mathbf{p}}^T = -\frac{\partial H}{\partial \mathbf{q}}\,. \tag{1.184}$$

Wir haben damit $2f$ Differentialgleichungen erster Ordnung, ein sogenanntes HAMILTON'sches System, erhalten.

Die HAMILTON-Funktion H besitzt eine anschauliche Deutung. Aus (1.181) erhält man mit (1.165) und

$$T = \frac{1}{2} \dot{\mathbf{q}}^T \mathbf{M} \dot{\mathbf{q}}$$

folgende Rechnung

$$H = \mathbf{p}^T \dot{\mathbf{q}} - L = \dot{\mathbf{q}}^T \mathbf{M} \dot{\mathbf{q}} - (T - V) = 2T - (T - V) = T + V\,.$$

Die HAMILTON-Funktion stellt demnach die Gesamtenergie als Summe von kinetischer und potentieller Energie dar.

1.11 Praktische Aspekte

Alle hier vorgestellten Verfahren führen auf im Allgemeinen nichtlineare Bewegungsdifferentialgleichungen erster beziehungsweise zweiter Ordnung, die linear in den Beschleunigungen und nichtlinear in den Geschwindigkeits- und Lagekoordinaten sind. Die Gleichungen repräsentieren das *mathematische Modell* ausgehend vom *mechanischen Modell* des gestellten Problems. Die Mathematik kann dabei nur Informationen auf der Basis der im mechanischen Modell getroffenen Annahmen liefern. Die Bildung des mechanischen Modells erfordert besondere Sorgfalt, Erfahrung und Fingerspitzengefühl sowie ein vollständiges Verstehen des dahinterstehenden technischen Problems. An dieser Stelle kann unnötiger Aufwand erzeugt, aber auch vermieden werden.

Die kleinstmögliche Dimension des mathematischen Modells ist durch die Anzahl der Minimalkoordinaten, der Freiheitsgrade, bestimmt. Darüberhinausgehende Vereinfachungen können nur durch Linearisierung oder durch Einfügen von Teillösungen, etwa durch Ausnutzung von Invarianten wie Energieintegralen bei konservativen Systemen, erreicht werden. Für jede mathematische Modellierung ist es erstrebenswert, Minimalkoordinaten zu finden und die Bewegungsgleichungen in diesen auszudrücken. Gelingt dies nicht vollständig, müssen Bindungsgleichungen berücksichtigt werden. Auch in diesem Fall ist eine Parametrisierung mit geringem Auswertungsaufwand zu bevorzugen. Hat man früher die günstigste Beschreibung am speziellen Fall ausgewählt, tendiert man bei der heutigen mathematischen Modellbildung zu automatisierten Verfahren. Diese basieren auf strukturierten Schritten und führen in der Regel nicht zu minimalen mathematischen Beschreibungen, aber für die Auswertung effizienten und schnellkonvergenten *numerischen Modellen* [66]. Diese Art von Verfahren erstellt jedoch keine mechanischen Ersatzmodelle, sondern die damit verbundene Modellbildung muss durch den Nutzer erfolgen. Die Qualität der Ergebnisse hängt entscheidet von der Qualität des mechanischen Ersatzmodells ab.

Diese Gesichtspunkte gelten unabhängig vom gewählten theoretischen Verfahren. Die Wahl des Verfahrens selbst bestimmt allerdings entscheidend den Aufwand bei der Herleitung der Bewegungsgleichungen. Daher lohnt es, die Vor- und Nachteile einer solchen Wahl abzuwägen.

Zunächst ist allen Verfahren gemeinsam, dass kinematische Vorarbeit geleistet werden muss, bevor man an die Herleitung der Bewegungsgleichungen denken kann. Geschwindigkeiten, Beschleunigungen müssen in speziellen, dem Problem angepassten Koordinatensystemen ausgedrückt werden (Kapitel 1.4). Die Zwangsbedingungen müssen formuliert werden, soweit sie nicht schon in den kinematischen Beziehungen Berücksichtigung finden. Die verallgemeinerten Koordinaten sollten, soweit wie irgend möglich, als Satz von Minimalkoordinaten gesucht und gefunden werden. Die Kinematik lässt sich dann in diesen Koordinaten $\mathbf{q}$ ausdrücken. Für die kinematische Beschreibung braucht man die absoluten Größen, die sich gemäß Abschnitt 1.4 aus relativen Größen aufbauen lassen. In welchem Koordinatensystem man die absoluten Größen darstellt, ist eine Frage der Zweckmäßigkeit des speziell betrachteten Falles. Häufig ist es auch günstig, alle Lage und Orientierung beschreibenden Koordinaten in einem Inertialsystem anzugeben. Dies vereinfacht die zeitlichen Ableitungen erheblich. Viele kleinere dynamische Probleme mit einer beschränkten Zahl von Freiheitsgraden erlauben eine solche Betrachtungsweise.

Bezüglich der Kinematik kann man somit feststellen, dass der hier notwendige Aufwand weitestgehend unabhängig von der Wahl des kinetischen Verfahrens ist. Anders verhält es sich mit dem Einsatz der kinetischen Verfahren selbst.

Impuls- und Drallsatz, also NEWTON-EULER ohne zusätzliche Prinzipien, lassen sich nach Anwendung des Schnittprinzips einsetzen. Das Freischneiden der betrachteten Körper und Eintragen aller Schnittreaktionen führt zu einem Satz Teilkörper-

Gleichungen, in dem alle Schnittreaktionen als Kräfte und Momente enthalten sind. Ohne die mit dem D'ALEMBERT'schen oder JOURDAIN'schen Prinzip gegebene Systematik gestaltet sich eine Elimination solcher Schnittreaktionen zu einem bei großen Systemen nicht mehr durchführbaren Probierspiel. Daher beschränkt sich der Einsatz des Impuls- und Drallsatzes alleine sinnvollerweise auf kleine Systeme, etwa einzelne starre Körper oder 2 – 3-Körpersysteme, wo von der Kinematik und Kinetik her ein leichter Überblick möglich bleibt.

Ein für große Systeme effektives und transparentes Verfahren ergibt sich durch Kombination des Impuls- und Drallsatz mit dem JOURDAIN'schen Prinzip (Kapitel 1.8). Die in den Teilkörpergleichungen ursprünglich enthaltenen Zwangskräfte lassen sich mit Hilfe des JOURDAINschen Prinzips (1.76) eliminieren, so dass in den Endgleichungen (1.94) nur noch eingeprägte Kräfte und Momente berücksichtigt werden müssen. Die JACOBI-Matrizen der Translation und Rotation sorgen für die richtige Projektion in die durch die Bindungsgleichungen freigelassenen Bewegungsrichtungen. Nach Auswertung der entstehenden Differentialgleichungen kann man bei Bedarf wieder zu den Teilkörpergleichungen zurückgehen, um die Schnittreaktionen auszurechnen (inverse Kinetik). Mehr Flexibilität bei zeitvarianten Topologien, wie sie durch Kontaktbedingungen entstehen [55], geben die LAGRANGE'schen Gleichungen erster Art. Nach allen Erfahrungen mit großen praktischen Problemen in der Antriebstechnik und in der Luft- und Raumfahrt stellen das NEWTON-EULER Verfahren und die LAGRANGE'schen Gleichungen erster Art die besten und ökonomisch günstigsten Varianten für große Systeme dar.

Die Anwendung der LAGRANGE'schen Gleichungen zweiter Art sowie des HAMILTON'schen Prinzips erfordert die Ermittlung der potentiellen und kinetischen Energie des betrachteten Systems in generalisierten Koordinaten (Kapitel 1.9). Mit Kenntnis der Energien erhält man die Bewegungsgleichungen durch Differentiation. Dieser Vorgang stellt ein Hauptargument gegen die automatisierte Verwendung der analytischen Verfahren nach LAGRANGE und HAMILTON dar. Der mit der Differentiation verbundene Aufwand übersteigt denjenigen für die Berechnung der JACOBI-Matrizen beim NEWTON-EULER Verfahren. Dennoch kann der Einsatz analytischer Verfahren bequem für Systeme mit wenigen Freiheitsgraden sein, insbesondere wenn sie sich "von Hand" bearbeiten lassen.

Die folgende Tabelle gibt einen Überblick der besprochenen Verfahren.

- Impuls- (NEWTON) und Drallsatz (EULER) (Kapitel 1.5):

$$\frac{\mathrm{d}\mathbf{p}}{\mathrm{d}t} = \mathbf{F}\,,$$
$$\frac{\mathrm{d}\mathbf{L}_O}{\mathrm{d}t} = \mathbf{M}_O\,.$$

- Prinzip von d'ALEMBERT (Kapitel 1.7):

$$\int_K (\ddot{\mathbf{r}}\mathrm{d}m - \mathrm{d}\mathbf{F}^e)^T \,\delta\mathbf{r} = 0\,.$$

- Prinzip von JOURDAIN (Kapitel 1.7):

$$\int_K (\ddot{\mathbf{r}}\mathrm{d}m - \mathrm{d}\mathbf{F}^e)^T \,\delta\dot{\mathbf{r}} = 0\,.$$

- NEWTON-EULER Gleichungen in Minimalkoordinaten (Kapitel 1.8):

$$\left(\frac{\partial \mathbf{v}_{O'}}{\partial \dot{\mathbf{q}}}\right)^T \left[m\dot{\mathbf{v}}_{O'} + m\left(\dot{\tilde{\omega}} + \tilde{\omega}\tilde{\omega}\right)\mathbf{r}_{O'S} - \mathbf{F}^e\right]$$
$$+ \left(\frac{\partial \omega}{\partial \dot{\mathbf{q}}}\right)^T \left[m\tilde{\mathbf{r}}_{O'S}\dot{\mathbf{v}}_{O'} + \Theta_{O'}\dot{\omega} + \tilde{\omega}\Theta_{O'}\omega - \mathbf{M}^e_{O'}\right] = \mathbf{0}\,.$$

- LAGRANGE'sche Gleichungen erster Art (Kapitel 1.9):

$$\begin{pmatrix} \mathbf{M} & \mathbf{W} \\ \mathbf{W}^T & \mathbf{0} \end{pmatrix} \begin{pmatrix} \ddot{\mathbf{z}} \\ \lambda \end{pmatrix} + \begin{pmatrix} \mathbf{f}^g - \mathbf{f}^e \\ \bar{\mathbf{w}} \end{pmatrix} = \begin{pmatrix} \mathbf{0} \\ \mathbf{0} \end{pmatrix}.$$

- LAGRANGE'sche Gleichungen zweiter Art (Kapitel 1.9):

$$\left[\frac{\mathrm{d}}{\mathrm{d}t}\left(\frac{\partial T}{\partial \dot{\mathbf{q}}}\right) - \frac{\partial T}{\partial \mathbf{q}} + \frac{\partial V}{\partial \mathbf{q}}\right]^T - \mathbf{Q}_{NK}\,.$$

- Gleichungen von HAMILTON (Kapitel 1.10):

$$\dot{\mathbf{q}}^T = \frac{\partial H}{\partial \mathbf{p}}\,,$$
$$\dot{\mathbf{p}}^T = -\frac{\partial H}{\partial \mathbf{q}}\,.$$

Beispiel 1.12 (Roboter mit drei Gelenkfreiheitsgraden). Wir wollen die Bewegungsgleichungen des Roboters in Abb. 1.22 zum einen mit Hilfe der LAGRANGE'schen Gleichungen zweiter Art und zum anderen mit Hilfe der NEWTON-EULER Gleichungen in Minimalkoordinaten herleiten. Der Roboter besitzt drei rotatorische Freiheitsgrade, eine Drehung um eine vertikale und zwei Drehungen um horizontale Achsen. Die Längen der beiden Arme seien l_1, l_2, ihre Schwerpunktabstände s_1, s_2. In den Gelenken greifen die Motormomente M_1, M_2, M_3 an. Das System unterliegt der Erdbeschleunigung ${}_I\mathbf{g} = \begin{pmatrix} 0 & 0 & -g \end{pmatrix}^T$.

Als Minimalkoordinaten werden die Winkel $\mathbf{q} := \begin{pmatrix} q_1 & q_2 & q_3 \end{pmatrix}^T$ gewählt. In den Schwerpunkten S_1, S_2 der Arme befinden sich die körperfesten Basen B_1 und B_2. Die Koordinatendrehungen werden durch die Transformationsmatrizen

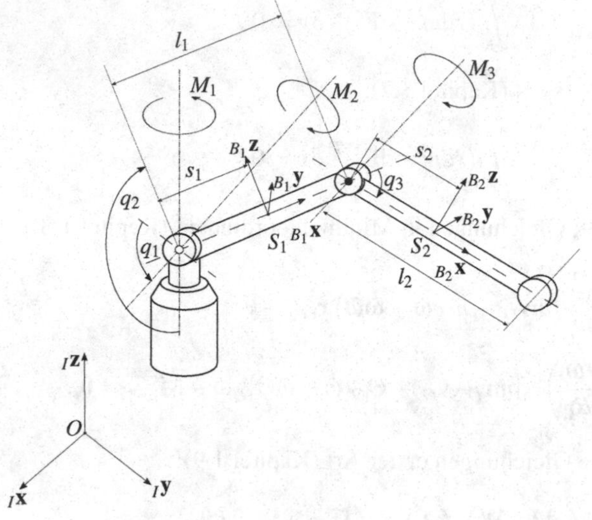

Abb. 1.22: Roboter mit drei Gelenkfreiheitsgraden.

$$A_{IB_1} = \begin{pmatrix} \cos q_1 \cos q_2 & -\sin q_1 & \cos q_1 \sin q_2 \\ \sin q_1 \cos q_2 & \cos q_1 & \sin q_1 \sin q_2 \\ -\sin q_2 & 0 & \cos q_2 \end{pmatrix}$$

$$= \begin{pmatrix} \cos q_1 & -\sin q_1 & 0 \\ \sin q_1 & \cos q_1 & 0 \\ 0 & 0 & 1 \end{pmatrix} \begin{pmatrix} \cos q_2 & 0 & \sin q_2 \\ 0 & 1 & 0 \\ -\sin q_2 & 0 & \cos q_2 \end{pmatrix},$$

$$A_{B_1B_2} = \begin{pmatrix} \cos q_3 & 0 & \sin q_3 \\ 0 & 1 & 0 \\ -\sin q_3 & 0 & \cos q_3 \end{pmatrix}$$

beschrieben. Für die absoluten Geschwindigkeiten und Winkelgeschwindigkeiten der beiden Teilkörper erhält man:

$$
{}_{B_1}\boldsymbol{\omega}_1 = \begin{pmatrix} -\dot{q}_1 \sin q_2 \\ \dot{q}_2 \\ \dot{q}_1 \cos q_2 \end{pmatrix} = \begin{pmatrix} -\dot{q}_1 \sin q_2 \\ 0 \\ \dot{q}_1 \cos q_2 \end{pmatrix} + \begin{pmatrix} 0 \\ \dot{q}_2 \\ 0 \end{pmatrix} ,
$$

$$
{}_{B_2}\boldsymbol{\omega}_2 = \begin{pmatrix} -\dot{q}_1 \sin(q_3 + q_2) \\ \dot{q}_3 + \dot{q}_2 \\ \dot{q}_1 \cos(q_3 + q_2) \end{pmatrix} = \mathbf{A}_{B_1 B_2}^T \, {}_{B_1}\boldsymbol{\omega}_1 + \begin{pmatrix} 0 \\ \dot{q}_3 \\ 0 \end{pmatrix} ,
$$

$$
{}_{B_1}\mathbf{v}_{S_1} = s_1 \begin{pmatrix} 0 \\ \dot{q}_1 \cos q_2 \\ -\dot{q}_2 \end{pmatrix} = {}_{B_1}\boldsymbol{\omega}_1 \times \begin{pmatrix} s_1 \\ 0 \\ 0 \end{pmatrix} ,
$$

$$
\begin{aligned}
{}_{B_2}\mathbf{v}_{S_2} &= \begin{pmatrix} \dot{q}_2 l_1 \sin q_3 \\ \dot{q}_1 \left(l_1 \cos q_2 + s_2 \cos(q_3 + q_2) \right) \\ -\dot{q}_2 l \cos q_3 - (\dot{q}_2 + \dot{q}_3) s_2 \end{pmatrix} \\
&= {}_{B_2}\boldsymbol{\omega}_2 \times \left[\begin{pmatrix} l_1 \cos q_3 \\ 0 \\ l_1 \sin q_3 \end{pmatrix} + \begin{pmatrix} s_2 \\ 0 \\ 0 \end{pmatrix} \right] + \frac{\mathrm{d}}{\mathrm{d}t} \begin{pmatrix} l_1 \cos q_3 \\ 0 \\ l_1 \sin q_3 \end{pmatrix} .
\end{aligned}
$$

Für die Trägheitstensoren wird ein Hauptachsensystem gewählt:

$$
{}_{B_i}\boldsymbol{\Theta}_{S_i,i} = \begin{pmatrix} A_i & 0 & 0 \\ 0 & B_i & 0 \\ 0 & 0 & C_i \end{pmatrix} .
$$

Nichtkonservative Kräfte müssen sowohl bei den LAGRANGE'schen Gleichungen zweiter Art als auch bei den NEWTON-EULER Gleichungen berücksichtigt werden. Mit den JACOBI-Matrizen

$$
\left(\frac{\partial \, {}_{B_1}\boldsymbol{\omega}_1}{\partial \dot{\mathbf{q}}} \right)^T = \begin{pmatrix} -\sin q_2 & 0 & \cos q_2 \\ 0 & -1 & 0 \\ 0 & 0 & 0 \end{pmatrix} ,
$$

$$
\left(\frac{\partial \, {}_{B_2}\boldsymbol{\omega}_2}{\partial \dot{\mathbf{q}}} \right)^T = \begin{pmatrix} -\sin(q_3 + q_2) & 0 & \cos(q_3 + q_2) \\ 0 & -1 & 0 \\ 0 & 1 & 0 \end{pmatrix}
$$

und den freien Momenten

$$
{}_{B_1}\mathbf{M}_1 = \begin{pmatrix} -M_1 \sin q_2 \\ M_3 + M_2 \\ M_1 \cos q_2 \end{pmatrix} , \quad {}_{B_2}\mathbf{M}_2 = \begin{pmatrix} 0 \\ M_3 \\ 0 \end{pmatrix}
$$

folgt

$$\mathbf{Q}_{NK} = \left(\frac{\partial\, {}_{B_1}\omega_1}{\partial \dot{\mathbf{q}}}\right)^T {}_{B_1}\mathbf{M}_1 + \left(\frac{\partial\, {}_{B_2}\omega_2}{\partial \dot{\mathbf{q}}}\right)^T {}_{B_2}\mathbf{M}_2 = \begin{pmatrix} M_1 \\ M_2 \\ M_3 \end{pmatrix} .$$

1. **LAGRANGE*'sche Gleichungen zweiter Art***
Zur Herleitung der Bewegungsgleichungen benötigt man die kinetische und potentielle Energie. Die kinetische Energie T ergibt sich aus

$$\begin{aligned} T = \sum_{i=1}^{2} T_i &= \frac{1}{2}\sum_{i=1}^{2}\left(m_i\, {}_{B_i}\mathbf{v}_{S_i}^T\, {}_{B_i}\mathbf{v}_{S_i} + {}_{B_i}\omega_i^T\, {}_{B_i}\Theta_{S_i,i}\, {}_{B_i}\omega_i^T\right) \\ &= \frac{1}{2}m_1 s_1^2\left(\dot{q}_1^2\cos^2 q_2 + \dot{q}_2^2\right) + \frac{1}{2}\left(A_1\dot{q}_1^2\sin^2 q_2 + B_1\dot{q}_2^2 + C_1\dot{q}_1^2\cos^2 q_2\right) \\ &\quad + \frac{1}{2}m_2\Big\{\dot{q}_1^2\left[l_1\cos q_2 + s_2\cos\left(q_3+q_2\right)\right]^2 + \dot{q}_2^2\left[l_1^2 + 2l_1 s_2\cos q_3\right] \\ &\qquad + 2\dot{q}_2\dot{q}_3 l_1 s_2\cos q_3 + \left(\dot{q}_3+\dot{q}_2\right)^2 s_2^2\Big\} \\ &\quad + \frac{1}{2}\Big\{A_2\dot{q}_1^2\sin^2\left(q_3+q_2\right) + B_2\left(\dot{q}_3+\dot{q}_2\right)^2 + C_2\dot{q}_1^2\cos^2\left(q_3+q_2\right)\Big\} . \end{aligned}$$

Die potentielle Energie V berechnet sich aus

$$V = -\sum_{i=1}^{2} m_i\, {}_I\mathbf{g}^T\, {}_I\mathbf{r}_{S_i} = -m_1 g s_1\sin q_2 - m_2 g\left[l_1\sin q_2 + s_2\sin\left(q_3+q_2\right)\right] .$$

Die Bewegungsgleichung ergeben sich zu

$$\frac{\mathrm{d}}{\mathrm{d}t}\left(\frac{\partial T}{\partial \dot{\mathbf{q}}}\right) - \frac{\partial T}{\partial \mathbf{q}} + \frac{\partial V}{\partial \mathbf{q}} = \mathbf{Q}_{NK}^T$$

mit

$$
\begin{aligned}
\frac{\partial T}{\partial \dot q_1} &= m_1 s_1^2 \dot q_1 \cos^2 q_2 + A_1 \dot q_1 \sin^2 q_2 + C_1 \dot q_1 \cos^2 q_2 \\
&\quad - m_2 \dot q_2 \left[l_1 \cos q_2 + s_2 \cos(q_3+q_2) \right]^2 \\
&\quad + A_2 \dot q_1 \sin^2(q_3+q_2) + C_2 \dot q_1 \cos^2(q_3+q_2) \ , \\
\frac{\partial T}{\partial \dot q_2} &= m_1 s_1^2 \dot q_2 - B_1 \dot q_2 - m_2 \left(l_1^2 + 2 l_1 s_2 \cos q_3 \right) \dot q_2 \\
&\quad - m_2 l_1 s_2 \cos q_3 \dot q_3 - (\dot q_3 + \dot q_2) s_2^2 m_2 - B_2 (\dot q_3 + \dot q_2) \ , \\
\frac{\partial T}{\partial \dot q_3} &= m_2 l_1 s_2 \cos q_3 \dot q_2 + m_2 s_2^2 (\dot q_3 + \dot q_2) + B_2 (\dot q_3 + \dot q_2) \ , \\
\frac{\mathrm d}{\mathrm dt}\left(\frac{\partial T}{\partial \dot q_1}\right) &= \Big[\left(m_1 s_1^2 + C_1 \right) \cos^2 q_2 + A_1 \sin^2 q_2 + A_2 \sin^2(q_3+q_2) \\
&\quad + C_2 \cos^2(q_3+q_2) + m_2 \left(l_1 \cos q_2 + s_2 \cos(q_3+q_2) \right)^2 \Big] \ddot q_1 \\
&\quad \Big\{ - \left(A_1 - C_1 - m_1 s_1^2 - m_2 l_1^2 \right) \sin 2q_2 + 2 m_2 l_1 s_2 \sin(q_3 + 2q_2) \\
&\quad + \left(C_2 - A_2 + m_2 s_2^2 \right) \sin 2(q_3+q_2) \Big\} \dot q_1 \dot q_2 \\
&\quad \Big\{ \left(A_2 - C_2 - m_2 s_2^2 \right) \sin 2(q_3+q_2) \\
&\quad - 2 m_2 l_1 s_2 \cos q_2 \sin(q_3+q_2) \Big\} \dot q_1 \dot q_3 \ , \\
\frac{\mathrm d}{\mathrm dt}\left(\frac{\partial T}{\partial \dot q_2}\right) &= - \left[m_1 s_1^2 + B_1 + m_2 \left(l_1^2 + 2 l_1 s_2 \cos q_3 \right) + m_2 s_2^2 + B_2 \right] \ddot q_2 \\
&\quad - \left[m_2 l_1 s_2 \cos q_3 + m_2 s_2^2 + B_2 \right] \ddot q_3 + 2 m_2 l_1 s_2 \sin q_3 \dot q_2 \dot q_3 \\
&\quad + m_2 l_1 s_2 \sin q_3 \dot q_3^2 \ , \\
\frac{\mathrm d}{\mathrm dt}\left(\frac{\partial T}{\partial \dot q_3}\right) &= \left[m_2 l_1 s_2 \cos q_3 + m_2 s_2^2 + B_2 \right] \ddot q_2 + \left[B_2 + m_2 s_2^2 \right] \ddot q_3 \\
&\quad - m_2 l_1 s_2 \sin q_3 \dot q_2 \dot q_3 \ , \\
\frac{\partial T}{\partial q_1} &= 0 \ , \\
\frac{\partial T}{\partial q_2} &= \Big[-\frac{1}{2} A_1 \sin 2q_2 + \frac{1}{2} C_1 \sin 2q_2 + \frac{1}{2} m_1 s_1^2 \sin 2q_2 \\
&\quad + \frac{1}{2} (C_2 - A_2) \sin 2(q_3+q_2) + \frac{1}{2} m_2 l_1^2 \sin 2q_2 \\
&\quad + m_2 l_1 s_2 \sin(q_3 + 2q_2) + \frac{1}{2} m_2 s_2^2 \sin 2(q_3+q_2) \Big] \dot q_1^2 \ , \\
\frac{\partial T}{\partial q_3} &= \Big[\frac{1}{2} \left(A_2 - C_2 - m_2 s_2^2 \right) \sin 2(q_3+q_2) \\
&\quad - m_2 l_1 s_2 \cos q_2 \sin(q_3+q_2) \Big] \dot q_1^2 \\
&\quad - m_2 l_1 s_2 \sin q_3 \dot q_2^2 + m_2 l_1 s_2 \sin q_3 \dot q_2 \dot q_3
\end{aligned}
$$

und

$$\frac{\partial V}{\partial q_1} = 0\,,$$

$$\frac{\partial V}{\partial q_2} = m_1 g s_1 \cos q_2 + m_2 g\left(l_1 \cos q_2 + s_2 \cos\left(q_3 + q_2\right)\right)\,,$$

$$\frac{\partial V}{\partial q_3} = -m_2 g s_2 \cos\left(q_3 + q_2\right)\,.$$

Mit

$$\begin{aligned}
M_{11} &= \left(m_1 s_1^2 + C_1\right)\cos^2 q_2 + A_1 \sin^2 q_2 + A_2 \sin^2\left(q_3 + q_2\right) \\
&\quad + C_2 \cos^2\left(q_3 + q_2\right) + m_2\left[l_1 \cos q_2 + s_2 \cos\left(q_3 + q_2\right)\right]^2\,, \\
M_{22} &= m_1 s_1^2 + m_2\left(l_1^2 + 2 l_1 s_2 \cos q_3 + s_2^2\right) + B_1 + B_2\,, \\
M_{33} &= m_2 s_2^2 + B_2\,, \\
M_{23} &= M_{32} = -\left[m_2\left(l_1 s_2 \cos q_3 + s_2^2\right) + B_2\right]\,, \\
h_1 &= -\left[-\left(A_1 - C_1 - m_1 s_1^2 - m_2 l_1^2\right)\sin 2q_2 + 2 m_2 l_1 s_2 \sin\left(q_3 + 2q_2\right)\right. \\
&\quad \left. + \left(m_2 s_2^2 + C_2 - A_2\right)\sin 2\left(q_3 + q_2\right)\right]\dot{q}_1\dot{q}_2 + \left[\left(A_2 - C_2 - m_2 s_2^2\right)\sin 2\left(q_3 + q_2\right)\right. \\
&\quad \left. - 2 m_2 l_1 s_2 \cos q_2 \sin\left(q_3 + q_2\right)\right]\dot{q}_1\dot{q}_3\,, \\
h_2 &= \left[-\left(m_1 s_1^2 - A_1 + C_1 + m_2 l_1^2\right)\frac{1}{2}\sin 2q_2 + \frac{1}{2}\left(A_2 - C_2 - m_2 s_2^2\right)\sin 2\left(q_3 + q_2\right)\right. \\
&\quad \left. - m_2 l_1 s_2 \sin\left(q_3 + q_2\right)\right]\dot{q}_1^2 + m_2 l_1 s_2 \sin q_3 \dot{q}_3^2 + 2 m_2 l_1 s_2 \sin q_3 \dot{q}_2 \dot{q}_3 \\
&\quad + m_1 g s_1 \cos q_2 + m_2 g\left(l_1 \cos q_2 + s_2 \cos\left(q_3 + q_2\right)\right)\,, \\
h_3 &= \left[m_2\left(l_1 s_2 \cos q_2 + s_2^2 \cos\left(q_3 + q_2\right)\right)\sin\left(q_3 + q_2\right)\right. \\
&\quad \left. + \frac{1}{2}\left(C_2 - A_2\right)\sin 2\left(q_3 + q_2\right)\right]\dot{q}_1^2 + m_2 l_1 s_2 \sin q_3 \dot{q}_2^2 - m_2 g s_2 \cos\left(q_3 + q_2\right)
\end{aligned}$$

erhält man die kompaktere Form

$$\begin{pmatrix} M_{11} & 0 & 0 \\ 0 & M_{22} & M_{23} \\ 0 & M_{23} & M_{33} \end{pmatrix}\ddot{\mathbf{q}} + \begin{pmatrix} h_1 \\ h_2 \\ h_3 \end{pmatrix} = \begin{pmatrix} M_1 \\ M_2 \\ M_3 \end{pmatrix}\,.$$

2. **NEWTON-EULER *Gleichungen***
Nach dem Schnittprinzip werden Impuls- und Drallsatz auf jeden Körper des Systems angewandt:

$$\sum_{i=1}^{2}\left\{\left(\frac{\partial\,{}_{B_i}\mathbf{v}_{S_i}}{\partial\dot{\mathbf{q}}}\right)^T\left(m_i\,{}_{B_i}\dot{\mathbf{v}}_{S_i}-{}_{B_i}\mathbf{F}_i^e\right)\right.$$
$$\left.+\left(\frac{\partial\,{}_{B_i}\omega_i}{\partial\dot{\mathbf{q}}}\right)^T\left({}_{B_i}\Theta_{S_i,i}\,{}_{B_i}\dot{\omega}_i+{}_{B_i}\tilde{\omega}_i\,{}_{B_i}\Theta_{S_i,i}\,{}_{B_i}\omega-{}_{B_i}\mathbf{M}_i\right)\right\}=\mathbf{0}\,.$$

Für die Beschleunigungen und Winkelbeschleunigungen ergeben sich die Vektoren

$${}_{B_1}\dot{\mathbf{v}}_{S_1}=s_1\begin{pmatrix} l-\dot{q}_1^2\cos^2 q_2-\dot{q}_2^2\\ \ddot{q}_1\cos q_2-2\dot{q}_1\dot{q}_2\sin q_2\\ -\ddot{q}_2-\dot{q}_1^2\sin q_2\cos q_2\end{pmatrix},$$

$${}_{B_2}\dot{\mathbf{v}}_{S_2}=\begin{pmatrix} -\ddot{q}_2 l_1\sin q_3-\dot{q}_1^2\left[l_1\cos q_2+s_2\cos\left(q_3+q_2\right)\right]\cos\left(q_3+q_2\right)\\ \ddot{q}_1\left[l_1\cos q_2+s_2\cos\left(q_3+q_2\right)\right]-2\dot{q}_1\dot{q}_2 l_1\sin q_2\\ -\ddot{q}_2\left(l_1\cos q_3+s_2\right)-\ddot{q}_3 s_2-\dot{q}_1^2\left[l_1\cos q_2+s_2\cos\left(q_3+q_2\right)\right]\sin\left(q_3+q_2\right)\end{pmatrix}$$
$$+\begin{pmatrix} -\dot{q}_2^2\left(l_1\cos q_3+s_2\right)-\dot{q}_3^2 s_2-2\dot{q}_2\dot{q}_3 s_2\\ -2\dot{q}_1\dot{q}_2 s_2\sin\left(q_3+q_2\right)-2\dot{q}_1\dot{q}_3 s_2\sin\left(q_3+q_2\right)\\ -\dot{q}_2^2 l_1\sin q_3\end{pmatrix},$$

$${}_{B_1}\dot{\omega}_1=\begin{pmatrix} -\ddot{q}_1\sin q_2-\dot{q}_1\dot{q}_2\cos q_2\\ \ddot{q}_2\\ \ddot{q}_1\cos q_2-\dot{q}_1\dot{q}_2\sin q_2\end{pmatrix},$$

$${}_{B_2}\dot{\omega}_2=\begin{pmatrix} -\ddot{q}_1\sin\left(q_3+q_2\right)-\dot{q}_1\left(\dot{q}_3+\dot{q}_2\right)\cos\left(q_3+q_2\right)\\ \ddot{q}_3+\ddot{q}_2\\ \ddot{q}_1\cos\left(q_3+q_2\right)-\dot{q}_1\left(\dot{q}_3+\dot{q}_2\right)\sin\left(q_3+q_2\right)\end{pmatrix}.$$

Die JACOBI-Matrizen der Translation und der Rotation lassen sich aus den Geschwindigkeiten ermitteln:

$$\left(\frac{\partial\,{}_{B_1}\mathbf{v}_{S_1}}{\partial\dot{\mathbf{q}}}\right)^T=\begin{pmatrix}0 & s_1\cos q_2 & 0\\ 0 & 0 & s_1\\ 0 & 0 & 0\end{pmatrix},$$

$$\left(\frac{\partial\,{}_{B_2}\mathbf{v}_{S_2}}{\partial\dot{\mathbf{q}}}\right)^T=\begin{pmatrix}0 & l_1\cos q_2+s_2\left(q_3+q_2\right) & 0\\ -l_1\sin q_3 & 0 & l_1\cos q_3+s_2\\ 0 & 0 & -s_2\end{pmatrix}.$$

Die eingeprägten Kräfte und Momente lauten

$$
{}_{B_1}\mathbf{F}_1^e = -m_1 g \begin{pmatrix} -\sin q_2 \\ 0 \\ \cos q_2 \end{pmatrix},
$$

$$
{}_{B_2}\mathbf{F}_2^e = -m_2 g \begin{pmatrix} -\sin(q_3 + q_2) \\ 0 \\ \cos(q_3 + q_2) \end{pmatrix}.
$$

Setzt man alles in die NEWTON-EULER Gleichungen ein, so ergeben sich die selben Bewegungsgleichungen wie nach den LAGRANGE'schen Gleichungen zweiter Art.

Kapitel 2
Lineare diskrete Modelle

2.1 Linearisierung

Bei der Darstellung der Methoden in Kapitel 1 sind wir bereits von konkreten Modellvorstellungen ausgegangen: starre Körper mit homogenen, konstanten Massen, die in irgendeiner Weise durch Zwangsbedingungen verbunden sind. Die gewöhnlichen und im Normalfall nichtlinearen Differentialgleichungen zweiter Ordnung, die die Bewegungen solcher Mehrkörpersysteme mit f Freiheitsgraden beschreiben, besitzen stets die gleiche (minimale) Form:

$$\mathbf{M}(\mathbf{q},t)\,\ddot{\mathbf{q}} = \mathbf{h}(\mathbf{q},\dot{\mathbf{q}},t)\ . \tag{2.1}$$

Dabei ist $\mathbf{q}(t)$ der Vektor der Minimalkoordinaten und $\mathbf{M}$ eine stets symmetrische, positiv-definite Massenmatrix. Der Vektor $\mathbf{h}$ enthält gyroskopische und dissipative Kräfte, sowie alle eingeprägten Kräfte und Momente. In vielen praktisch relevanten Fällen hängen die Größen $\mathbf{M}$ und $\mathbf{h}$ nicht explizit von der Zeit ab.

Gehen wir gemäß den vorangegangenen Modellüberlegungen davon aus, dass für die Bewegung des Systems eine *Sollbewegung* oder ein Ruhezustand gefunden werden kann und dass um diese Referenzlage kleine Störbewegungen stattfinden, dann lässt sich der Vektor der Minimalkoordinaten $\mathbf{q}(t)$ aufteilen in einen *Referenzvektor* $\mathbf{q}_0(t)$ und einen als klein anzunehmenden *Störvektor* $\eta_{\mathbf{q}}(t)$ [46, 48]:

$$\mathbf{q}(t) = \mathbf{q}_0(t) + \eta_{\mathbf{q}}(t)\ . \tag{2.2}$$

Setzen wir dies in die ursprünglichen Bewegungsgleichungen (2.1) ein, so können wir diese in eine TAYLOR-Reihe um $\mathbf{q}_0(t)$, $\dot{\mathbf{q}}_0(t)$ und $\ddot{\mathbf{q}}_0(t)$ entwickeln mit

$$\mathbf{M}\left(\left(\mathbf{q}_0+\eta_{\mathbf{q}}\right),t\right)=\mathbf{M}\left(\mathbf{q}_0,t\right)+\sum_{i=1}^{f}\left(\frac{\partial \mathbf{M}}{\partial q_i}\right)_0 \eta_{\mathbf{q}_i}+\text{hot}\,, \tag{2.3}$$

$$\mathbf{h}\left(\left(\mathbf{q}_0+\eta_{\mathbf{q}}\right),\left(\dot{\mathbf{q}}_0+\dot{\eta}_{\mathbf{q}}\right),t\right)=\mathbf{h}\left(\mathbf{q}_0,\dot{\mathbf{q}}_0,t\right)+\left(\frac{\partial \mathbf{h}}{\partial \mathbf{q}}\right)_0 \eta_{\mathbf{q}}+\left(\frac{\partial \mathbf{h}}{\partial \dot{\mathbf{q}}}\right)_0 \dot{\eta}_{\mathbf{q}}+\text{hot}\,. \tag{2.4}$$

Das Kürzel *hot* steht hierbei für Terme höherer Ordnung (higher order terms). Gemäß den Regeln der Vektor- und Tensoranalysis [16] gilt hierbei:

- Ableitung eines Skalars nach einem Vektor ergibt Zeilenvektor.
- Ableitung eines Vektors nach einem Vektor ergibt Tensor 2. Stufe (JACOBI-Matrix).
- Ableitung eines Tensors 2. Stufe (Massenmatrix) nach einem Vektor ergibt Tensor 3. Stufe.

Unter der Annahme dass auch $\dot{\eta}_{\mathbf{q}}$ und $\ddot{\eta}_{\mathbf{q}}$ klein sind, erhalten wir zwei Bewegungsgleichungen, eine für die Sollbewegung und eine für die linearisierte *Störbewegung*:

- Sollbewegung

$$\mathbf{M}\left(\mathbf{q}_0,t\right)\ddot{\mathbf{q}}_0=\mathbf{h}\left(\mathbf{q}_0,\dot{\mathbf{q}}_0,t\right)\,, \tag{2.5}$$

- Störbewegung (linearisiert)

$$\mathbf{M}\left(\mathbf{q}_0,t\right)\ddot{\eta}_{\mathbf{q}}+\mathbf{P}\left(\mathbf{q}_0,\dot{\mathbf{q}}_0,t\right)\dot{\eta}_{\mathbf{q}}+\mathbf{R}\left(\mathbf{q}_0,\dot{\mathbf{q}}_0,\ddot{\mathbf{q}}_0,t\right)\eta_{\mathbf{q}}=\mathbf{f} \tag{2.6}$$

mit der Inhomogenität

$$\mathbf{f}=\mathbf{h}\left(\mathbf{q}_0,\dot{\mathbf{q}}_0,t\right)-\mathbf{M}\left(\mathbf{q}_0,t\right)\ddot{\mathbf{q}}_0\,, \tag{2.7}$$

der Matrix der geschwindigkeitsabhängigen Kräfte

$$\mathbf{P}\left(\mathbf{q}_0,\dot{\mathbf{q}}_0,t\right)=-\left(\frac{\partial \mathbf{h}}{\partial \dot{\mathbf{q}}}\right)_0\,, \tag{2.8}$$

sowie der Matrix der Lagekräfte

$$\mathbf{R}\left(\mathbf{q}_0,\dot{\mathbf{q}}_0,\ddot{\mathbf{q}}_0,t\right)=\left(\frac{\partial \mathbf{M}}{\partial \mathbf{q}}\right)_0 \ddot{\mathbf{q}}_0-\left(\frac{\partial \mathbf{h}}{\partial \mathbf{q}}\right)_0\,. \tag{2.9}$$

2.2 Einteilung linearer Systeme

Die obige Aufspaltung in Referenz- und Störanteil ergibt ein im allgemeinen Fall nichtlineares Differentialgleichungssystem für die Sollbewegung (2.5) und ein lineares Vektor-Matrix-System für die Störbewegung (2.6). In den meisten praktischen Fällen ist die Sollbewegung in einfacher Weise bekannt oder sie kann aus den nichtlinearen Gleichungen ermittelt werden. Es interessieren dann die Störbewegungen um eine derartige Sollbewegung. Nur mit dieser wollen wir uns im Folgenden weiterbeschäftigen. Dabei lohnt es, in einem ersten Schritt die Struktur der homogenen linearisierten Bewegungsgleichungen (2.6) etwas genauer zu betrachten ($\mathbf{f} = \mathbf{0}$). Die Matrizen $\mathbf{P}$ und $\mathbf{R}$ lassen sich immer in einen symmetrischen und schiefsymmetrischen Anteil zerlegen:

$$\mathbf{D} = \frac{1}{2}\left(\mathbf{P} + \mathbf{P}^T\right) = \mathbf{D}^T , \tag{2.10}$$

$$\mathbf{G} = \frac{1}{2}\left(\mathbf{P} - \mathbf{P}^T\right) = -\mathbf{G}^T , \tag{2.11}$$

$$\mathbf{K} = \frac{1}{2}\left(\mathbf{R} + \mathbf{R}^T\right) = \mathbf{K}^T , \tag{2.12}$$

$$\mathbf{N} = \frac{1}{2}\left(\mathbf{R} - \mathbf{R}^T\right) = -\mathbf{N}^T . \tag{2.13}$$

Damit erhalten wir aus (2.6)):

$$\mathbf{M}\ddot{\eta}_{\mathbf{q}} + (\mathbf{D} + \mathbf{G})\,\dot{\eta}_{\mathbf{q}} + (\mathbf{K} + \mathbf{N})\,\eta_{\mathbf{q}} = \mathbf{f} . \tag{2.14}$$

Die einzelnen Matrizenanteile besitzen eindeutig zuordnungsfähige Eigenschaften:

M Massenmatrix (symmetrisch)
Der Term $\mathbf{M}\ddot{\eta}_{\mathbf{q}}$ repräsentiert die Beschleunigungs- oder Trägheitskräfte. Er folgt aus der kinetischen Energie der Störbewegung $T = \frac{1}{2}\dot{\eta}_{\mathbf{q}}^T\mathbf{M}\dot{\eta}_{\mathbf{q}}$.

D Dämpfungsmatrix (symmetrisch)
Der Term $\mathbf{D}\dot{\eta}_{\mathbf{q}}$ stellt geschwindigkeitsproportionale Reibungskräfte dar. Er folgt aus der RAYLEIGH'schen Dämpfungsleistung $\frac{1}{2}\dot{\eta}_{\mathbf{q}}^T\mathbf{D}\dot{\eta}_{\mathbf{q}}$.

G Gyroskopische Matrix (schiefsymmetrisch)
Der Ausdruck $\mathbf{G}\dot{\eta}_{\mathbf{q}}$ enthält alle durch Kreiseleffekte hervorgerufenen Kräfte. Ihre Leistung $\dot{\eta}_{\mathbf{q}}^T\mathbf{G}\dot{\eta}_{\mathbf{q}} = 0$ verschwindet aufgrund der Schiefsymmetrie von $\mathbf{G}$. Gyroskopische Kräfte ändern die Energiebilanz des Systems nicht [51].

K Steifigkeitsmatrix (symmetrisch)
Der Ausdruck $\mathbf{K}\eta_{\mathbf{q}}$ umfasst die konservativen Störkräfte (Lagekräfte). Er kann aus dem Potential der Störbewegung $V = \frac{1}{2}\eta_{\mathbf{q}}^T\mathbf{K}\eta_{\mathbf{q}}$ hergeleitet werden.

N Zirkulatorische Matrix (schiefsymmetrisch)
Die zirkulatorische Matrix definiert nichtkonservative Kräfte $\mathbf{N}\eta_{\mathbf{q}}$, die beispielsweise in Turbinen und Gleitlagern auftreten [73]. Auf der einen Seite verschwin-

det die Leistung $\dot{\eta}_\mathbf{q}\mathbf{N}\eta_\mathbf{q}$ nicht, auf der anderen Seite ist $\dot{\eta}_\mathbf{q}\mathbf{N}\eta_\mathbf{q}$ nicht symmetrisch. Das Integral

$$\int_{\eta_{\mathbf{q}_1}}^{\eta_{\mathbf{q}_2}} \eta_\mathbf{q}^T \mathbf{N} \mathrm{d}\eta_\mathbf{q} = \int_{t_1}^{t_2} \eta_\mathbf{q}^T \mathbf{N} \dot{\eta}_\mathbf{q} \mathrm{d}t$$

ist demnach vom Integrationsweg und damit von der Wahl der Minimalkoordinaten abhängig (Kapitel 1.6).

Wenn die Dämpfungskräfte ($\mathbf{D} = \mathbf{0}$) und die nichtkonservativen Lagekräfte ($\mathbf{N} = \mathbf{0}$) nicht vorhanden sind, erhalten wir ein konservatives System, für das die Gesamtenergie konstant ist und damit der Energieerhaltungssatz gilt (Kapitel 1.6). Die Einteilung der diskreten linearen Systeme nach diesem physikalisch interpretierbaren Matrizenschema besitzt nicht nur erhebliche Vorteile für die mathematische und numerische Behandlung, sondern lässt auch rein qualitativ Rückschlüsse auf das Systemverhalten zu. Dies ist insbesondere für Stabilitätsaussagen wichtig und hilfreich [50].

Für die weitere Behandlung von Differentialgleichungssystemen ist es häufig zweckmäßig, von f linearen Differentialgleichungen zweiter Ordnung auf $2f$ lineare Differentialgleichungen erster Ordnung im Zustandsraum überzugehen. Mittels der Substitution

$$\mathbf{x} = \begin{pmatrix} \eta_\mathbf{q} \\ \dot{\eta}_\mathbf{q} \end{pmatrix} \tag{2.15}$$

erhält man

$$\dot{\mathbf{x}} = \mathbf{A}(t)\mathbf{x} + \mathbf{b}(t) \tag{2.16}$$

mit den Größen

$$\mathbf{A} = \begin{pmatrix} \mathbf{0} & \mathbf{E} \\ -\mathbf{M}^{-1}\mathbf{R} & -\mathbf{M}^{-1}\mathbf{P} \end{pmatrix}, \quad \mathbf{b} = \begin{pmatrix} \mathbf{0} \\ \mathbf{M}^{-1}\mathbf{f} \end{pmatrix}. \tag{2.17}$$

Für die obige Form existieren Standard-Lösungsverfahren, die wir uns im Folgenden ansehen wollen. Man nennt den Vektor $\mathbf{x}$ *Zustandsvektor*. Demgemäß spricht man vom *Zustandsraum* mit den Koordinaten $\mathbf{x}$, während die Koordinaten $\eta_\mathbf{q}$ den Konfigurationsraum repräsentieren (Kapitel 1.4).

Beispiel 2.1 (Kugelpendel). Wir betrachten das Kugelpendel in Abb. 2.1. Mit den Minimalkoordinaten $\mathbf{q} = (\psi, \vartheta)^T$ haben sich die Bewegungsgleichungen, diejenigen der zyklischen Koordinaten miteingeschlossen, in Beispiel 1.10 zu

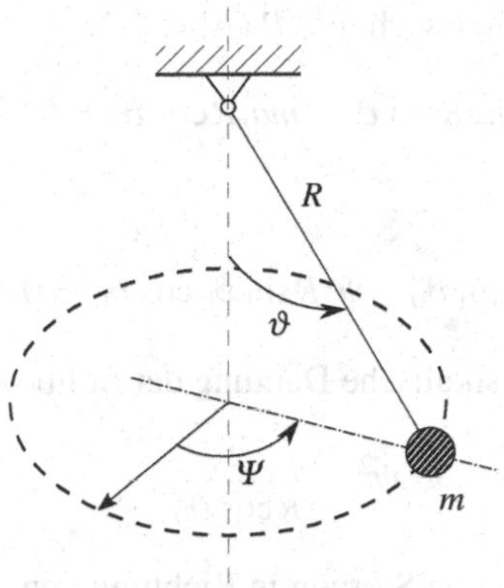

Abb. 2.1: Kugelpendel.

$$
\begin{aligned}
mR^2 \sin^2 \vartheta \, \ddot{\psi} + 2mR^2 \sin \vartheta \cos \vartheta \, \dot{\vartheta} \, \dot{\psi} &= 0 \, , \\
mR^2 \ddot{\vartheta} - mR^2 \sin \vartheta \cos \vartheta \, \dot{\psi} \dot{\psi} + mgR \sin \vartheta &= 0 \, , \\
\sin^2 \vartheta \, \dot{\psi} &= C
\end{aligned}
$$

ergeben.

- Wir betrachten zunächst die Reduktion auf die ebene Bewegung ($\dot{\psi} \equiv 0$)

$$\ddot{\vartheta} + \frac{g}{R} \sin \vartheta = 0 \, .$$

Die Bedingung für den *Ruhezustand* des Systems erhält man aus $\ddot{\mathbf{q}} = \dot{\mathbf{q}} = \mathbf{0}$ zu $\vartheta_0 = 0$. Wir wollen den Ruhezustand über diese Bedingung als Sollbewegung definieren und interessieren uns für die ebene Schwingung des Pendels für kleine Auslenkungen

$$\vartheta = \underbrace{\vartheta_0}_{=0} + \eta_\vartheta \, .$$

Mit $\sin \vartheta = \vartheta - \frac{1}{6} \vartheta^3 + \text{hot}$ gehorcht die Störbewegung der linearen Differentialgleichung

$$\ddot{\vartheta} + \frac{g}{R} \vartheta = 0 \, .$$

- Eine weitere Sollbewegung ist der kegelförmige Umlauf ($\vartheta \equiv \vartheta_0 \neq 0$). Je nachdem welche der ursprünglichen Differentialgleichungen man nutzt, erhält man die Beziehungen

$$\dot{\psi}^2 = \frac{C^2}{\sin^4 \vartheta_0} = \frac{g}{R \cos \vartheta_0} \, .$$

Über das Momentengleichgewicht um P (Abb. 2.2)

$$mgR\sin\vartheta_0 - ma_rR\cos\vartheta_0 = 0$$

ergibt sich

$$g\sin\vartheta_0 - \dot{\psi}^2 R\sin\vartheta_0\cos\vartheta_0 = 0$$

und somit ebenso die physikalische Deutung der Sollbewegung:

$$\dot{\psi}^2 = \frac{g}{R\cos\vartheta_0}\,.$$

Wir interessieren uns für eine Störung in Richtung von

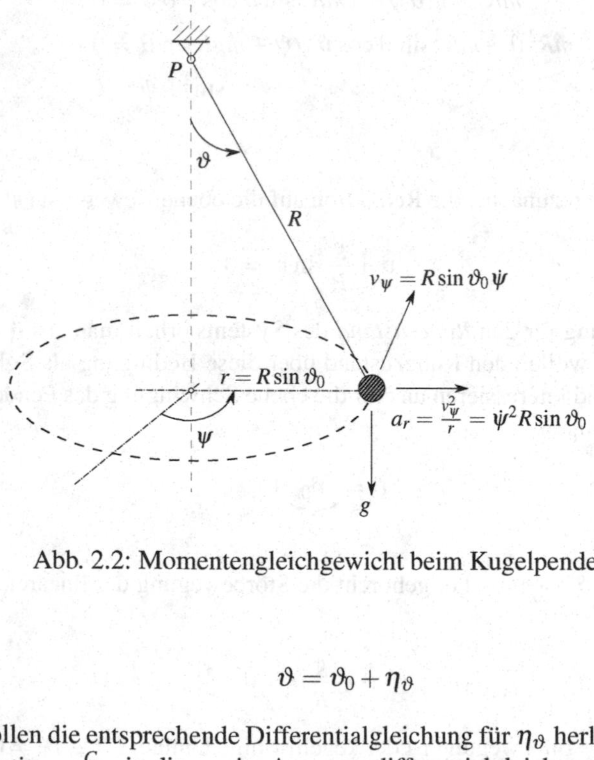

Abb. 2.2: Momentengleichgewicht beim Kugelpendel.

$$\vartheta = \vartheta_0 + \eta_\vartheta$$

und wollen die entsprechende Differentialgleichung für η_ϑ herleiten. Dafür setzen wir $\dot{\psi} = \frac{C}{\sin^2\vartheta}$ in die zweite Ausgangsdifferentialgleichung ein:

$$\ddot{\vartheta} - C^2\left(\frac{\cos\vartheta}{\sin^3\vartheta}\right) + \frac{g}{R}\sin\vartheta = 0\,.$$

Die Differentialgleichung ist vom Typ

$$\ddot{\vartheta} + f(\vartheta) = 0\,.$$

Mit

$$\begin{aligned}\sin\vartheta &\doteq \sin\vartheta_0 + \eta_\vartheta \cos\vartheta_0\,,\\ \cos\vartheta &\doteq \cos\vartheta_0 - \eta_\vartheta \sin\vartheta_0\end{aligned}$$

folgt

$$\begin{aligned}0 &\doteq \underbrace{\ddot{\vartheta}_0}_{=0} + \ddot{\eta}_\vartheta + \underbrace{f(\vartheta_0)}_{=0} + \left(\frac{\partial f}{\partial \vartheta}\right)_0 \eta_\vartheta\\ &= \ddot{\eta}_\vartheta + \left\{-\frac{C^2}{\sin^6\vartheta}\left[-\sin^4\vartheta - 3\sin^2\vartheta\cos^2\vartheta\right] + \left(\frac{g}{R}\right)\cos\vartheta\right\}_0 \eta_\vartheta\\ &= \ddot{\eta}_\vartheta + \left(\frac{g}{R\cos\vartheta_0}\right)\left(\sin^2\vartheta_0 + 3\cos^2\vartheta_0 + \cos^2\vartheta_0\right)\eta_\vartheta\\ &= \ddot{\eta}_\vartheta + \left[\left(\frac{g}{R\cos\vartheta_0}\right)\left(1 + 3\cos^2\vartheta_0\right)\right]\eta_\vartheta\,.\end{aligned}$$

Damit ist

$$\omega = \sqrt{\left(\frac{g}{R}\right)\left(\frac{1}{\cos\vartheta_0} + 3\cos\vartheta_0\right)}$$

die *Eigenkreisfrequenz* der Störbewegung (Abb. 2.3). Wir betrachten einige Spezialfälle für ϑ_0:

(a) $\vartheta_0 \ll 1 : \omega \approx 2\sqrt{\frac{g}{R}}$ und $\dot{\psi} \approx \sqrt{\frac{g}{R}}$
Durch die Störbewegung wird die ursprünglich kreisförmige Bahnkurve für ψ durch die überlagerte Schwingung zur Ellipse verbogen (Abb. 2.4a).

(b) $\vartheta_0 \to \frac{\pi}{2} : \omega = \dot{\psi} \to \infty$
Äquatorbahn wird etwas schräg geneigt (Abb. 2.4b).
Der Fall $\vartheta_0 > \frac{\pi}{2}$ ist nicht möglich, da sonst $\dot{\psi}^2 = \frac{g}{R\cos\vartheta_0}$ negativ werden würde.

(c) $0 < \vartheta_0 < \frac{\pi}{2}$
Wie für $\vartheta_0 \ll 1$ erhält man ellipsenähnliche Teilbahnen, die sich periodisch wiederholen (Abb. 2.4c) mit $2\dot{\psi}_0 > \omega > \dot{\psi}_0$. Bei nicht zu großem ϑ_0 kann man das als Ellipse mit drehender Hauptachse auffassen. Der Wanderungswinkel ψ^* bei zwei Vollschwingungen mit Schwingungsdauer T erfüllt

$$\psi^* = \int_0^{2T} \dot{\psi}\,\mathrm{d}t - 2\pi \approx \dot{\psi}_0 2T - 2\pi\,.$$

Mit

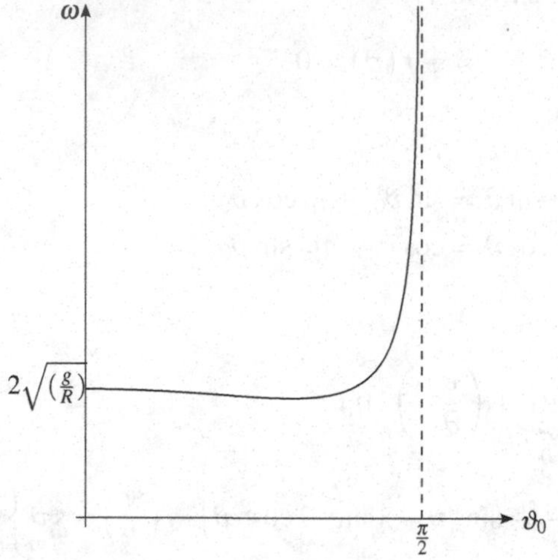

Abb. 2.3: Eigenfrequenz der Störbewegung beim kegelförmigen Umlaufs.

$$2T = \left(\frac{4\pi}{\omega}\right) = \frac{4\pi}{\dot{\psi}_0\sqrt{1+3\cos^2\vartheta_0}}$$

folgt

$$\psi^* \approx 2\pi\left(\frac{2}{\sqrt{1+3\cos^2\vartheta_0}} - 1\right) .$$

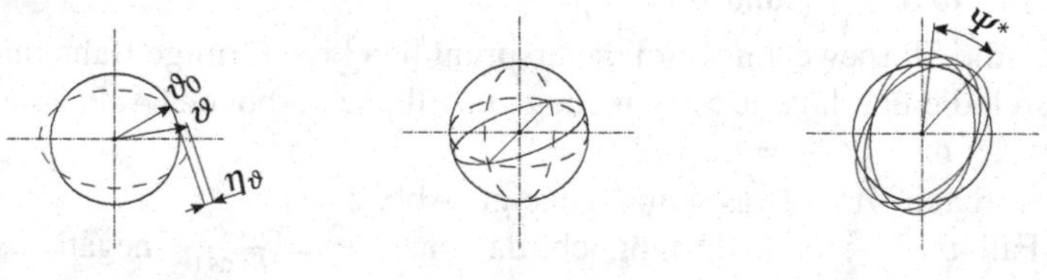

(a) Bahnkurve des gestörten kegelförmigen Umlaufs für $\vartheta_0 \ll 1$ (von oben gesehen).

(b) Bahnkurve des gestörten kegelförmigen Umlaufs für $\vartheta_0 \to \frac{\pi}{2}$.

(c) Bahnkurve des gestörten kegelförmigen Umlaufs für $0 < \vartheta_0 < \frac{\pi}{2}$.

Abb. 2.4: Grenzfälle für die Bahnkurve des gestörten kegelförmigen Umlaufs.

2.3 Lösungsverfahren

Mit der Auswahl und Festlegung eines Modells und der mathematischen Beschreibung dieses Modells in Form von Differentialgleichungen besitzen wir ein mechanisches und mathematisches Ersatzmodell für unser betrachtetes System. Die Bewegungsgleichungen sind dabei Ausgangspunkt aller weiteren Untersuchungen. Für die Beurteilung und Auslegung eines dynamischen Systems interessieren uns die folgenden Aspekte und Probleme:

- Bewegungsverhalten (Zeitverhalten, Frequenzverhalten): Bewegungsabläufe, Bewegungsformen, Frequenzen, Dämpfungen, Stabilität, Amplituden- und Phasenfrequenzgangfunktionen.
- Regelungsverhalten: Falls das System geregelt werden soll, sind Fragen nach Beobachtbarkeit, Regelbarkeit, Steuerbarkeit, Regelgüte, Reglerstabilität und Regleroptimierung zu beantworten.
- Störverhalten: Störbarkeit des Systems, Sensitivität der Parameter, deterministische und stochastische Störungen.
- Optimierung: Optimierung des dynamischen Gesamtsystems (Strecke + Regler) bezüglich bestimmter Gütekriterien, Auslegungsstrategien für die Optimierung von Parametern und Strukturen bezüglich Sensitivitäten oder Kriterien.

Die hierfür notwendigen Verfahren umfassen einen weiten Bereich der Mathematik, Systemtheorie und Regelungstechnik. Sie besitzen durchweg fachübergreifenden Charakter. Im Rahmen dieses Textes kann nur ein Einblick in die wichtigsten Methoden gegeben werden.

2.3.1 Lineare Systeme zweiter Ordnung

In diesem Abschnitt betrachten wir direkt die lineare Schwingungsdifferentialgleichung und beschränken uns auf die typischen Fälle, Einfacheigenwerte und periodische Anregung. Der allgemeinere Fall wird in Abschnitt 2.3.2 behandelt.

Wir beschränken uns zunächst auf konservative mechanische Systeme ohne Inhomogenität:

$$\mathbf{M}\ddot{\eta}_\mathbf{q} + \mathbf{K}\eta_\mathbf{q} = \mathbf{0}\,, \quad \eta_\mathbf{q} \in \mathbb{R}^f\,, \quad \{\mathbf{M},\mathbf{K}\} \in \mathbb{R}^{f,f}\,. \tag{2.18}$$

Die Matrizen **M** und **K** werden als konstant vorausgesetzt. Für den Lösungsvektor wählen wir den Ansatz

$$\eta_\mathbf{q} = \bar{\eta}_\mathbf{q} e^{\lambda t}\,. \tag{2.19}$$

Wir erhalten daraus ein homogenes Gleichungssystem für den Vektor $\bar{\eta}_\mathbf{q}$:

$$\left(\lambda^2\mathbf{M} + \mathbf{K}\right)\bar{\eta}_\mathbf{q} = \mathbf{0}\,. \tag{2.20}$$

Das homogene System besitzt nur bei verschwindender Determinante eine nichttriviale Lösung:

$$P(\lambda) := \det\left(\lambda^2 \mathbf{M} + \mathbf{K}\right) = 0 \tag{2.21}$$

definiert über das *charakteristische Polynom* $P(\lambda)$ eine *charakteristische Gleichung* für seine Nullstellen, die sogenannten *Eigenwerte* $\{\lambda_i\}_i$ [34]. In ganz analoger Weise lassen sich die Eigenwerte einer homogenen linearen Differentialgleichung zweiter Ordnung mit Dämpfung ermitteln:

$$P(\lambda) := \det\left(\lambda^2 \mathbf{M} + \lambda\,(\mathbf{D} + \mathbf{G}) + (\mathbf{K} + \mathbf{N})\right) = 0\,. \tag{2.22}$$

Man erhält stets so viele konjugiert komplexe Eigenwertpaare wie das System Freiheitsgrade der Bewegung besitzt. Im Fall von (2.18) sind die Eigenwerte sogar rein imaginär [34, 51]:

$$\lambda_i = \pm j\omega_i\,. \tag{2.23}$$

Die *Eigenvektoren* $\left\{\bar{\eta}_{\mathbf{q}_i}\right\}_i$ ergeben sich aus den Eigenwerten bis auf einen Faktor

$$\left(\lambda_i^2 \mathbf{M} + \lambda_i\,(\mathbf{D} + \mathbf{G}) + (\mathbf{K} + \mathbf{N})\right)\bar{\eta}_{\mathbf{q}_i} = \mathbf{0}\,, \tag{2.24}$$

wobei wir annehmen, dass wir mit dieser Prozedur f linear unabhängige konjugiert komplexe Eigenvektorenpaare finden. Zu konjugiert-komplexen Eigenwerten gehören stets konjugiert-komplexe Eigenvektoren [34]:

$$\lambda_i = \delta_i + j\omega_i \quad \Rightarrow \quad \bar{\eta}_{\mathbf{q}_i} = \alpha_i + j\beta_i\,, \tag{2.25}$$

$$\lambda_{i+f} = \delta_i - j\omega_i \quad \Rightarrow \quad \bar{\eta}_{\mathbf{q}_{i+f}} = \alpha_i - j\beta_i\,. \tag{2.26}$$

Die Zuordnung λ_i zu λ_{i+f} ist dabei eine Frage der Definition. Im Fall (2.18) mit $\delta_i = 0$ erhalten wir reelle Eigenvektoren $\bar{\eta}_{\mathbf{q}_i} = \alpha_i$ (keine Phasenverschiebung). Bei konservativen Schwingungssystemen stellen diese Eigenvektoren die *Eigenformen* der Schwingungen dar; im Allgemeinen erhält man lediglich *Fundamentalschwingungen*. Die Gesamtlösung des homogenen Systems erhält man als Linearkombination sämtlicher Fundamentallösungsfunktionen:

$$\eta_{\mathbf{q}}(t) = \sum_{i=1}^{f} e^{\delta_i t}\left(c_i \bar{\eta}_{\mathbf{q}_i} e^{j\omega_i t} + c_{i+f}\bar{\eta}_{\mathbf{q}_{i+f}} e^{-j\omega_i t}\right)\,. \tag{2.27}$$

Ohne Dämpfung sind alle Eigenvektoren reell und treten doppelt auf; c_{i+f} ist konjugiert-komplex zu c_i. Man erhält die reelle Darstellung

$$\eta_{\mathbf{q}}(t) = \sum_{i=1}^{f} \bar{\eta}_{\mathbf{q}_i}\left(a_i \cos(\omega_i t) + b_i \sin(\omega_i t)\right) \tag{2.28}$$

mit $a_i = 2\Re(c_i)$ und $b_i = -2\Im(c_i)$.

Mit Hilfe der *Modalmatrix*

$$\mathbf{V} = \left(\bar{\eta}_{\mathbf{q}_1}, \bar{\eta}_{\mathbf{q}_2}, \cdots, \bar{\eta}_{\mathbf{q}_f}\right) \tag{2.29}$$

folgt aus (2.28) die Matrix-Vektor-Beziehung

$$\eta_{\mathbf{q}} = \mathbf{V}\left[\begin{pmatrix} \cos(\omega_1 t) & 0 & \cdots & 0 \\ 0 & \ddots & \ddots & \vdots \\ \vdots & \ddots & \ddots & 0 \\ 0 & \cdots & 0 & \cos(\omega_f t) \end{pmatrix}\begin{pmatrix} a_1 \\ \vdots \\ a_f \end{pmatrix} + \begin{pmatrix} \sin(\omega_1 t) & 0 & \cdots & 0 \\ 0 & \ddots & \ddots & \vdots \\ \vdots & \ddots & \ddots & 0 \\ 0 & \cdots & 0 & \sin(\omega_f t) \end{pmatrix}\begin{pmatrix} b_1 \\ \vdots \\ b_f \end{pmatrix}\right] . \tag{2.30}$$

Kompakt können wir

$$\eta_{\mathbf{q}} = \mathbf{V}\left[\cos(\Omega t)\,\mathbf{a} + \sin(\Omega t)\,\mathbf{b}\right] \tag{2.31}$$

schreiben mit

$$\cos(\Omega t) = \mathrm{diag}\{\cos(\omega_i t)\}\ , \quad \sin(\Omega t) = \mathrm{diag}\{\sin(\omega_i t)\}\ , \tag{2.32}$$

$$\mathbf{a} = (a_1, \cdots, a_f)^T , \quad \mathbf{b} = (b_1, \cdots, b_f)^T . \tag{2.33}$$

Über die *Anfangsbedingungen* $\eta_{\mathbf{q}} = \eta_{\mathbf{q}_0}$ und $\dot{\eta}_{\mathbf{q}} = \dot{\eta}_{\mathbf{q}_0}$ zur Zeit $t = 0$ lassen sich die unbekannten Vektoren **a** und **b** bestimmen:

$$\eta_{\mathbf{q}_0} = \mathbf{V}\mathbf{a}\,, \tag{2.34}$$

$$\dot{\eta}_{\mathbf{q}_0} = \mathbf{V}\Omega\mathbf{b} \tag{2.35}$$

mit

$$\Omega = \mathrm{diag}\{\omega_i\}\ . \tag{2.36}$$

Mit der Invertierbarkeit von **V** folgt

$$\mathbf{a} = \mathbf{V}^{-1}\eta_{\mathbf{q}_0}\,, \tag{2.37}$$

$$\mathbf{b} = \Omega^{-1}\mathbf{V}^{-1}\dot{\eta}_{\mathbf{q}_0} \tag{2.38}$$

und damit die Gesamtlösung ohne Dämpfung:

$$\eta_{\mathbf{q}}(t) = \mathbf{V}\cos(\Omega t)\,\mathbf{V}^{-1}\eta_{\mathbf{q}_0} + \mathbf{V}\sin(\Omega t)\,\Omega^{-1}\mathbf{V}^{-1}\dot{\eta}_{\mathbf{q}_0}\,. \tag{2.39}$$

Die Anfangsbedingungen bestimmen die Komponenten der Vektoren **a** und **b** und damit die angeregten Eigenkreisfrequenzen. Die Modalmatrix **V** sorgt über die spaltenweise angeordneten Eigenvektoren für die entsprechende Verteilung auf die einzelnen Freiheitsgrade. Die praktische Bedeutung der Eigenvektoren $\bar{\eta}_{\mathbf{q}_1}, \ldots, \bar{\eta}_{\mathbf{q}_f}$ wird häufig unterschätzt. Die Verteilungseigenschaften der einzelnen Freiheitsgrade lassen nämlich gerade bei erzwungenen Schwingungen eine Aussage darüber zu, welche Bauteile schwingen und welche nicht und welche Bauteile gegeneinander schwingen. Das ist für große mechanische Systeme existentiell wichtig und lässt Rückschlüsse auf mögliche konstruktive Verbesserungen zu.

Wir setzen die Lösung (2.39) in die Differentialgleichung (2.18) ein. Der Einfachheit halber sei dabei $\dot{\eta}_{\mathbf{q}0} = \mathbf{0}$. Mit

$$\ddot{\eta}_{\mathbf{q}} = -\mathbf{V}\Omega^2 \cos(\Omega t)\, \mathbf{V}^{-1} \eta_{\mathbf{q}0} \tag{2.40}$$

und

$$\mathbf{M}^{-1}\mathbf{K}\eta_{\mathbf{q}} = \mathbf{M}^{-1}\mathbf{K}\mathbf{V} \cos(\Omega t)\, \mathbf{V}^{-1} \eta_{\mathbf{q}0} \tag{2.41}$$

folgt

$$\begin{aligned} \mathbf{0} &= -\mathbf{V}\Omega^2 \cos(\Omega t)\, \mathbf{V}^{-1} \eta_{\mathbf{q}0} + \mathbf{M}^{-1}\mathbf{K}\mathbf{V} \cos(\Omega t)\, \mathbf{V}^{-1} \eta_{\mathbf{q}0} \\ &= \left[-\mathbf{V}\Omega^2 + \mathbf{M}^{-1}\mathbf{K}\mathbf{V}\right] \cos(\Omega t)\, \mathbf{V}^{-1} \eta_{\mathbf{q}0} \end{aligned} \tag{2.42}$$

Da $\eta_{\mathbf{q}0}$ beliebig ist, muss

$$\Omega^2 = \mathbf{V}^{-1}\mathbf{M}^{-1}\mathbf{K}\mathbf{V} \tag{2.43}$$

gelten. Umgekehrt lassen sich die Bewegungsgleichungen

$$\ddot{\eta}_{\mathbf{q}} + \mathbf{M}^{-1}\mathbf{K}\eta_{\mathbf{q}} = \mathbf{0} \tag{2.44}$$

mit der *Modaltransformation*

$$\eta_{\mathbf{q}} = \mathbf{V}\xi \quad \text{oder} \quad \xi = \mathbf{V}^{-1}\eta_{\mathbf{q}} \tag{2.45}$$

wie folgt umformen:

$$\begin{aligned} \mathbf{0} &= \mathbf{V}\ddot{\xi} + \mathbf{M}^{-1}\mathbf{K}\mathbf{V}\xi = \ddot{\xi} + \mathbf{V}^{-1}\mathbf{M}^{-1}\mathbf{K}\mathbf{V}\xi \\ &= \ddot{\xi} + \Omega^2\xi\,. \end{aligned} \tag{2.46}$$

Die Modaltransformation bewirkt also eine *Entkopplung* der f Gleichungen dahingehend, dass für jede Schwingungsfrequenz eine einzige skalare Gleichung steht, die nicht mit anderen Schwingungsformen gekoppelt ist. Man nennt ξ *modale Koordinaten* im Gegensatz zu den *natürlichen Koordinaten* $\eta_{\mathbf{q}}$ und spricht von *Fundamentalschwingungen*. Die natürlichen Koordinaten werden über die Modaltransformation als Linearkombination der Eigenvektoren dargestellt; die modalen Koordinaten sind die zugehörigen Gewichte oder Anteile:

$$\eta_{\mathbf{q}} = \sum_i \bar{\eta}_{\mathbf{q}_i} \xi_i \,. \tag{2.47}$$

Als Lösung von (2.46) ergibt sich

$$\xi(t) = \cos(\Omega t)\,\xi_0 + \sin(\Omega t)\,\Omega^{-1}\dot{\xi}_0 \,. \tag{2.48}$$

Vergleicht man dies mit der Lösung für $\eta_{\mathbf{q}}(t)$, so zeigt sich:

$$\xi_0 = \mathbf{V}^{-1}\eta_{\mathbf{q}0} \,, \tag{2.49}$$

$$\dot{\xi}_0 = \mathbf{V}^{-1}\dot{\eta}_{\mathbf{q}0} \,. \tag{2.50}$$

Bei der Herleitung des Lösungsverfahrens sind wir davon ausgegangen, dass im System genügend linear unabhängige Eigenvektoren existieren. Dies ist nicht immer korrekt, kann für konservative Systeme (2.46) jedoch nachgewiesen werden.

Betrachtet wird das konservative System

$$\mathbf{M}\ddot{\eta}_{\mathbf{q}} + \mathbf{K}\eta_{\mathbf{q}} = \mathbf{0} \tag{2.51}$$

mit symmetrischer und positiv definiter Massenmatrix $\mathbf{M}$ sowie symmetrischer Steifigkeitsmatrix $\mathbf{K}$.

Dann ist zunächst festzuhalten, dass $\mathbf{M}^{-1}\mathbf{K}$ diagonalisierbar ist. Denn in jedem Fall gibt es eine Matrix $\mathbf{V}$, so dass $\mathbf{V}^{-1}\mathbf{M}^{-1}\mathbf{K}\mathbf{V}$ in JORDAN-*Blöcke* zerfällt (Abschnitt 2.3.2.2). Es kann ohne Einschränkung ein einzelner JORDAN-Block betrachtet werden. Dann gilt spaltenweise

$$\mathbf{M}^{-1}\mathbf{K}\bar{\eta}_{\mathbf{q}_1} = \lambda\bar{\eta}_{\mathbf{q}_1} \,, \tag{2.52}$$

$$\mathbf{M}^{-1}\mathbf{K}\bar{\eta}_{\mathbf{q}_2} = \delta_1\bar{\eta}_{\mathbf{q}_1} + \lambda\bar{\eta}_{\mathbf{q}_2} \,, \tag{2.53}$$

$$\mathbf{M}^{-1}\mathbf{K}\bar{\eta}_{\mathbf{q}_3} = \delta_2\bar{\eta}_{\mathbf{q}_2} + \lambda\bar{\eta}_{\mathbf{q}_3} \,, \tag{2.54}$$

$$\vdots$$

Aus (2.52) folgt

$$\bar{\eta}_{\mathbf{q}_2}^T\mathbf{K}\bar{\eta}_{\mathbf{q}_1} = \lambda\bar{\eta}_{\mathbf{q}_2}^T\mathbf{M}\bar{\eta}_{\mathbf{q}_1} \tag{2.55}$$

und mit (2.53) ist

$$\bar{\eta}_{\mathbf{q}_1}^T\mathbf{K}\bar{\eta}_{\mathbf{q}_2} = \delta_1\bar{\eta}_{\mathbf{q}_1}^T\mathbf{M}\bar{\eta}_{\mathbf{q}_1} + \lambda\bar{\eta}_{\mathbf{q}_1}^T\mathbf{M}\bar{\eta}_{\mathbf{q}_2} \,. \tag{2.56}$$

Zusammen erhält man

$$\delta_1 = \frac{\bar{\eta}_{\mathbf{q}_1}^T\mathbf{K}\bar{\eta}_{\mathbf{q}_2} - \lambda\bar{\eta}_{\mathbf{q}_1}^T\mathbf{M}\bar{\eta}_{\mathbf{q}_2}}{\bar{\eta}_{\mathbf{q}_1}^T\mathbf{M}\bar{\eta}_{\mathbf{q}_1}} = 0 \,. \tag{2.57}$$

Das Vorgehen kann iterativ fortgesetzt werden; damit ist $\mathbf{M}^{-1}\mathbf{K}$ diagonalisierbar, wobei $\mathbf{V}$ die Eigenvektoren enthält.

Die Diagonalisierbarkeit von $\mathbf{M}^{-1}\mathbf{K}$ bewirkt für die Bewegungsdifferentialgleichung (2.51) eine Entkopplung zu Einmassenschwingern. Doch wie sieht es für $\mathbf{M}$ und $\mathbf{K}$ aus?

$$\mathbf{M} = \mathbf{K} = \begin{pmatrix} 1 & 1 \\ 1 & 2 \end{pmatrix} \tag{2.58}$$

liefern für $\mathbf{M}^{-1}\mathbf{K}$ den doppelten Eigenwert 1; die Eigenvektoren sind linear unabhängig aber sonst frei wählbar. Insbesondere kann erreicht werden, dass $\mathbf{V}^T\mathbf{M}\mathbf{V}$ und $\mathbf{V}^T\mathbf{K}\mathbf{V}$ nicht diagonal sind. Der Einfachheit soll daher vorausgesetzt werden, dass alle *Eigenwerte* von $\mathbf{M}^{-1}\mathbf{K}$ verschieden sind. Dann sind $\mathbf{V}^T\mathbf{M}\mathbf{V}$ und $\mathbf{V}^T\mathbf{K}\mathbf{V}$ Diagonalmatrizen, denn offenbar löst jedes Eigenwert-Eigenvektor-Paar $\left(\lambda, \bar{\eta}_{\mathbf{q}}\right)$ von $\mathbf{M}^{-1}\mathbf{K}$ die Gleichung

$$(\lambda\mathbf{M} - \mathbf{K})\,\bar{\eta}_{\mathbf{q}} = \mathbf{0} \tag{2.59}$$

und somit gilt für zwei solche Paare $\left(\lambda_n, \bar{\eta}_{\mathbf{q}_n}\right)$ und $\left(\lambda_m, \bar{\eta}_{\mathbf{q}_m}\right)$

$$\bar{\eta}_{\mathbf{q}_n}^T \mathbf{M} \bar{\eta}_{\mathbf{q}_m} \lambda_m = \bar{\eta}_{\mathbf{q}_n}^T \mathbf{K} \bar{\eta}_{\mathbf{q}_m} , \tag{2.60}$$

$$\bar{\eta}_{\mathbf{q}_m}^T \mathbf{M} \bar{\eta}_{\mathbf{q}_n} \lambda_n = \bar{\eta}_{\mathbf{q}_m}^T \mathbf{K} \bar{\eta}_{\mathbf{q}_n} . \tag{2.61}$$

Damit ist

$$\bar{\eta}_{\mathbf{q}_n}^T \mathbf{M} \bar{\eta}_{\mathbf{q}_m} (\lambda_m - \lambda_n) = 0 \tag{2.62}$$

und es folgt die Behauptung. Mit $\eta_{\mathbf{q}} = \mathbf{V}\xi$ bedeutet dies

$$\underbrace{\mathbf{V}^T\mathbf{M}\mathbf{V}}_{\mathbf{D}_M}\ddot{\xi} + \underbrace{\mathbf{V}^T\mathbf{K}\mathbf{V}}_{\mathbf{D}_K}\xi = \mathbf{0}^T \tag{2.63}$$

und somit

$$\mathbf{V}^{-1}\mathbf{M}^{-1}\mathbf{K}\mathbf{V} = \mathbf{D}_M^{-1}\mathbf{D}_K . \tag{2.64}$$

Mit Dämpfung erhält man aus den komplexen Fundamentallösungen

$$\left\{ \bar{\eta}_{\mathbf{q}_i} e^{-\delta_i t} e^{j\omega_i t} \right\}_{i=1}^{2f} \tag{2.65}$$

reelle Fundamentallösungen der Gestalt

$$\left\{ e^{-\delta_i t} \mathbf{r}_i * \mathbf{e}^{j(\omega_i t \mathbf{E} + \varphi_i)} \right\}_{i=1}^{2f} \tag{2.66}$$

mit komponentenweiser Multiplikation $*$. Dabei sind $\mathbf{r}$ die reelle Amplitude und φ die Phasenverschiebung, die in den komplexen Eigenvektoren enthalten sind.

Betrachten wir nun ein System mit externen Kräften $\mathbf{f}$

$$\mathbf{M}\ddot{\eta}_{\mathbf{q}} + (\mathbf{D}+\mathbf{G})\,\dot{\eta}_{\mathbf{q}} + (\mathbf{K}+\mathbf{N})\,\eta_{\mathbf{q}} = \mathbf{f}\,. \tag{2.67}$$

Seine Lösung setzt sich zusammen aus der Lösung des homogenen Systems (2.27) und einer speziellen Lösung. Wir beschränken uns auf *periodische Anregungen*

$$\mathbf{f}(t) = \sum_{k=-\infty}^{\infty} \bar{\mathbf{F}}_k e^{jk\Omega t}\,, \quad \bar{\mathbf{F}}_k \in \mathbb{C}^n\,. \tag{2.68}$$

Da Lösungen linearer Systeme *superponiert* werden können, betrachten wir ohne Einschränkung eine *harmonische Anregung*

$$\mathbf{f}(t) = \bar{\mathbf{F}}_k e^{jk\Omega t}\,, \tag{2.69}$$

die wir mit einem speziellen Ansatz für die partikuläre Lösung behandeln wollen:

$$\eta_{\mathbf{q}_{p_k}} = \bar{\eta}_{\mathbf{q}_{p_k}} e^{jk\Omega t}\,, \quad \bar{\eta}_{\mathbf{q}_{p_k}} \in \mathbb{C}^n\,. \tag{2.70}$$

Einsetzen in die Differentialgleichung ergibt

$$\bar{\eta}_{\mathbf{q}_{p_k}} = \underbrace{\left(-k^2\Omega^2\mathbf{M} + jk\Omega\mathbf{P} + \mathbf{R}\right)^{-1}}_{\mathsf{G}(j\Omega)} \bar{\mathbf{F}}_k\,. \tag{2.71}$$

Die komplexe *Frequenzgangfunktion* (*Frequency Response Function*) $\mathsf{G}(j\Omega)$ enthält Amplituden- und Phaseninformationen. Sie gibt das stationäre Übertragungsverhalten des Schwingungssystems auf eine Einheitsanregung in Abhängigkeit der Erregerkreisfrequenz wieder. Die Frequenzgangfunktion gehört daher zu einem Werkzeug der Frequenzanalyse, kann aber hier auch zur Darstellung der partikulären Lösung (2.70) im Zeitbereich eingesetzt werden. Da die allgemeine Lösung des homogenen Systems (2.27) wegen Dämpfung in der Praxis abfällt, überwiegt nach einiger Zeit der stationäre Anteil. Dies erklärt zum einen die Begriffsbildung und zum anderen die Frage, warum bei der Suche nach der Systemantwort zu einem Anfangswertproblem meistens nur die stationäre Lösung bestimmt wird (Kapitel 5).

Verallgemeinerte Lösungsverfahren für Mehrfacheigenwerte betrachten wir im nächsten Abschnitt.

2.3.2 Lineare Systeme erster Ordnung

Ein ähnliches Lösungsverfahren wie im letzten Abschnitt lässt sich angeben, wenn wir auf die am Ende von Kapitel 2.2 eingeführte Zustandsform übergehen:

$$\dot{\mathbf{x}} = \mathbf{A}\mathbf{x}\,, \quad \mathbf{x} \in \mathrm{I\!R}^{2f}\,, \quad \mathbf{A} \in \mathrm{I\!R}^{2f,2f}\,. \tag{2.72}$$

Dabei wird **A** als konstant angenommen. Mit dem Lösungsansatz

$$\mathbf{x}(t) = \bar{\mathbf{x}}e^{\lambda t} \tag{2.73}$$

erhalten wir ein homogenes lineares Gleichungssystem für die Eigenvektoren $\bar{\mathbf{x}}$:

$$(\lambda \mathbf{E} - \mathbf{A})\,\bar{\mathbf{x}} = \mathbf{0}\,. \tag{2.74}$$

Die charakteristische Gleichung für die Eigenwerte λ erhalten wir über das charakteristische Polynom:

$$P(\lambda) = \det(\lambda \mathbf{E} - \mathbf{A}) = 0\,. \tag{2.75}$$

Dieses Polynom ist für eine reelle Matrix **A** ein reelles Polynom $2f$-ten Grades. Die $2f$ (komplexen) Nullstellen λ_i werden als Eigenwerte bezeichnet.

2.3.2.1 Eigenverhalten für ein System ohne Mehrfacheigenwerte

Der zum Eigenwert λ_i gehörige Eigenvektor $\bar{\mathbf{x}}_i$ bestimmt sich aus dem homogenen Gleichungssystem:

$$(\lambda_i \mathbf{E} - \mathbf{A})\,\bar{\mathbf{x}}_i = \mathbf{0} \tag{2.76}$$

bis auf einen beliebigen konstanten Faktor. Die Gesamtlösung lässt sich für Systeme ohne Mehrfacheigenwerte als Linearkombination dieser Eigenvektoren darstellen [40]:

$$\mathbf{x}(t) = \sum_{i=1}^{2f} c_i \bar{\mathbf{x}}_i e^{\lambda_i t} \tag{2.77}$$

mit der Anfangsbedingung

$$\mathbf{x}_0 = \mathbf{x}(0) = \sum_{i=1}^{2f} c_i \bar{\mathbf{x}}_i\,. \tag{2.78}$$

Die Eigenvektoren $\bar{\mathbf{x}}_i$ aus (2.77) lassen sich zu einer Modalmatrix zusammenfassen

$$\mathbf{X} = \left(\bar{\mathbf{x}}_1 \;\; \bar{\mathbf{x}}_2 \ldots \bar{\mathbf{x}}_{2f}\right)\,, \tag{2.79}$$

die Eigenwerte λ_i zu einer Diagonalmatrix

$$\Lambda = \mathrm{diag}\,\{\lambda_i\} \tag{2.80}$$

und die Konstanten c_i zu dem Spaltenvektor

$$\mathbf{c} = \left(c_1, \cdots, c_{2f}\right)^T . \tag{2.81}$$

Dann gilt

$$\mathbf{x}(t) = \sum_{i=1}^{2f} \bar{\mathbf{x}}_i e^{\lambda_i t} c_i = \left(\bar{\mathbf{x}}_1, \cdots, \bar{\mathbf{x}}_{2f}\right) \begin{pmatrix} e^{\lambda_1 t} & 0 & \cdots & 0 \\ 0 & \ddots & \ddots & \vdots \\ \vdots & \ddots & \ddots & 0 \\ 0 & \cdots & 0 & e^{\lambda_{2f} t} \end{pmatrix} \mathbf{c} = \mathbf{X} e^{\Lambda t} \mathbf{c} . \tag{2.82}$$

Die obige Definition von $e^{\Lambda t}$ stellt eine Erweiterung der skalaren Rechenregeln auf Matrizen dar:

$$e^{\Lambda t} = \mathbf{E} + \Lambda t + \frac{1}{2} (\Lambda t)^2 + \text{hot} = \text{diag} \left\{ \sum_{k=0}^{\infty} \frac{(\lambda_i t)^k}{k!} \right\} = \text{diag} \left\{ e^{\lambda_i t} \right\} . \tag{2.83}$$

Weiterhin gilt

$$\mathbf{x}_0 = \sum_{i=1}^{2f} \bar{\mathbf{x}}_i c_i = \mathbf{X}\mathbf{c} \quad \text{oder} \quad \mathbf{c} = \mathbf{X}^{-1} \mathbf{x}_0 . \tag{2.84}$$

Damit erhält man als Gesamtlösung

$$\mathbf{x}(t) = \left(\mathbf{X} e^{\Lambda t} \mathbf{X}^{-1}\right) \mathbf{x}_0 . \tag{2.85}$$

Man nennt den Klammerausdruck *Fundamentalmatrix*:

$$\Phi(t) = \mathbf{X} e^{\Lambda t} \mathbf{X}^{-1} \quad \text{mit} \quad e^{\Lambda t} = \mathbf{X}^{-1} \Phi(t) \mathbf{X} . \tag{2.86}$$

$\Phi(t)$ und $e^{\Lambda t}$ sind ähnliche Matrizen.

Besonders einfach wird die Lösung in entkoppelter Form. Dies kann durch die Modaltransformation erreicht werden:

$$\mathbf{x}(t) = \mathbf{X}\zeta(t) , \tag{2.87}$$

$$\mathbf{x}(0) = \mathbf{X}\zeta(0) . \tag{2.88}$$

Damit wird zunächst

$$\dot{\zeta}(t) = \mathbf{X}^{-1} \mathbf{A} \mathbf{X} \zeta(t) .$$

Setzen wir nun die Lösung (2.85) in $\mathbf{0} = \dot{\mathbf{x}} - \mathbf{A}\mathbf{x}$ ein, so erhält man:

$$\mathbf{0} = \mathbf{X}\Lambda e^{\Lambda t} \mathbf{X}^{-1} \mathbf{x}_0 - \mathbf{A} \left(\mathbf{X} e^{\Lambda t} \mathbf{X}^{-1}\right) \mathbf{x}_0 = [\mathbf{X}\Lambda - \mathbf{A}\mathbf{X}]\, e^{\Lambda t} \mathbf{X}^{-1} \mathbf{x}_0 \tag{2.89}$$

und somit das entkoppelte System

$$\dot{\zeta}(t) = \Lambda\zeta(t) \tag{2.90}$$

mit der Lösung

$$\zeta = e^{\Lambda t}\zeta_0 \quad \text{mit} \quad \zeta_0 = \mathbf{X}^{-1}\mathbf{x}_0\,. \tag{2.91}$$

Man bezeichnet dies als die Normalform des Schwingungssystems und ζ als die *Normal- oder Hauptkoordinaten.*

Es lassen sich also Hauptkoordinaten ζ_i finden, deren zeitliche Veränderungen unabhängig von denen der anderen Hauptkoordinaten ζ_k sind. Zu den im allgemeinen Fall komplexen Hauptkoordinaten ζ muss allerdings angemerkt werden, dass sie nur noch schwer zu interpretieren sind. Sie ergeben sich aus Linearkombination von Lage- und Geschwindigkeitskoordinaten und lassen damit meistens keine anschauliche und plausible Deutung zu. Auf der anderen Seite bietet die Form aufgrund der Entkopplung $\left(\dot{\zeta} = \Lambda\zeta\right)$ mathematisch erhebliche Vorteile, insbesondere im Zusammenhang mit weiterführenden Betrachtungen wie etwa als Systemmodell für einen Reglerentwurf.

Jede Hauptkoordinate ist entweder Null, eine angefachte/gedämpfte periodische Schwingung oder eine aperiodische Bewegung. Die Eigenschaften ergeben sich aus den Eigenwerten λ_i, die bei Matrizen mit reellen Koeffizienten stets konjugiert komplexe Paare bilden:

$$\lambda_i = \delta_i \pm j\omega_i \quad \text{mit} \quad \{\delta, \omega\} \in \mathbb{R}\,. \tag{2.92}$$

Mit

$$e^{(\delta + j\omega)t} = e^{\delta t}\left(\cos\omega t + j\sin\omega t\right)$$

ergeben sich die folgenden prinzipiellen Zeitverläufe (Kapitel 5.2):

1. $\delta_i = 0$
   Gemäß Abb. 2.5a erhält man eine stationäre Dauerschwingung.
2. $\omega_i = 0$
   Abb. 2.5b zeigt aufklingende oder abklingende *asymptotische Lösungen.*
3. $\delta_i \neq 0$ und $\omega_i \neq 0$
   Man erhält auf- und abklingende Schwingungen (Abb. 2.5c und Abb. 2.5d).

Beispiel 2.2 (Doppelpendel). Wir betrachten ein Doppelpendel mit zwei Punktmassen m und zwei massenlosen Pendelstangen der Länge l. Als Minimalkoordinaten verwenden wir die Absolutwinkel $\eta_\mathbf{q} = (\varphi_1, \varphi_2)^T$. Dabei nehmen wir an, dass diese klein sind: $\varphi_1 \ll 1$ und $\varphi_2 \ll 1$. Die Erdbeschleunigung mit Konstante g wirkt in $-{}_I\mathbf{y}$-Richtung. Wir wollen zunächst die Bewegungsgleichungen über die LAGRANGE'schen Gleichungen zweiter Art herleiten und exemplarisch währenddessen linearisieren, um Rechenaufwand zu sparen. Dabei ist Systemverständnis nötig; Linearisierung während und nach dem Aufstellen der Bewegungsgleichungen sind nicht äquivalent. Im Anschluss berechnen wir die Schwingungsformen. Dazu star-

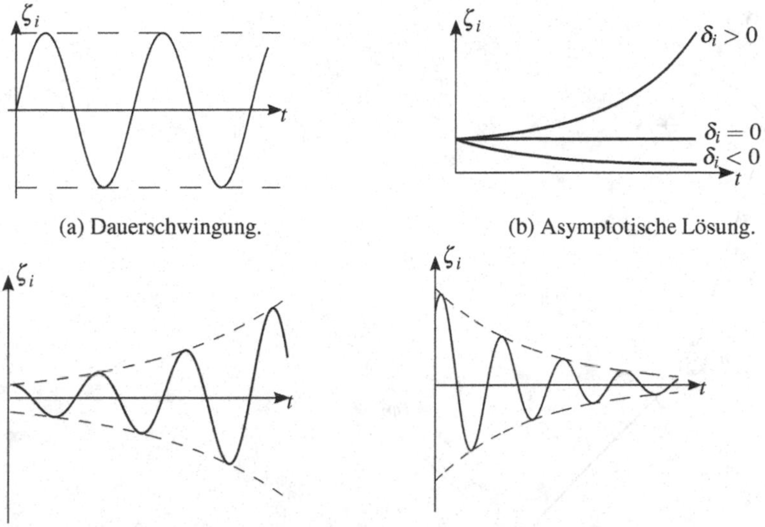

(a) Dauerschwingung. (b) Asymptotische Lösung.

(c) Aufklingende Schwingung. (d) Abklingende Schwingung.

Abb. 2.5: Prinzipielle Zeitverläufe.

ten wir mit kinematischen Betrachtungen und beschreiben kartesische Lagen und Geschwindigkeiten der beiden Massen mithilfe der Minimalkoordinaten:

- Kartesische Lagen:

$$
\begin{aligned}
x_1 &= l \sin \varphi_1 \,, \\
y_1 &= -l \cos \varphi_1 \,, \\
x_2 &= l \sin \varphi_1 + l \sin \varphi_2 \,, \\
y_2 &= -l \cos \varphi_1 - l \cos \varphi_2 \,.
\end{aligned}
$$

- Kartesische Geschwindigkeiten:

$$
\begin{aligned}
\dot{x}_1 &= l \dot{\varphi}_1 \cos \varphi_1 \,, \\
\dot{y}_1 &= l \dot{\varphi}_1 \sin \varphi_1 \,, \\
\dot{x}_2 &= l \dot{\varphi}_1 \cos \varphi_1 + l \dot{\varphi}_2 \cos \varphi_2 \,, \\
\dot{y}_2 &= l \dot{\varphi}_1 \sin \varphi_1 + l \dot{\varphi}_2 \sin \varphi_2 \,.
\end{aligned}
$$

Das Quadrat der Geschwindigkeiten

$$
\begin{aligned}
v_1^2 &= \left(\dot{x}_1^2 + \dot{y}_1^2\right) = (l \dot{\varphi}_1)^2 \,, \\
v_2^2 &= \dot{x}_2^2 + \dot{y}_2^2 = (l \dot{\varphi}_1)^2 + (l \dot{\varphi}_2)^2 + 2 l^2 \dot{\varphi}_1 \dot{\varphi}_2 \underbrace{(\cos \varphi_1 \cos \varphi_2 + \sin \varphi_1 \sin \varphi_2)}_{\cos(\varphi_2 - \varphi_1) \doteq 1}
\end{aligned}
$$

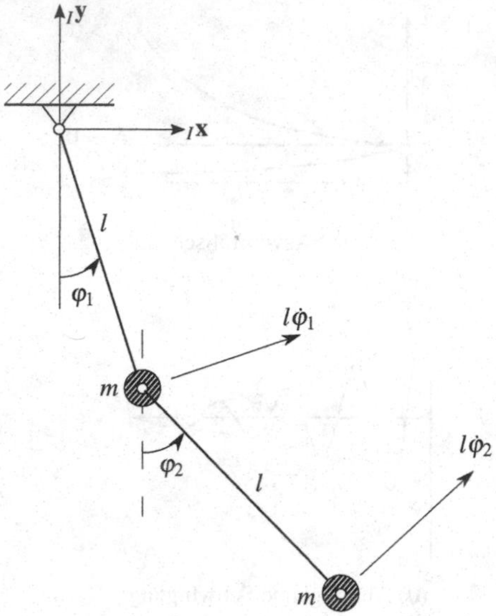

Abb. 2.6: Doppelpendel.

wird für die Berechnung der kinetischen Energie benötigt.

Über die Energien gelangen wir schließlich zur Auswertung der LAGRANGE'schen Gleichungen zweiter Art.

- Energien ($\varphi_1 \ll 1$ und $\varphi_2 \ll 1$):

$$
\begin{aligned}
T &= \frac{1}{2}m\,(l\dot{\varphi}_1)^2 + \frac{1}{2}m\left[(l\dot{\varphi}_1)^2 + (l\dot{\varphi}_2)^2 + 2l^2\dot{\varphi}_1\dot{\varphi}_2\right] \ , \\
V &= mgl\,(1-\cos\varphi_1) + mgl\,[(1-\cos\varphi_1) + (1-\cos\varphi_2)] \\
&= mgl\left[\varphi_1^2 + \frac{1}{2}\varphi_2^2\right] + \text{hot}\,.
\end{aligned}
$$

  Die potentiellen Energien werden hierbei bis zu quadratischen Termen entwickelt, um durch Auswertung der LAGRANGE'schen Gleichungen zweiter Art lineare Bewegungsgleichungen zu erhalten.
- LAGRANGE'sche Gleichungen zweiter Art (1.151):
  Mit

$$\left(\frac{\partial T}{\partial \dot{\varphi}_1}\right) = ml^2\left[2\dot{\varphi}_1 + \dot{\varphi}_2\right] ,$$
$$\left(\frac{\partial T}{\partial \dot{\varphi}_2}\right) = ml^2\left[\dot{\varphi}_2 + \dot{\varphi}_1\right] ,$$
$$\left(\frac{\partial V}{\partial \varphi_1}\right) = 2mgl\varphi_1 ,$$
$$\left(\frac{\partial V}{\partial \varphi_2}\right) = mgl\varphi_2$$

erhalten wir

$$ml^2\begin{pmatrix}2 & 1\\ 1 & 1\end{pmatrix}\begin{pmatrix}\ddot{\varphi}_1\\ \ddot{\varphi}_2\end{pmatrix} + mgl\begin{pmatrix}2 & 0\\ 0 & 1\end{pmatrix}\begin{pmatrix}\varphi_1\\ \varphi_2\end{pmatrix} = \begin{pmatrix}0\\ 0\end{pmatrix} .$$

Wir fassen zusammen zu

$$\mathbf{M}\ddot{\eta}_\mathbf{q} + \mathbf{K}\eta_\mathbf{q} = \mathbf{0}$$

mit

$$\mathbf{M} = \begin{pmatrix}2 & 1\\ 1 & 1\end{pmatrix} , \quad \mathbf{K} = \left(\frac{g}{l}\right)\begin{pmatrix}2 & 0\\ 0 & 1\end{pmatrix}$$

und

$$\mathbf{M}^{-1} = \begin{pmatrix}1 & -1\\ -1 & 2\end{pmatrix} .$$

Wir verdichten die Bewegungsgleichung unter Ausnutzung von $\omega = \sqrt{\frac{g}{l}}$

$$\ddot{\eta}_\mathbf{q} + \underbrace{\omega^2\begin{pmatrix}2 & -1\\ -2 & 2\end{pmatrix}}_{(\mathbf{M}^{-1}\mathbf{K})}\eta_\mathbf{q} = \mathbf{0}$$

und beginnen mit der Standardlösungsprozedur:

- Charakteristische Gleichung über Ansatz $\eta_\mathbf{q} = \bar{\eta}_\mathbf{q} e^{\lambda t}$:

$$0 = \det\left(\begin{pmatrix}\lambda^2 & 0\\ 0 & \lambda^2\end{pmatrix} + \omega^2\begin{pmatrix}2 & -1\\ -2 & 2\end{pmatrix}\right) = (2\omega^2 + \lambda^2)^2 - 2\omega^4 .$$

- Eigenwerte der charakteristischen Gleichung:

$$\lambda_{1,2,3,4} = \pm j\omega\sqrt{2 \mp \sqrt{2}} .$$

- Eigenvektoren über lineares Gleichungssystem:

$$\begin{pmatrix} (2\omega^2+\lambda_i^2) & -\omega^2 \\ -2\omega^2 & (2\omega^2+\lambda_i^2) \end{pmatrix} \begin{pmatrix} \bar{\eta}_{\mathbf{q}_1} \\ \bar{\eta}_{\mathbf{q}_2} \end{pmatrix} = \mathbf{0}\,.$$

Aus der ersten Gleichung ergibt sich das Verhältnis

$$\frac{\bar{\eta}_{\mathbf{q}_{i2}}}{\bar{\eta}_{\mathbf{q}_{i1}}} = \left(\frac{2\omega^2+\lambda_i^2}{\omega^2}\right) = \pm\sqrt{2}$$

und schließlich

$$\bar{\eta}_{\mathbf{q}_1} = \begin{pmatrix} 1 \\ +\sqrt{2} \end{pmatrix}, \quad \bar{\eta}_{\mathbf{q}_2} = \begin{pmatrix} 1 \\ -\sqrt{2} \end{pmatrix}.$$

Die Eigenvektoren sind reell und jeweils doppelt. Wir fassen sie zur Modalmatrix zusammen:

$$\mathbf{V} = \begin{pmatrix} 1 & 1 \\ +\sqrt{2} & -\sqrt{2} \end{pmatrix}.$$

Entsprechend gibt es auch zwei Eigenkreisfrequenzen

$$\omega_1 = \omega\sqrt{2-\sqrt{2}} = 0,765\sqrt{\frac{g}{l}}\,,$$
$$\omega_2 = \omega\sqrt{2+\sqrt{2}} = 1,848\sqrt{\frac{g}{l}}\,,$$

die wir anordnen: $\cos(\Omega t) = \operatorname{diag}\{\cos\omega_i t\}$ und $\sin(\Omega t) = \operatorname{diag}\{\sin\omega_i t\}$. Mit diesen Informationen betrachten wir erneut die Lösungsdarstellung:

- Lösung mit $\dot{\eta}_{\mathbf{q}_0} = \mathbf{0}$:

  $$\eta_{\mathbf{q}} = \left[\mathbf{V}\cos(\Omega t)\,\mathbf{V}^{-1}\right]\eta_{\mathbf{q}_0}\,.$$

  Ausgeschrieben erhält man:

  $$\begin{pmatrix} \varphi_1(t) \\ \varphi_2(t) \end{pmatrix} = \frac{1}{2}\begin{pmatrix} \left(\varphi_{10}+\frac{\varphi_{20}}{\sqrt{2}}\right)\cos(\omega_1 t) + \left(\varphi_{10}-\frac{\varphi_{20}}{\sqrt{2}}\right)\cos(\omega_2 t) \\ \sqrt{2}\left(\varphi_{10}+\frac{\varphi_{20}}{\sqrt{2}}\right)\cos(\omega_1 t) - \sqrt{2}\left(\varphi_{10}-\frac{\varphi_{20}}{\sqrt{2}}\right)\cos(\omega_2 t) \end{pmatrix}.$$

- Modaltransformation:
  Mit der Modaltransformation

  $$\eta_{\mathbf{q}} = \mathbf{V}\xi$$

  erhalten wir die Möglichkeit für eine Interpretation. Aus

  $$\xi_0 = \frac{1}{2}\begin{pmatrix} 1 & \frac{1}{\sqrt{2}} \\ 1 & -\frac{1}{\sqrt{2}} \end{pmatrix}\begin{pmatrix} \varphi_{10} \\ \varphi_{20} \end{pmatrix}$$

folgt

$$\xi(t) = \frac{1}{2}\begin{pmatrix} \left(\varphi_{10} + \frac{\varphi_{20}}{\sqrt{2}}\right) & \cos(\omega_1 t) \\ \left(\varphi_{10} - \frac{\varphi_{20}}{\sqrt{2}}\right) & \cos(\omega_2 t) \end{pmatrix} .$$

- Interpretation:
  Modale Koordinaten beschreiben als Gewichtsfunktion den Anteil der Eigenschwingformen an der Gesamtbewegung. Wählt man als natürliche Anfangsbedingungen die Koordinaten eines Eigenvektors so verschwindet die jeweils andere modale Koordinate. Die beiden Eigenschwingformen lassen sich experimentell einfach realisieren (Abb. 2.7).

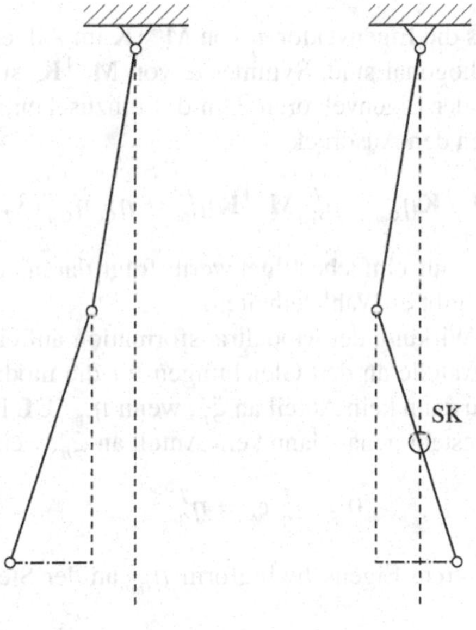

Abb. 2.7: Eigenschwingformen des Doppelpendels (SK = Schwingungsknoten).

Die erste Eigenschwingform (links) gehorcht der Eigenkreisfrequenz ω_1; die zweite Eigenschwingform (rechts) schwingt mit der Eigenkreisfrequenz ω_2. Die zugehörigen *Eigenfrequenzen* sind definiert als

$$f_k = \frac{\omega_k}{2\pi} .$$

Die *Schwingungsdauer* erhält man aus

$$T_k = \frac{2\pi}{\omega_k} .$$

Da das Verhältnis

$$\frac{\eta_{\mathbf{q}22}}{\eta_{\mathbf{q}21}} = -\sqrt{2}$$

bei der zweiten Eigenschwingform zeitunabhängig ist, wird sich ein sogenannter *Schwingungsknoten* bilden. Dies ist charakteristisch für die Eigenschwingformen: die erste Eigenschwingform besitzt keinen Schwingungsknoten, die zweite Eigenschwingform besitzt einen Schwingungsknoten. In der Darstellung von Abb. 2.7 gilt das Argument nur linearisiert, für kleine Auslenkungen.

Bei allgemeiner Dämpfung erhält man gemäß (2.66) unterschiedliche Amplituden und Phasen für die Fundamentallösungskomponenten. Das relative Verhalten der Komponenten ist damit nicht mehr zeitunabhängig. Man wird daher bei allgemein gedämpften Systemen keinen Schwingungsknoten finden.

Beispiel 2.2 zeigt, dass die Eigenvektoren von $\mathbf{M}^{-1}\mathbf{K}$ im Allgemeinen linear unabhängig, nicht aber orthogonal sind. Symmetrie von $\mathbf{M}^{-1}\mathbf{K}$ ist jedoch hinreichend für die Orthogonalität der Eigenvektoren. Um das einzusehen, bilden wir aus zwei Eigenwert-Gleichungen den Ausdruck

$$0 = \eta_{\mathbf{q}_n}^T \mathbf{M}^{-1}\mathbf{K}\eta_{\mathbf{q}_m} - \eta_{\mathbf{q}_m}^T \mathbf{M}^{-1}\mathbf{K}\eta_{\mathbf{q}_n} = \eta_{\mathbf{q}_n}^T \eta_{\mathbf{q}_m}(\lambda_m - \lambda_n) \ .$$

Für die Einschränkung auf einfache Eigenwerte folgt daraus die Behauptung; für mehrfache Eigenwerte gibt es Wahlfreiheiten.

Betrachten wir die Wirkung der Modaltransformation auf eine Inhomogenität $\mathbf{f}$, so definiert $\mathbf{V}^T\mathbf{f}$ ihre Anteile an den Gleichungen für die modalen Koordinaten ξ. Offenbar besteht genau dann kein Anteil an ξ_n, wenn $\eta_{\mathbf{q}_n} \perp \mathbf{f}$. Für Anregung an der Stelle k durch $\mathbf{f} = \mathbf{e}_k$ besteht genau dann kein Anteil an ξ_n, wenn

$$0 = \eta_{\mathbf{q}_n}^T \mathbf{e}_k = \eta_{\mathbf{q}_{n_k}}^T \ ,$$

das heißt wenn die diskrete Eigenschwingform $\eta_{\mathbf{q}_n}$ an der Stelle k einen Schwingungsknoten hat.

2.3.2.2 Eigenverhalten für ein System mit Mehrfacheigenwerten

Die Diagonalisierbarkeit der Systemmatrix $\mathbf{A}$ in (2.72) mit Hilfe einer Ähnlichkeittransformation ist nur möglich, wenn genügend linear unabhängige Eigenvektoren gefunden werden können. Dies kann bei paarweise verschiedenen Eigenwerten garantiert werden. Treten *Mehrfacheigenwerte* λ_i als Nullstellen des charakteristischen Polynoms mit der algebraischen Vielfachheit v_i auf, so existiert jeweils eine Anzahl d_i (geometrische Vielfachheit) linear unabhängiger Eigenvektoren:

$$d_i = 2f - \mathrm{rg}\,(\lambda_i \mathbf{E} - \mathbf{A}) \tag{2.93}$$

wobei rg den Rang der Matrix bezeichnet. Es gilt [34, 51]

$$1 \leq d_i \leq \nu_i \quad \text{mit} \quad i = 1, \cdots, m\,. \tag{2.94}$$

Die Matrix A ist nicht mehr diagonalisierbar, es lässt sich jedoch trotzdem eine Fundamentalmatrix $\Phi(t)$ herleiten wie wir nun zeigen werden. Zunächst existiert stets eine reguläre Matrix $\mathbf{X} \in \mathbb{R}^{2f,2f}$, so dass

$$\mathbf{X}^{-1}\mathbf{A}\mathbf{X} = \begin{pmatrix} \mathbf{J}_1 & & & \\ & \mathbf{J}_2 & \mathbf{0} & \\ & \mathbf{0} & \ddots & \\ & & & \mathbf{J}_m \end{pmatrix} =: \mathbf{J} \tag{2.95}$$

in sogenannte JORDAN-*Blöcke*

$$\mathbf{J}_i := \begin{pmatrix} \lambda_i & 1 & & 0 \\ & \ddots & \ddots & \\ & & \ddots & 1 \\ 0 & & & \lambda_i \end{pmatrix} \tag{2.96}$$

zerfällt. Diese unterscheiden sich von einer Diagonalmatrix durch die mit Einsen besetzte obere Nebendiagonale. Die Anzahl der JORDAN-Blöcke mit gleichem Eigenwert λ_i ist gleich der Anzahl der zu diesem Eigenwert gehörenden linear unabhängigen Eigenvektoren. Zu jedem Eigenwert λ_i existieren dann nach (2.93) genau d_i JORDAN-Blöcke mit gleichem λ_i auf der Diagonalen.

Mit der Transformation $\zeta = \mathbf{X}^{-1}\mathbf{x}$ erhält man

$$\dot{\zeta} = \mathbf{J}\zeta\,. \tag{2.97}$$

Zur Herleitung der Lösung beginnen wir mit der Betrachtung des ersten JORDAN-Blockes der Länge l:

$$\begin{pmatrix} \dot{\zeta}_1 \\ \vdots \\ \dot{\zeta}_l \end{pmatrix} = \begin{pmatrix} \lambda_1 & 1 & & 0 \\ & \ddots & \ddots & \\ & & \ddots & 1 \\ 0 & & & \lambda_1 \end{pmatrix} \begin{pmatrix} \zeta_1 \\ \vdots \\ \zeta_l \end{pmatrix}. \tag{2.98}$$

Die Lösung ergibt sich als Folge elementarer Integrationsschritte durch Rückwärtsrekursion beginnend mit der letzten Gleichung. Der Rekursionsanfang erfüllt

$$\zeta_l = \zeta_{l,0} e^{\lambda_1 t}\,. \tag{2.99}$$

Wegen

$$\dot{\zeta}_{l-1} = \lambda_1 \zeta_{l-1} + \zeta_l \Leftrightarrow \frac{\mathrm{d}\left(\zeta_{l-1} e^{-\lambda_1 t}\right)}{\mathrm{d}t} = \zeta_l e^{-\lambda_1 t} \tag{2.100}$$

folgt der Rekursionsschritt

$$\zeta_{l-1} = \left(\zeta_{l,0}t + \zeta_{l-1,0}\right) e^{\lambda_1 t} . \tag{2.101}$$

Man erhält schließlich

$$\begin{pmatrix} \zeta_1 \\ \vdots \\ \zeta_l \end{pmatrix} = \mathbf{K}_1(t) \begin{pmatrix} \zeta_{1,0} \\ \vdots \\ \zeta_{l,0} \end{pmatrix} \tag{2.102}$$

mit

$$\mathbf{K}_1(t) := \begin{pmatrix} 1 & t & \frac{t^2}{2} & & \frac{t^{l-1}}{(l-1)!} \\ & & & \ddots & \\ & & \ddots & & \frac{t^2}{2} \\ & \ddots & & & t \\ 0 & & & & 1 \end{pmatrix} e^{\lambda_1 t} . \tag{2.103}$$

Entsprechend verfährt man mit jedem weiteren JORDAN-Block:

$$\zeta(t) = \underbrace{\begin{pmatrix} \mathbf{K}_1(t) & & \mathbf{0} \\ & \ddots & \\ \mathbf{0} & & \mathbf{K}_m(t) \end{pmatrix}}_{=:\mathbf{K}} \zeta_0 . \tag{2.104}$$

In natürlichen Koordinaten ergibt sich

$$\mathbf{x}(t) = \underbrace{\left(\mathbf{X}\mathbf{K}(t)\mathbf{X}^{-1}\right)}_{=:\Phi(t)} \mathbf{x}_0 . \tag{2.105}$$

Eine Methode zur Berechnung der Spalten der Matrix $\mathbf{X} = \left(\mathbf{x}_1, \cdots, \mathbf{x}_{2f}\right)$ erhält man unmittelbar aus (2.95):

$$\mathbf{AX} = \mathbf{XJ} . \tag{2.106}$$

Beginnt man hierbei wieder mit dem ersten JORDAN-Block $\mathbf{J}_1$ der Länge l, so folgt

$$\begin{aligned}
\mathbf{A}\mathbf{x}_1 &= \lambda_1 \mathbf{x}_1 \ , \\
\mathbf{A}\mathbf{x}_2 &= \lambda_1 \mathbf{x}_2 + \mathbf{x}_1 \ , \\
\vdots &= \vdots \\
\mathbf{A}\mathbf{x}_l &= \lambda_1 \mathbf{x}_l + \mathbf{x}_{l-1} \ .
\end{aligned}$$

Diese Kette lässt sich als Folge linearer Gleichungssysteme durch Vorwärtsrekursion lösen. Dabei heißt $\mathbf{x}_1$ Eigenvektor zum Eigenwert λ_1; die Vektoren $\mathbf{x}_2, \cdots, \mathbf{x}_l$ heißen *Hauptvektoren*. In entsprechender Weise verfährt man mit allen anderen JORDAN-Blöcken.

Beispiel 2.3 (Pendelwagen). Ein Pendelwagen (Masse m_1) ist auf horizontalen Schienen frei geführt (Koordinate s). Am Wagen ist ein Pendel (Masse m_2, Länge l) reibungsfrei drehbar (Winkel φ) gelagert. Die Erdbeschleunigung wirkt in negative ${}_I\mathbf{y}$-Richtung (Abb. 2.8).

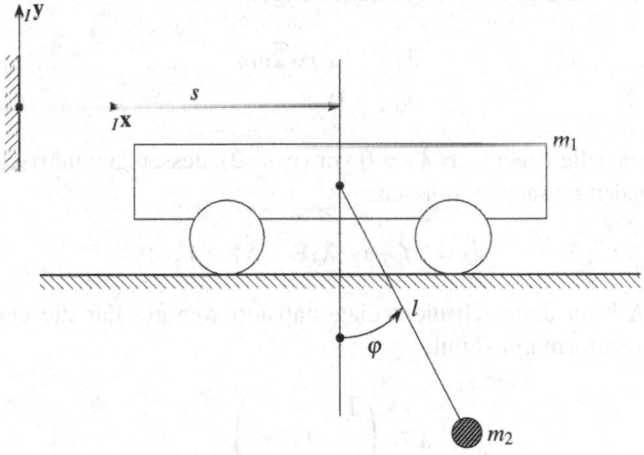

Abb. 2.8: Pendelwagen.

Zur Beschreibung werden die Minimalkoordinaten $\mathbf{q} = (s, \varphi)^T$ verwendet. Die Bewegungsgleichungen ergeben sich über die LAGRANGE'schen Gleichungen zweiter Art aus den Energietermen

$$\begin{aligned}
T &= \frac{1}{2} m_1 \dot{s}^2 + \frac{1}{2} m_2 \left(\dot{s}^2 + l^2 \dot{\varphi}^2 + 2l \cos\varphi \dot{s} \dot{\varphi} \right) \ , \\
V &= -m_2 g l \cos\varphi
\end{aligned}$$

zu

$$\begin{pmatrix} m_1 + m_2 & m_2 l \cos\varphi \\ m_2 l \cos\varphi & m_2 l^2 \end{pmatrix} \begin{pmatrix} \ddot{s} \\ \ddot{\varphi} \end{pmatrix} + \begin{pmatrix} -m_2 l \sin\varphi \dot{\varphi}^2 \\ m_2 g l \sin\varphi \end{pmatrix} = \begin{pmatrix} 0 \\ 0 \end{pmatrix} .$$

Wir interessieren uns für kleine Auslenkungen und kleine Geschwindigkeiten um die eine mögliche Gleichgewichtslage $\mathbf{q}_0 = \mathbf{0}$. Dann gilt

$$\begin{pmatrix} m_1 + m_2 & m_2 l \\ m_2 l & m_2 l^2 \end{pmatrix} \begin{pmatrix} \ddot{s} \\ \ddot{\varphi} \end{pmatrix} + \begin{pmatrix} 0 & 0 \\ 0 & m_2 g l \end{pmatrix} \begin{pmatrix} s \\ \varphi \end{pmatrix} = \begin{pmatrix} 0 \\ 0 \end{pmatrix}$$

mit

$$(s, \varphi) = (s_0, \varphi_0) + (\eta_s, \eta_\varphi) .$$

Für den Fall $m_1 = m_2 =: m$ lautet die Matrix $\mathbf{A}$

$$\mathbf{A} = \begin{pmatrix} 0 & 0 & 1 & 0 \\ 0 & 0 & 0 & 1 \\ 0 & -l\omega & 0 & 0 \\ 0 & 2\omega & 0 & 0 \end{pmatrix}$$

mit $\omega^2 = \frac{g}{l}$. Hierfür ergeben sich folgende Eigenwerte:

$$\lambda_{1,2} = \pm j\sqrt{2}\omega ,$$
$$\lambda_{3,4} = 0 .$$

Es liegt der doppelte Eigenwert $\lambda_3 = 0$ vor ($\nu_3 = 2$), dessen geometrische Vielfachheit wir gesondert betrachten müssen:

$$d_3 = 2f - \mathrm{rg}(\lambda_3 \mathbf{E} - \mathbf{A}) = 1 .$$

Die Matrix $\mathbf{A}$ kann demnach nicht diagonalisiert werden. Für die entsprechende JORDAN-Normalform gilt somit:

$$\mathbf{J} = \begin{pmatrix} \mathbf{J}_1 & & \\ & \mathbf{J}_2 & \\ & & \mathbf{J}_3 \end{pmatrix}$$

mit

$$\mathbf{J}_1 = \lambda_1 \in \mathbb{R}^{1,1} ,$$
$$\mathbf{J}_2 = \lambda_2 \in \mathbb{R}^{1,1} ,$$
$$\mathbf{J}_3 = \begin{pmatrix} 0 & 1 \\ 0 & 0 \end{pmatrix} \in \mathbb{R}^{2,2} .$$

Die Transformationsmatrix $\mathbf{X}$, die $\mathbf{A}$ gemäß (2.95) auf JORDAN-Normalform bringt, berechnet sich aus (2.106):

$$\mathbf{X} = \begin{pmatrix} l & l & 1 & 1 \\ -2 & -2 & 0 & 0 \\ j\sqrt{2}\omega l & -j\sqrt{2}\omega l & 0 & 1 \\ -j2\sqrt{2}\omega & j2\sqrt{2}\omega & 0 & 0 \end{pmatrix} .$$

Dabei bilden die ersten drei Spalten $\mathbf{x}_1$, $\mathbf{x}_2$ und $\mathbf{x}_3$ von $\mathbf{X}$ die Eigenvektoren zu den Eigenwerten λ_1, λ_2 und λ_3. Die vierte Spalte bildet den Hauptvektor zum doppelten Eigenwert $\lambda_3 = \lambda_4 = 0$ (Starrkörperbewegung).

2.3.2.3 Erzwungene Schwingungen

Wir betrachten ein von außen angeregtes System, das in der Zustandsform der Gleichungen (2.15) bis (2.17) dargestellt werden kann:

$$\dot{\mathbf{x}}(t) = \mathbf{A}\mathbf{x}(t) + \mathbf{b}(t) . \tag{2.107}$$

Die Matrix $\mathbf{A}$ wird als konstant angenommen. Die gesamte Lösung von (2.107) setzt sich aus einem *homogenen Anteil* (2.85) für $\dot{\mathbf{x}} = \mathbf{A}\mathbf{x}$ und aus einem *partikulären Anteil* für die äußere Anregung zusammen [51]:

$$\mathbf{x}(t) = \Phi(t)\mathbf{x}_0 + \mathbf{x}_p(t) . \tag{2.108}$$

Die partikuläre Lösung $\mathbf{x}_p$ kann mit Hilfe der *Variation der Konstanten* gefunden werden:

$$\mathbf{x}_p(t) = \Phi(t)\mathbf{c}(t) . \tag{2.109}$$

Aus (2.107) erhalten wir die Beziehung

$$\dot{\Phi}(t)\mathbf{c}(t) + \Phi(t)\dot{\mathbf{c}}(t) = \dot{\mathbf{x}}_p(t) = \mathbf{A}\mathbf{x}_p(t) + \mathbf{b}(t) = \mathbf{A}\Phi(t)\mathbf{c}(t) + \mathbf{b}(t) . \tag{2.110}$$

Mit der Fundamentallösung $\dot{\Phi}(t) = \mathbf{A}\Phi(t)$ folgt:

$$\Phi(t)\dot{\mathbf{c}}(t) = \mathbf{b}(t) . \tag{2.111}$$

Wegen (2.86) gilt

$$\dot{\mathbf{c}}(t) = \Phi(-t)\mathbf{b}(t) , \tag{2.112}$$

was wir integrieren zu

$$\mathbf{c}(t) = \mathbf{c}_0 + \int_0^t \Phi(-\tau)\,\mathbf{b}(\tau)\,\mathrm{d}\tau . \tag{2.113}$$

Setzen wir für $t = 0$ die Werte $\mathbf{c}_0 = 0$ und beachten, dass $\Phi(t)\Phi(-\tau) = \Phi(t-\tau)$ gemäß (2.86) gilt, so erhalten wir für die partikuläre Lösung

$$\mathbf{x}_p = \int_0^t \Phi(t-\tau)\,\mathbf{b}(\tau)\,\mathrm{d}\tau \tag{2.114}$$

und für die Gesamtlösung

$$\mathbf{x}(t) = \Phi(t)\mathbf{x}_0 + \int_0^t \Phi(t-\tau)\,\mathbf{b}(\tau)\,\mathrm{d}\tau\,. \tag{2.115}$$

Beispiel 2.4 (Periodische Anregung). Viele technisch wichtige Anregungstypen der Maschinendynamik lassen sich als *periodische Schwingungen* darstellen. Stellvertretend für diese Klasse von Anregungen betrachten wir die rechte Seite

$$\mathbf{b}(t) = \mathbf{b}_0 e^{j\omega t}\,.$$

Kompliziertere periodische Anregungsformen lassen sich durch FOURIER-Reihen darstellen und die Lösung aus dem *Superpositionsprinzip* aufbauen [45]. Aus (2.115) ergibt sich:

$$\mathbf{x}(t) = \Phi(t)\mathbf{x}_0 + \int_0^t \Phi(t-\tau)\,\mathbf{b}_0 e^{i\omega\tau}\mathrm{d}\tau\,.$$

Da nach (2.86) die Fundamentalmatrix $\Phi(t) = \mathbf{X}e^{\Lambda t}\mathbf{X}^{-1}$ erfüllt, hat man in der obigen Gleichung einige einfache Integrale mit Exponentialfunktionen auszuwerten.

Ein häufig verwendeter und relativ einfacher Weg, um *erzwungene Schwingungen* zu beschreiben, führt über die LAPLACE-*Transformation* [40]. Die Funktion

$$F(s) = \mathscr{L}\{f\}(s) := \int_0^\infty e^{-st} f(t)\mathrm{d}t \tag{2.116}$$

heißt LAPLACE-Transformierte der Funktion $f(t)$. Die Größe s ist dabei eine komplexe Variable. Wendet man (2.116) auf (2.107) an, so erhält man

$$\mathbf{x}(s) = (s\mathbf{E}-\mathbf{A})^{-1}\,\mathbf{b}(s)\,. \tag{2.117}$$

Hierbei werden im Wesentlichen zwei Regeln verwendet:

$$\mathscr{L}\{a_1 f_1 + a_2 f_2\}(s) = a_1\mathscr{L}\{f_1\} + a_2\mathscr{L}\{f_2\}(s) \quad \text{(Linearität)}\,, \tag{2.118}$$

$$\mathscr{L}\left\{f^{(n)}\right\}(s) = s^n\mathscr{L}\{f\}(s) - \sum_{k=0}^{n-1} f^{(k)}(0)s^{n-k-1} \quad \text{(Differentiation Urbildbereich)}\,. \tag{2.119}$$

Da wir nur an der partikulären Lösung interessiert sind, fällt der Anfangswert bei der Differentiationsregel weg. Gleichung (2.117) setzt die Existenz der Inversen $(s\mathbf{E}-\mathbf{A})^{-1}$ voraus. Da formal die Inverse einer Matrix aus ihrer Adjungierten und ihrer Determinante gebildet wird [34], erscheint die Determinante $\det(s\mathbf{E}-\mathbf{A})$ im Nenner von (2.117). Wenn die in $\mathbf{b}(s)$ enthaltenen Erregerfrequenzen den Eigenwerten von $\mathbf{A}$ entsprechen, gilt $\det(s\mathbf{E}-\mathbf{A}) = 0$ und man erhält Resonanzen.

Der Betrag von $\mathbf{x}(s)$ gibt unmittelbar die für Schwingungsuntersuchungen wichtige Amplitudenfrequenzgangfunktion an; die Phase von $\mathbf{x}(s)$ entspricht der Phasenfrequenzgangfunktion. Die Auswertung von (2.117) ist in praktischen Einzelfällen häufig einfacher durchzuführen als die von (2.115), da man die zumeist gesuchten Amplituden- und Phasenfrequenzgangfunktionen unmittelbar erhält (Kapitel 2.3.1).

2.4 Stabilität linearer Systeme

Wir haben bereits gesehen, dass die Eigenwerte des Systems für das Zeitverhalten eine zentrale Rolle spielen. Etwas pauschal lässt sich zur Frage der *Stabilität* Folgendes feststellen:

Sätze von LYAPUNOV [42, 50]
Die Gleichgewichtslage $\dot{\mathbf{x}}(t) \equiv \mathbf{0}$ des linearen zeitinvarianten Systems

$$\dot{\mathbf{x}}(t) = \mathbf{A}\mathbf{x}(t)\,, \quad \mathbf{x}(t_0) = \mathbf{x}_0 \tag{2.120}$$

ist genau dann

- *asymptotisch stabil*, wenn alle Eigenwerte λ_i von $\mathbf{A}$ negative Realteile haben, $\Re(\lambda_i) < 0$ (abklingende Schwingungen),
- *stabil*, wenn $\mathbf{A}$ keine Eigenwerte λ_i mit positivem Realteil besitzt und für alle Eigenwerte mit $\Re(\lambda_k) = 0$ gilt: $\mathrm{Rg}(\lambda_k\mathbf{E} - \mathbf{A}) = 2f - \nu_k$,
- *instabil*, wenn mindestens ein Eigenwert λ_i von $\mathbf{A}$ einen positiven Realteil hat, $\Re(\lambda_i) > 0$, oder ein Mehrfacheigenwert mit verschwindendem Realteil auftritt, dessen algebraische Vielfachheit größer als seine geometrische Vielfachheit ist.

2.4.1 *Kriterien basierend auf dem charakteristischen Polynom*

Die Eigenwerte λ_i von $\mathbf{A}$ folgen aus der charakteristischen Gleichung

$$P(\lambda) = \det(\lambda\mathbf{E} - \mathbf{A}) = a_0\lambda^{2f} + a_1\lambda^{2f-1} + \cdots + a_{2f-1}\lambda + a_{2f} = 0\,. \tag{2.121}$$

Zur Beurteilung der Stabilität anhand der Eigenwerte ist die Lösung der charakteristischen Gleichung notwendig. Von wesentlich größerem Interesse ist aber die Frage, ob man nicht allein durch die Struktur des charakteristischen Polynoms Aussagen über die Stabilität der Gleichgewichtslage $\dot{\mathbf{x}} \equiv \mathbf{0}$ treffen kann. Wir geben einige Kriterien auf Basis der Koeffizienten des charakteristischen Polynoms an. Weiterführende Hinweise sind in [50, 11] zu finden.

2.4.1.1 Stodola-Kriterium

Notwendig für negative Realteile der Eigenwerte λ_i ist die Bedingung

$$a_k > 0\,, \quad k = 0,1,\cdots 2f\,. \tag{2.122}$$

Da die charakteristische Gleichung nur bis auf einen Faktor, insbesondere -1, bestimmt ist, muss $a_0 > 0$ ohne Einschränkung vorausgesetzt werden.

Mit diesem Kriterium können wir asymptotische Stabilität gegebenenfalls ausschließen. Zum Nachweis asymptotischer Stabilität muss die charakteristische Gleichung weiter untersucht werden.

2.4.1.2 Routh-Hurwitz-Kriterium

Notwendig und hinreichend für negative Realteile der Eigenwerte λ_i ist die Bedingung

$$H_k > 0\,, \quad k = 1,\cdots,2f\,. \tag{2.123}$$

Darin sind die HURWITZ-Determinanten H_k die Hauptunterabschnittsdeterminanten der HURWITZ-Matrix $\mathbf{H}$, die aus den Koeffizienten des charakteristischen Polynoms gebildet wird:

$$\mathbf{H} = \begin{pmatrix} a_1 & a_3 & a_5 & a_7 & \cdots & 0 \\ a_0 & a_2 & a_4 & a_6 & \cdots & 0 \\ 0 & a_1 & a_3 & a_5 & \cdots & 0 \\ 0 & a_0 & a_2 & a_4 & \cdots & 0 \\ \cdots & \cdots & \cdots & \cdots & \cdots & 0 \\ 0 & \cdots & \cdots & \cdots & \cdots & a_n \end{pmatrix}. \tag{2.124}$$

Die Matrix $\mathbf{H} \in \mathbb{R}^{2f,2f}$ wird folgendermaßen konstruiert:

1. Die erste Zeile ergibt sich durch Eintragen der Koeffizienten des charakteristischen Polynoms in die entsprechenden Spalten, wobei der verwendete Index von Spalteneintrag zu Spalteneintrag jeweils um 2 erhöht wird.
2. In jeder weiteren Zeile greift man auf Koeffizienten des charakteristischen Polynoms zurück, deren Index jeweils um 1 niedriger ist als in der entsprechenden Spalte der vorherigen Zeile. Die Zeile wird gemäß der ersten Regel aufgefüllt.
3. Da man den Definitionsbereich der Koeffizienten über diese Konstruktion verlässt, muss $a_k = 0$ für $k > 2f$ und $k < 0$ gesetzt werden.

Da die charakteristische Gleichung wieder nur bis auf einen Faktor, insbesondere -1, bestimmt ist, müssen wir $a_0 > 0$ ohne Einschränkung voraussetzen.

Beispiel 2.5 (ROUTH-HURWITZ-Kriterium für $(2f = 4)$**).** Wir setzen $a_0 > 0$ voraus und betrachten

$$\mathbf{H} = \begin{pmatrix} a_1 & a_3 & 0 & 0 \\ a_0 & a_2 & a_4 & 0 \\ 0 & a_1 & a_3 & 0 \\ 0 & a_0 & a_2 & a_4 \end{pmatrix} .$$

Dann ergeben sich die Hauptunterabschnittdeterminanten:

$$\begin{aligned} H_1 &= a_1 , \\ H_2 &= a_1 a_2 - a_0 a_3 , \\ H_3 &= a_1 a_2 a_3 - a_1^2 a_4 - a_0 a_3^2 , \\ H_4 &= a_4 H_3 . \end{aligned}$$

Wir ziehen folgende Schlussfolgerungen aus dem ROUTH-HURWITZ-Kriterium:

$$\begin{aligned} H_4 > 0 \quad &\Rightarrow \quad a_4 > 0 , \\ H_3 = -a_1^2 a_4 + a_3 H_2 \quad &\Rightarrow \quad a_3 > 0 , \\ H_2 > 0 \quad &\Rightarrow \quad a_2 > 0 , \\ H_1 > 0 \quad &\Rightarrow \quad a_1 > 0 . \end{aligned}$$

Insbesondere folgt das STODOLA-Kriterium

$$a_0, a_1, a_2, a_3, a_4 > 0 .$$

Wird das vorausgesetzt, dann genügt es, nur jede zweite HURWITZ-Determinante zu untersuchen, also entweder $H_1, H_3, H_5 \ldots > 0$ oder $H_2, H_4, H_6 \ldots > 0$ (Satz von CREMER, siehe auch LIÉNARD-CHIPART-Kriterium).

2.4.1.3 Liénard-Chipart-Kriterium

Das ROUTH-HURWITZ-Kriterium beinhaltet das STODOLA-Kriterium und kann wie folgt mit diesem kombiniert werden.

Notwendig und hinreichend für negative Realteile der Eigenwerte λ_i ist die Bedingung

$$a_{2f} > 0,\ H_{2f-1} > 0,\ a_{2f-2} > 0,\ H_{2f-3} > 0, \cdots .$$

2.4.2 Stabilität mechanischer Systeme

Zur Stabilitätsuntersuchung wurde im ersten Schritt von den LYAPUNOV-Sätzen (Eigenwertuntersuchung) ausgegangen. Hierfür ist die explizite Berechnung der Eigenwerte notwendig. Es schließt sich konsequenterweise die Frage an, ob man nicht ohne Berechnung der Eigenwerte bereits Aussagen über die Stabilität machen kann. Die Betrachtung der charakteristischen Gleichung führte dabei zunächst auf das notwendige Koeffizienten-Kriterium (STODOLA-Kriterium), eine weitere Untersuchung auf die notwendigen und hinreichenden Bedingungen von HURWITZ ("algebraisches Kriterium"). Beide Kriterien können kombiniert werden zu dem LIÉNARD-CHIPART-Kriterium. Alle diese Kriterien machen für mechanische Systeme jedoch keinen Gebrauch von der speziellen Struktur der Systemmatrix **A**, das heißt von der physikalischen Bedeutung der Matrizen $\mathbf{M},\mathbf{D},\mathbf{G},\mathbf{K},\mathbf{N}$. Dies wollen wir im Folgenden kurz betrachten [50].

2.4.2.1 Nichtgyroskopische konservative Systeme

Das mechanische System

$$\mathbf{M}\ddot{\eta}_\mathbf{q} + \mathbf{K}\eta_\mathbf{q} = \mathbf{0} \tag{2.125}$$

ist genau dann *grenzstabil*, also stabil aber nicht asymptotisch stabil, wenn die Steifigkeitsmatrix **K** positiv definit ist:

$$\mathbf{K} = \mathbf{K}^T > 0\,. \tag{2.126}$$

Für $\mathbf{K} < 0$ ist das System instabil.

Das skalare Analogon des Einmassenschwingers

$$m\ddot{\eta}_q + k\eta_q = 0 \quad \text{mit} \quad \lambda_{1,2} = \pm j\sqrt{\frac{k}{m}} \tag{2.127}$$

besteht hier in den Beziehungen

$$k > 0 \rightarrow \text{grenzstabil}\,, \quad k < 0 \rightarrow \text{instabil}\,. \tag{2.128}$$

Eine Matrix $\mathbf{K} = \mathbf{K}^T$ heißt dabei positiv definit, wenn die zugehörige quadratische Form $\mathbf{x}^T\mathbf{K}\mathbf{x} > 0$ für $\mathbf{x} \neq \mathbf{0}$. Dies ist genau dann der Fall, wenn alle Hauptunterabschnittsdeterminanten größer Null oder alle Eigenwerte positiv sind [34].

Da sich die potentielle Energie eines konservativen Systems in der Form

$$V = \frac{1}{2}\eta_\mathbf{q}^T\mathbf{K}\eta_\mathbf{q} \tag{2.129}$$

darstellt, folgen aus der obigen Matrixbedingung unmittelbar die Sätze von DIRICHLET und LAGRANGE.

Satz von LAGRANGE (Mechanique Analytique, 1788):
Wenn die potentielle Energie V in der Nachbarschaft einer Gleichgewichtslage $\eta_\mathbf{q} = \mathbf{0}$ eine positiv definite quadratische Funktion ist, dann sind alle Eigenwerte λ_i^2 negativ reell.

Nach (2.129) ist $V(\mathbf{0}) = 0$ für $\eta_\mathbf{q} = \mathbf{0}$. Wenn $V > 0$ für $\eta_\mathbf{q} \neq \mathbf{0}$, dann ist $\mathbf{K}$ positiv definit. Anschaulich bedeutet dies, dass $V(\mathbf{0})$ ein absolutes Minimum für $V(\eta_\mathbf{q})$ ist.

Satz von DIRICHLET (1846):
Wenn V in der Gleichgewichtslage $\eta_\mathbf{q} = 0$ ein absolutes Minimum besitzt, dann ist diese stabil.

Wenn $\lambda^2 < 0$, dann ist $\lambda = \pm j\omega$ imaginär (ω reell). Wegen

$$e^{\lambda t} = e^{+j\omega t} = \cos(\omega t) \pm j \ \sin(\omega t) \tag{2.130}$$

kann nur Grenzstabilität gefolgert werden, also ungedampfte Schwingungen um die Gleichgewichtslage.

2.4.2.2 Gyroskopische konservative Systeme

Das mechanische System

$$\mathbf{M}\ddot{\eta}_\mathbf{q} + \mathbf{G}\dot{\eta}_\mathbf{q} + \mathbf{K}\eta_\mathbf{q} = \mathbf{0} \tag{2.131}$$

ist mit $\mathbf{K} > 0$ stets grenzstabil. Für $\mathbf{K} < 0$ ist das System stabil, wenn [44]

$$\det(\mathbf{G}) \neq 0 \text{ hinreichend groß} . \tag{2.132}$$

2.4.2.3 Gedämpfte Systeme

Das System

$$\mathbf{M}\ddot{\eta}_\mathbf{q} + (\mathbf{D} + \mathbf{G})\,\dot{\eta}_\mathbf{q} + \mathbf{K}\eta_\mathbf{q} = \mathbf{0} \tag{2.133}$$

ist asymptotisch stabil, wenn $\mathbf{D} = \mathbf{D}^T > 0$ gilt und die Steifigkeitsmatrix positiv definit ist, unabhängig von $\mathbf{G}$.

Kapitel 3
Lineare kontinuierliche Modelle

3.1 Modellbildung kontinuierlicher Schwinger

Diskrete Systeme setzen sich aus starren Körpern zusammen, deren wesentliche Eigenschaft darin besteht, dass der Abstand zweier Punkte im Innern eines solchen Körpers zeitlich konstant bleibt. Wir setzen weiterhin eine homogene, isotrope Massenverteilungen voraus. Elastische Körper sind Kontinua, die sich verformen können. Wir wollen auch hierbei annehmen, dass ihre Massen homogen und isotrop sind. Weiterhin wollen wir uns auf linear-elastische Körper und damit auf kleine Deformationen beschränken. Die Schwingungen solcher Körper werden durch ihre Massen- und Steifigkeitsverteilungen bestimmt, ähnlich wie im diskreten Fall durch Massen und Federn. Jedes schwingende elastische System ist dabei durch Eigenfrequenzen und Eigenformen charakterisiert. Zu jeder Eigenfrequenz gehört eine bestimmte Eigenform, die das elastische Gebilde annimmt, wenn es mit dieser Frequenz schwingt. Von solchen Eigenfrequenzen und -formen gibt es unendlich viele, und zwar meist in systematischer Folge. Diese Eigenschaft macht linear-elastische Schwingungssysteme relativ leicht durchschaubar, sie gilt jedoch nicht für alle Kontinuumssysteme, wie zum Beispiel rotierende Flüssigkeiten.

Die Berechnung der Eigenfrequenzen und Eigenformen geht von den Gleichungen der Elastodynamik aus und kann je nach Konfiguration des betrachteten Bauteils in einfacheren Fällen auch analytisch erfolgen. Bei komplizierteren Fällen stellt sich die Frage nach Näherungsverfahren. Man kann kontinuierliche Systeme beispielsweise mathematisch oder physikalisch zerlegen, oder diskretisieren. Die *mathematischen Diskretisierungsverfahren* basieren auf den Bewegungsgleichungen in Form *partieller Differentialgleichungen* und lösen diese mit dem sehr weit ausgebauten Handwerkszeug der numerischen Mathematik (numerische Integration, finite Elemente Verfahren [77, 10, 67]). Bei einer *physikalischen Diskretisierung* zerlegt man das *Kontinuum* in diskrete Elemente, also etwa auch in finite Elemente [75, 39, 4], in Elementketten für das Übertragungsmatrizenverfahren, in ein Mehrkörpersystem [12, 55, 65]. Die Diskretisierungen führen häufig auf ähnliche Gleichungssysteme unter Verwendung verschiedener Interpretationen. Viele dieser Diskretisierungsmethoden haben den Nachteil, dass ihr Lösungsaufwand sehr groß wird und dass die numerischen Ergebnisse oft physikalische Transparenz vermissen lassen.

Elastische Schwinger sind in der Praxis häufig in diskrete Systeme integriert. Man hat dann ein Schwingungssystem mit starren und elastischen Komponenten, das wir als *elastisches Mehrkörpersystem* bezeichnen [12]. Da die Beschreibung von Bewegungen immer mit einem Minimum an Aufwand und damit einem Minimum an Freiheitsgraden auskommen sollte, wird man zweckmäßigerweise ein solches System mit der Einführung der Starrkörperfreiheitsgrade für die starren Komponenten und der elastischen Freiheitsgrade für die elastischen Komponenten hinreichend genau modellieren. Entscheidend ist dabei die Auswahl der elastischen Freiheitsgrade.

Wie wir bereits gesehen haben, sind die möglichen Schwingungsformen eines elastischen Körpers durch seine Eigenformen gegeben. Jede beliebige durch Anregung entstehende Form lässt sich durch Überlagerung von solchen Eigenformen erzeugen. Der Anteil, den jede einzelne Eigenform für die gesamtelastische Deformation beiträgt, hängt dabei von der Bewegung des Gesamtsystems ab, in das das elastische Teil integriert ist. Es liegt also nahe, diese *Eigenformen* multipliziert mit einer zeitabhängigen *Modalkoordinate* als *elastische Freiheitsgrade* einzuführen.

Die Frage nach der notwendigen Anzahl von solchen Freiheitsgraden kann nur näherungsweise beantwortet werden und richtet sich im Wesentlichen nach der Wirkung der Strukturdämpfung auf die höheren Eigenfrequenz-Amplituden, nach der Art der Anregung und nach den übrigen im System zu erwartenden Frequenzen (durch andere Bauteile oder Regler). Betriebsfrequenzen und -drehzahlen stellen solche Begrenzungen dar. Existieren elastische Eigenfrequenzen in solchen Bereichen, dann müssen sie berücksichtigt werden. Die oben beschriebene Modellierung erlaubt in jedem Falle die Reduzierung der Freiheitsgrade auf das notwendige Minimum. Die Beschaffung der Eigenformen der einzelnen elastischen Komponenten ist dabei eine sekundäre Frage. Je nach Bauteil lassen sie sich analytisch oder numerisch berechnen.

3.2 Einfache Beispiele kontinuierlicher Schwinger

Im Folgenden wollen wir einige einfache analytische Beispiele behandeln.

3.2.1 Balken als Biegeschwinger

Wir betrachten einen Balken als Biegeschwinger nach Abb. 3.1 [1, 70]. Die Durchbiegung des Balkens an der Stelle x und zur Zeit t wird mit $w(x,t)$ bezeichnet, die Neigung der Biegelinie mit φ, Q ist die Querkraft, M das Biegemoment, EI die Biegesteifigkeit des Balkens und ρA seine Massenbelegung [45]. Hierfür gelten die folgenden Beziehungen:

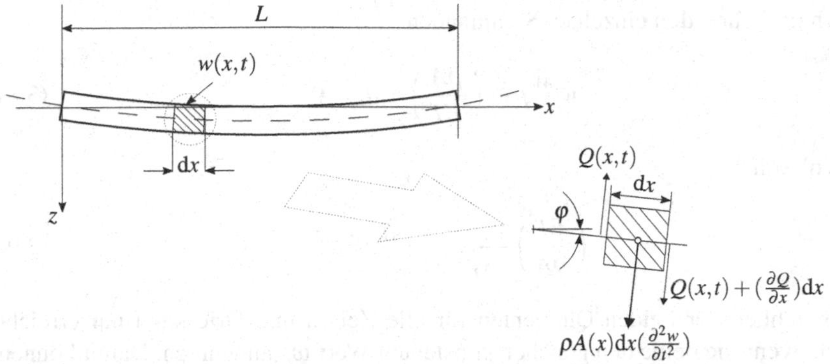

Abb. 3.1: Biegebalken.

- Kinematik:

$$\varphi \approx \left(\frac{\partial w}{\partial x}\right). \tag{3.1}$$

- Elastostatik:

$$M(x) = EI(x)\left(\frac{\partial^2 w}{\partial x^2}\right), \tag{3.2}$$

$$Q(x) = \left(\frac{\partial M}{\partial x}\right), \quad \frac{\partial Q}{\partial x} = -\frac{\partial^2}{\partial x^2}\left[EI(x)\frac{\partial^2 w}{\partial x^2}\right]. \tag{3.3}$$

- Impulssatz in z-Richtung:

$$\rho A(x)\mathrm{d}x\left(\frac{\partial^2 w}{\partial t^2}\right) = -Q(x,t) + \left[Q(x,t) + \left(\frac{\partial Q}{\partial x}\right)\mathrm{d}x\right] = \left(\frac{\partial Q}{\partial x}\right)\mathrm{d}x. \tag{3.4}$$

Hieraus ergibt sich die Bewegungsgleichung:

$$\frac{\partial^2}{\partial x^2}\left[EI(x)\left(\frac{\partial^2 w}{\partial x^2}\right)\right] + \rho A(x)\left(\frac{\partial^2 w}{\partial t^2}\right) = 0. \tag{3.5}$$

Für den Fall konstanten Querschnitts und konstanter Biegesteifigkeit gilt die vereinfachte Differentialgleichung:

$$\left(\frac{\partial^4 w}{\partial x^4}\right) + \left(\frac{\rho A}{EI}\right)\left(\frac{\partial^2 w}{\partial t^2}\right) = 0. \tag{3.6}$$

Wir führen für die Lösung einen *Separationsansatz* nach BERNOULLI ein

$$w(x,t) = \sum_{i=1}^{\infty} w_i(x) q_i(t) = \mathbf{q}(t)^T \mathbf{w}(x) \tag{3.7}$$

und erhalten für jeden einzelnen Summanden

$$w_i^{(4)} q_i + \left(\frac{\rho A}{EI}\right) w_i \ddot{q}_i = 0 \tag{3.8}$$

und schließlich

$$\left(\frac{EI}{\rho A}\right) \frac{w_i^{(4)}}{w_i} = -\frac{\ddot{q}_i}{q_i} = \omega_i^2 \, . \tag{3.9}$$

Die Gleichheit der beiden Quotienten für alle Zeiten und Orte kann nur erreicht werden, wenn sie beide den gleichen konstanten Wert ω_i^2 annehmen. Damit können wir in zwei gewöhnliche Differentialgleichungen aufspalten

$$\ddot{q}_i + \omega_i^2 q_i = 0 \, , \tag{3.10}$$

$$w_i^{(4)} - k_i^4 w_i = 0 \tag{3.11}$$

mit den Fundamentallösungen

$$q_i(t) = a_i \cos(\omega_i t) + b_i \sin(\omega_i t) \, , \tag{3.12}$$

$$w_i(x) = A_i \cos(k_i x) + B_i \sin(k_i x) + C_i \cosh(k_i x) + D_i \sinh(k_i x) \tag{3.13}$$

und

$$k_i^4 = \left(\frac{\rho A}{EI}\right) \omega_i^2 \tag{3.14}$$

Die vier Konstanten A_i, B_i, C_i, D_i müssen aus den *Randbedingungen* ermittelt werden. Hierfür sind verschiedene Möglichkeiten denkbar, wovon wir die folgenden zusammenfassen:

- An beiden Enden fest eingespannt:

$$w(0,t) = w(L,t) = w'(0,t) = w'(L,t) = 0 \, . \tag{3.15}$$

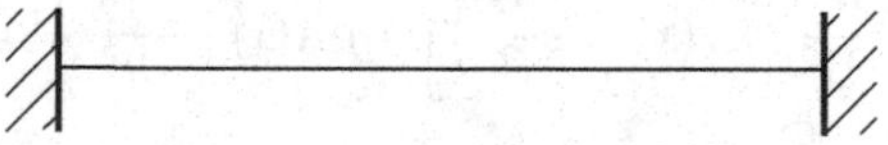

- An einem Ende fest, am anderen Ende gelenkig eingespannt:

$$w(0,t) = w'(0,t) = w(L,t) = 0 \, , \tag{3.16}$$

$$M(L,t) = -EIw''(L,t) = 0 \, . \tag{3.17}$$

- Beide Enden gelenkig gelagert:

$$
\begin{aligned}
w(0,t) = w(L,t) &= 0\,, && (3.18)\\
M(0,t) = -EIw''(0,t) &= 0\,, && (3.19)\\
M(L,t) = -EIw''(L,t) &= 0\,. && (3.20)
\end{aligned}
$$

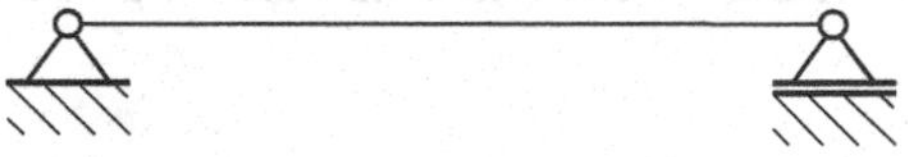

- Einseitig fest eingespannt:

$$
\begin{aligned}
w(0,t) = w'(0,t) &= 0\,, && (3.21)\\
M(L,t) = -EIw''(L,t) &= 0\,, && (3.22)\\
Q(L,t) = -EIw'''(L,t) &= 0\,. && (3.23)
\end{aligned}
$$

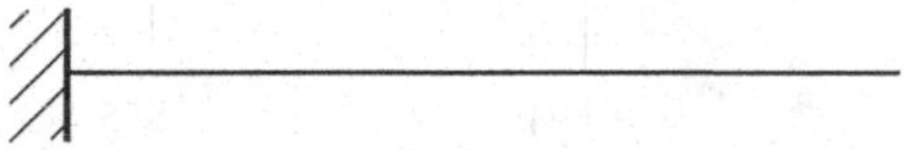

- Beide Enden frei:

$$
\begin{aligned}
M(0,t) = -EIw''(0,t) &= 0\,, && (3.24)\\
Q(0,t) = -EIw'''(0,t) &= 0\,, && (3.25)\\
M(L,t) = -EIw''(L,t) &= 0\,, && (3.26)\\
Q(L,t) = -EIw'''(L,t) &= 0\,. && (3.27)
\end{aligned}
$$

Für die vier unbekannten Konstanten A_i, B_i, C_i, D_i erhält man vier Bestimmungsgleichungen. Im Folgenden wollen wir den einseitig eingespannten Fall exemplarisch genauer untersuchen. Die *geometrischen Randbedingungen* $w_i(0) = w_i'(0) = 0$ ergeben:

$$A_i + C_i = 0 \quad \text{und} \quad B_i + D_i = 0\,. \tag{3.28}$$

Damit erhält man als Lösung:

$$w_i(x) = A_i\left[\cos(k_i x) - \cosh(k_i x)\right] + B_i\left[\sin(k_i x) - \sinh(k_i x)\right]\,. \tag{3.29}$$

Wenn wir in diese Lösung die *kinetischen Randbedingungen* $w_i''(L) = w_i'''(L) = 0$ einbinden, erhalten wir:

$$\mathbf{0} = \begin{pmatrix} \cos(k_i L) + \cosh(k_i L) & \sin(k_i L) + \sinh(k_i L) \\ -\sin(k_i L) + \sinh(k_i L) & \cos(k_i L) + \cosh(k_i L) \end{pmatrix} \begin{pmatrix} A_i \\ B_i \end{pmatrix}\,. \tag{3.30}$$

Dieses homogene Gleichungssystem für A_i und B_i ergibt nur bei verschwindender Determinante eine nichttriviale Lösung. Hieraus folgt für $(k_i L)$ die Eigenwertgleichung

$$\cos(k_iL)\cosh(k_iL)+1=0\,. \tag{3.31}$$

Es gibt unendlich viele Eigenwerte (Abb. 3.2), die für große Werte (k_iL) folgender-

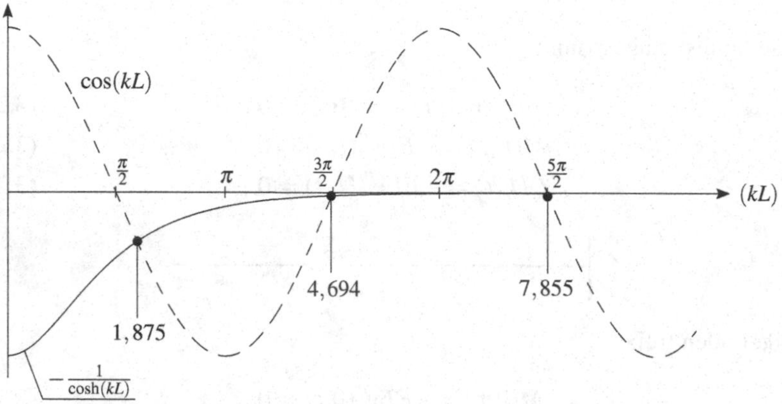

Abb. 3.2: Lösung der Eigenwertgleichung (3.31).

maßen angenähert werden können:

$$(k_iL)=(2i+1)\,\frac{\pi}{2}\,. \tag{3.32}$$

Die entsprechenden Eigenkreisfrequenzen ω_i ergeben sich aus (3.14). Die zugehörigen Eigenformen sind in Abb. 3.4 skizziert. Sie erhält man durch Einsetzen von (k_iL) in (3.30) und Berechnung der Koeffizienten A_i und B_i, die man schließlich in (3.29) einfügt:

$$\begin{aligned} w_i(x) = {} & [\cos(k_iL)+\cosh(k_iL)]\,[\cos(k_ix)-\cosh(k_ix)] \\ & +[\sin(k_iL)-\sinh(k_iL)]\,[\sin(k_ix)-\sinh(k_ix)]\,. \end{aligned} \tag{3.33}$$

Die Eigenformen sind orthogonal im folgenden Sinne (Kapitel 3.3.1):

$$\int_0^L w_i(x)w_n(x)\mathrm{d}x=0 \quad \text{für} \quad i\neq n\,, \tag{3.34}$$

$$\int_0^L w_i(x)w_n(x)\mathrm{d}x\neq 0 \quad \text{für} \quad i=n\,. \tag{3.35}$$

Die Gesamtlösung für das Balkenschwingungsproblem ergibt sich als Summe über alle Eigenformen multipliziert mit den zeitabhängigen Koeffizienten $q_i(t)$:

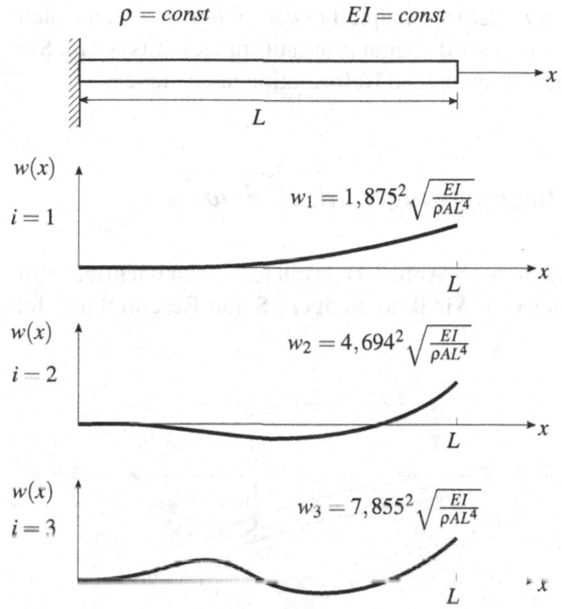

Abb. 3.3: Eigenformen des Biegebalkens.

$$w(x,t) = \sum_{i=1}^{\infty} q_i(t) w_i(x) = \mathbf{q}(t)^T \mathbf{w}(x) \,. \tag{3.36}$$

Die Koeffizienten a_i und b_i ergeben sich aus den *Anfangsbedingungen* zum Zeitpunkt $t = 0$:

$$w_0(x) =: w(x,t=0) = \sum_{i=1}^{\infty} a_i w_i(x) \,, \tag{3.37}$$

$$\dot{w}_0(x) =: \dot{w}(x,t=0) = \sum_{i=1}^{\infty} b_i \omega_i w_i(x) \,. \tag{3.38}$$

Multiplikation mit $w_i(x)$ und Integration über die Balkenlänge liefert nämlich aufgrund der Orthogonalität der Eigenformen

$$a_i = \frac{\int_0^L w_i(x) w_0(x) \mathrm{d}x}{\int_0^L w_i^2(x) \mathrm{d}x} \,, \tag{3.39}$$

$$b_i = \frac{\int_0^L w_i(x) \dot{w}_0(x) \mathrm{d}x}{\omega_i \int_0^L w_i^2(x) \mathrm{d}x} \,. \tag{3.40}$$

Man erkennt an (3.36), dass man eine elastische Komponente jederzeit als Element in einen größeren Verband einbauen kann ohne dass sich an der Lösungsstruktur eines *Anfangsrandwertproblems* prinzipiell etwas ändert. In einem solchen Fall bestimmen sich die $q_i(t)$ aus dem Bewegungsablauf im Gesamtsystem. Sie gewichten die Eigenformen so, dass erzwungene Deformationen entstehen.

3.2.2 Balken als Biegeschwinger mit Endmasse

Der Biegebalken mit Endmasse (Abb. 3.4) ist ein technisch wichtiger Fall, beispielsweise zur Modellierung von Windkraftanlagen. Seine Beschreibung folgt beinahe

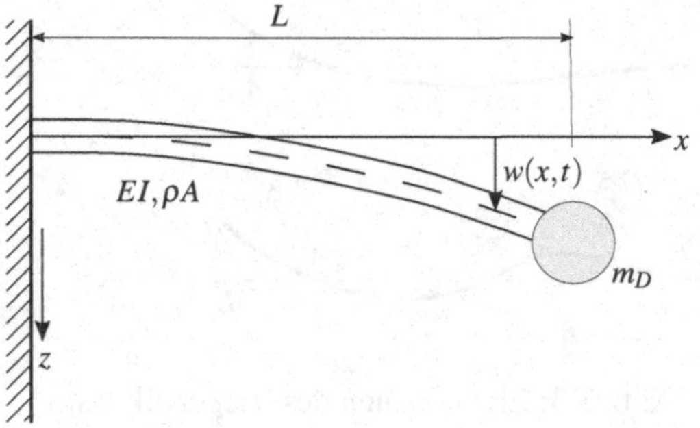

Abb. 3.4: Biegeschwinger mit Endmasse.

genau demjenigen ohne Endmasse, da die Endmasse sich nur in den Randbedingungen bemerkbar macht. Wir erhalten die folgenden Beziehungen:

- Bewegungsgleichung (3.5):

$$\frac{\partial^2}{\partial x^2}\left[EI(x)\frac{\partial^2 w}{\partial x^2}\right] = -\rho A(x)\frac{\partial^2 w}{\partial t^2}\,. \tag{3.41}$$

- Randbedingungen:

$$w(0,t) = w'(0,t) = 0\,, \tag{3.42}$$

$$w''(L,t) = 0\,, \tag{3.43}$$

$$\frac{\partial}{\partial x}\left[EI(x)\left(\frac{\partial^2 w}{\partial x^2}\right)\right]_L = m_D\left(\frac{\partial^2 w}{\partial t^2}\right)_L\,. \tag{3.44}$$

Die Trägheit der Endmasse muss durch die Querkraft aufgefangen werden.

Wir nehmen konstante Größen EI und ρA längs des Stabs an. Mit dem Separationsansatz nach BERNOULLI

$$w(x,t) = \sum_{i=1}^{\infty} w_i(x) q_i(t) = \mathbf{q}(t)^T \mathbf{w}(x) \tag{3.45}$$

folgt

$$\ddot{q}_i + \omega_i^2 q_i = 0 \,, \tag{3.46}$$

$$w_i^{(4)} - k_i^4 w_i = 0 \tag{3.47}$$

mit

$$k_i^4 = \left(\frac{\rho A}{EI} \right) \omega_i^2 \,. \tag{3.48}$$

Für die Lösung wählen wir wiederum den gleichen Ansatz wie in (3.13):

$$q_i(t) = a_i \cos(\omega_i t) + b_i \sin(\omega_i t) \,, \tag{3.49}$$

$$w_i(x) = A_i \cos(k_i x) + B_i \sin(k_i x) + C_i \cosh(k_i x) + D_i \sinh(k_i x) \,. \tag{3.50}$$

Für die Auswertung der Randbedingungen

$$w_i(0) = w_i'(0) = 0 \,, \tag{3.51}$$

$$w_i''(L) - 0 \,, \tag{3.52}$$

$$EI w_i'''(L) = -\omega^2 m_D w_i(L) \tag{3.53}$$

müssen wir zunächst die örtlichen Ableitungen berechnen:

$$w_i'(x) = k_i \left\{ -A_i \sin(k_i x) + B_i \cos(k_i x) + C_i \sinh(k_i x) + D_i \cosh(k_i x) \right\} \,, \tag{3.54}$$

$$w_i''(x) = k_i^2 \left\{ -A_i \cos(k_i x) - B_i \sin(k_i x) + C_i \cosh(k_i x) + D_i \sinh(k_i x) \right\} \,, \tag{3.55}$$

$$w_i'''(x) = k_i^3 \left\{ A_i \sin(k_i x) - B_i \cos(k_i x) + C_i \sinh(k_i x) + D_i \cosh(k_i x) \right\} \,. \tag{3.56}$$

Aus den Randbedingungen erhält man schließlich die Folgerungen

$$w_i(0) = 0 \Rightarrow A_i + C_i = 0 \,, \tag{3.57}$$

$$w_i'(0) = 0 \Rightarrow B_i + D_i = 0 \,, \tag{3.58}$$

$$w_i''(L) = 0 \Rightarrow A_i \left[-\cos(k_i L) - \cosh(k_i L) \right] + B_i \left[-\sin(k_i L) - \sinh(k_i L) \right] = 0 \tag{3.59}$$

also

$$A_i = - \left[\sin(k_i L) + \sinh(k_i L) \right] \,, \tag{3.60}$$

$$B_i = \left[\cos(k_i L) + \cosh(k_i L) \right] : \tag{3.61}$$

Damit lassen sich die Eigenformen folgendermaßen darstellen:

$$w_i(x) = [\cos(k_iL) + \cosh(k_iL)]\,[\sin(k_ix) - \sinh(k_ix)]$$
$$- [\sin(k_iL) + \sinh(k_iL)]\,[\cos(k_ix) - \cosh(k_ix)]\ . \tag{3.62}$$

Die Eigenwerte (k_iL) folgen aus der vierten Randbedingung (3.53),

$$k_i^3 \left\{ -[\cos(k_iL) + \cosh(k_iL)]^2 - [\sin(k_iL) + \sinh(k_iL)]\,[\sin(k_iL) - \sinh(k_iL)] \right\}$$
$$= -\left(\frac{\omega^2 m_D}{EI}\right) \{[\cos(k_iL) + \cosh(k_iL)]\,[\sin(k_iL) - \sinh(k_iL)]$$
$$- [\sin(k_iL) + \sinh(k_iL)]\,[\cos(k_iL) - \cosh(k_iL)]\}\ . \tag{3.63}$$

Mit $\frac{\omega_i^2}{EI} = \frac{k_i^4}{\rho A}$ folgt die Eigenwertgleichung:

$$0 = 1 + \cos(k_iL)\cosh(k_iL)$$
$$- (k_iL)\left(\frac{m_D}{\rho AL}\right)[\sin(k_iL)\cosh(k_iL) - \cos(k_iL)\sinh(k_iL)]\ . \tag{3.64}$$

Die Eigenwerte k_i müssen bei gegebenem m_D aus dieser Beziehung numerisch ermittelt werden. Für $m_D = 0$ ergibt sich der gleiche Fall wie derjenige ohne Endmasse. Wie im letzten Abschnitt komplettieren die Anfangsbedingungen die Gesamtlösung zu

$$w(x,t) = \sum_{i=1}^{\infty} w_i(x) q_i(t) = \mathbf{q}(t)^T \mathbf{w}(x)\ . \tag{3.65}$$

Möchte man die Rotationsträgheit Θ der Endmasse mit berücksichtigen, muss die Randbedingung (3.43) ersetzt werden durch den Drallsatz

$$\Theta \ddot{w}'(L,t) = M(L,t) = -EIw''(L,t)\ . \tag{3.66}$$

Das generelle Vorgehen zur Bestimmung der Koeffizienten bleibt erhalten.

3.2.3 Balken als Torsionsschwinger mit Endmasse

Im Gesamtverband von Maschinen spielen Balken als Torsionselemente eine wichtige Rolle. Wir betrachten einen solchen Fall gemäß Abb. 3.5 [1, 47, 70]. Der Torsionswinkel hängt vom Ort x und der Zeit t ab, $\varphi = \varphi(x,t)$, $GI_p(x)$ ist die Torsionssteifigkeit mit dem polaren Flächenträgheitsmoment I_p, $J_p = \rho I_p$ das Massenträgheitsmoment pro Längeneinheit mit der Dichte ρ, m_D eine Endmasse und Θ das zugehörige Massenträgheitsmoment. Es gelten die folgenden Gleichungen:

- Elastostatik:

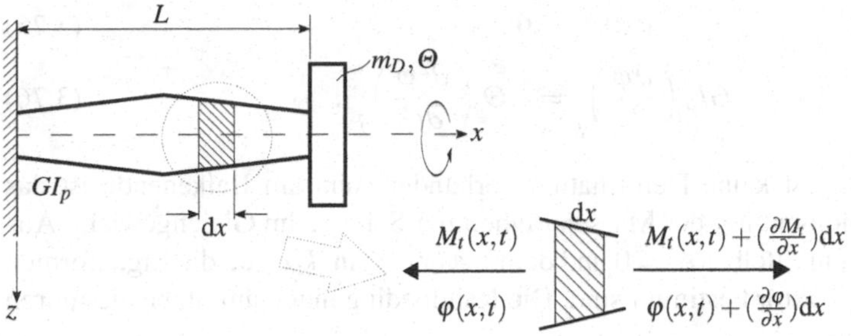

Abb. 3.5: Torsionselement.

$$M_t(x,t) = GI_p(x)\left(\frac{\partial \varphi}{\partial x}\right) . \tag{3.67}$$

- Drallsatz:

$$J_p(x)\mathrm{d}x\left(\frac{\partial^2 \varphi}{\partial t^2}\right) = \left[M_t(x,t) + \left(\frac{\partial M_t}{\partial x}\right)\mathrm{d}x\right] - M_t(x,t) = \left(\frac{\partial M_t}{\partial x}\right)\mathrm{d}x . \tag{3.68}$$

Hiermit ergibt sich die Bewegungsgleichung:

$$\frac{\partial}{\partial x}\left[GI_p(x)\left(\frac{\partial \varphi}{\partial x}\right)\right] - J_p(x)\left(\frac{\partial^2 \varphi}{\partial t^2}\right) = 0 . \tag{3.69}$$

Nehmen wir wiederum konstante Größen I_p, J_p längs des Torsionselements an und wählen einen Separationsansatz nach BERNOULLI

$$\varphi(x,t) = \mathbf{q}(t)^T \varphi(x) = \sum_{i=1}^{\infty} \varphi_i(x) q_i(t) \tag{3.70}$$

so ergeben sich zwei gewöhnliche Differentialgleichungen für $\varphi_i(x)$ und $q_i(t)$:

$$\ddot{q}_i + \omega_i^2 q_i = 0 , \tag{3.71}$$

$$\varphi_i'' + k_i^2 \varphi_i = 0 \tag{3.72}$$

mit

$$k_i^2 = \frac{J_p}{GI_p}\omega_i^2 . \tag{3.73}$$

Für $\varphi_i(x)$ ergibt sich die Fundamentallösung zu

$$\varphi_i(x) = A_i \cos(k_i x) + B_i \sin(k_i x) . \tag{3.74}$$

Die Koeffizienten A_i und B_i ermitteln sich aus den Randbedingungen:

$$\varphi(0,t) = 0\,, \tag{3.75}$$

$$GI_p \left(\frac{\partial \varphi}{\partial x}\right)_L = -\Theta \left(\frac{\partial^2 \varphi}{\partial t^2}\right)_L . \tag{3.76}$$

Am Balkenanfang ist keine Deformation vorhanden, und am Balkenende ist das elastische Drehmoment mit der Massenträgheit der Scheibe im Gleichgewicht. Aus $\varphi(0,t) = 0$ folgt unmittelbar $A_i = 0$ und damit $\varphi_i(x) = \sin(k_i x)$, da die Eigenformen nur bis auf einen Faktor bestimmt sind. Die Randbedingungen am Stabende führen auf die Beziehung

$$GI_p k_i \cos(k_i L) = \omega_i^2 \Theta \sin(k_i L) \tag{3.77}$$

oder umgeformt

$$k_i \left(\frac{GI_p}{\omega_i^2 \Theta}\right) = k_i \left(\frac{GI_p}{\omega_i^2 J_p}\right)\left(\frac{J_p}{\Theta}\right) = \tan(k_i L)\ . \tag{3.78}$$

Hieraus ergibt sich mit k_i^2 aus (3.73) eine Eigenwertgleichung (Abb. 3.6):

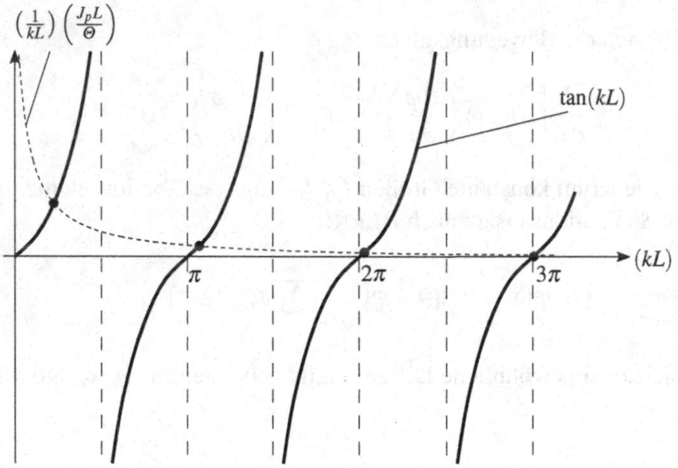

Abb. 3.6: Eigenwert-Bestimmung.

$$\tan(k_i L) = \left(\frac{1}{k_i L}\right)\left(\frac{J_p L}{\Theta}\right) . \tag{3.79}$$

Für die Gesamtlösung folgt unter Berücksichtigung der Anfangsbedingungen

$$\varphi(x,t) = \sum_{i=1}^{\infty} \sin(k_i x)\, q_i(t) = \mathbf{q}(t)^T \varphi(x)\,. \tag{3.80}$$

Die ersten drei Schwingungsformen zeigt Abb. 3.7.

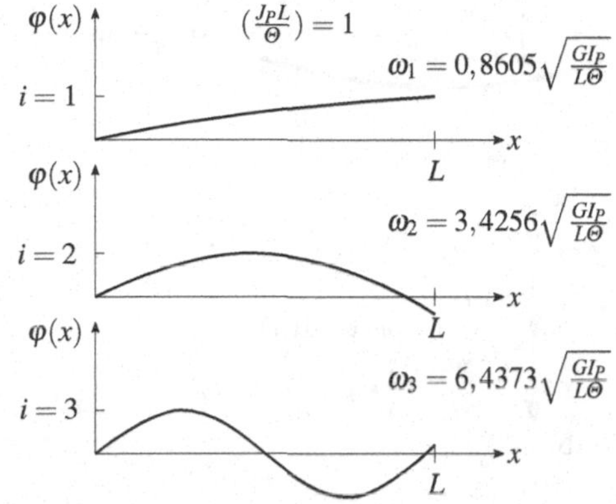

Abb. 3.7: Eigenformen des Torsionsbalkens.

Für den Fall verschwindender Endmasse ($\Theta = 0$) ist am freien Ende

$$GI_p \left(\frac{\partial \varphi}{\partial x} \right)_L = 0 \tag{3.81}$$

also $\varphi'(L,t) = 0$. Es folgt $\cos(k_i L) = 0$ und daher

$$(k_i L) = (2i-1)\frac{\pi}{2}\,. \tag{3.82}$$

Hierfür lautet die Gesamtlösung unter Beachtung der Anfangsbedingungen

$$\varphi(x,t) = \sum_{i=1}^{\infty} \sin\left[(2i-1)\frac{\pi}{2}\left(\frac{x}{L}\right)\right] q_i(t)\,. \tag{3.83}$$

3.2.4 Querschwingungen einer Saite

Der Anwendungsbereich für Saitenschwingungen und ihrer Modelldarstellung ist sehr groß und reicht von Textilmaschinen, Riemenantrieben in Motoren und CVT-Getrieben bis hin zu Hochspannungsleitungen für die Stromübertragung und Trägerkabeln von Seilbahnen.

Unter einer Saite verstehen wir ein eindimensionales elastisches Kontinuum, etwa in Form eines Fadens, das mit einer konstanten Kraft F vorgespannt ist (Abb. 3.8). Der Faden ist bei $x = 0$ und bei $x = L$ fest eingespannt. Schwingungen sollen nur in der Richtung quer zum Linienkontinuum stattfinden, sie seien klein. Zusätzliche Dehnungen in Längsrichtung infolge der Querschwingungen nehmen wir als vernachlässigbar klein an. Die Schwingungsauslenkung sei $w(x,t)$, sie hängt

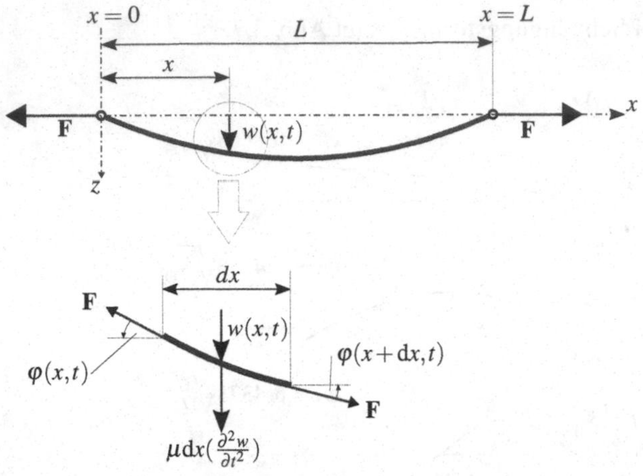

Abb. 3.8: Querschwingungen einer vorgespannten Saite.

vom Ort x und der Zeit t ab. Die Masse pro Längeneinheit, auch Liniendichte genannt, ist konstant $\mu = \rho A$ mit Dichte ρ und Querschnittsfläche A. Wenden wir den Impulssatz auf ein herausgeschnittenes Fadenstück an, so erhalten wir, kleine Winkel φ vorausgesetzt:

$$\mu \mathrm{d}x(\frac{\partial^2 w}{\partial t^2}) = F\varphi(x+\mathrm{d}x,t) - F\varphi(x,t) \,. \tag{3.84}$$

Nun ist $\varphi \approx (\frac{\partial w}{\partial x})$ und demnach $\varphi(x+\mathrm{d}x,t) - \varphi(x,t) \approx (\frac{\partial^2 w}{\partial x^2})\mathrm{d}x$. Daraus ergibt sich die sogenannte *Wellengleichung*:

$$\mu(\frac{\partial^2 w}{\partial t^2}) - F(\frac{\partial^2 w}{\partial x^2}) = 0 \quad \text{oder} \quad (\frac{\partial^2 w}{\partial t^2}) - (\frac{F}{\mu})(\frac{\partial^2 w}{\partial x^2}) = 0 \,. \tag{3.85}$$

Diese Schwingungsdifferentialgleichung gilt für sehr viele Schwingungserscheinungen der Physik. Die darin enthaltene Größe $(\frac{F}{\mu}) = c^2$ ist das Quadrat der Wellengeschwindigkeit. Die Standardform des Anfangsrandwertproblems für die Wellengleichung lautet demnach

$$\ddot{w}(x,t) - c^2 w''(x,t) = 0 \,, \tag{3.86}$$

$$w(0,t) = 0 \,, \quad w(L,t) = 0 \,, \tag{3.87}$$

$$w(x,0) = w_0(x) \,, \quad \dot{w}(x,0) = \dot{w}_0(x) \,. \tag{3.88}$$

Eine Fundamentallösung ist

$$w(x,t) = \sum_{i=1}^{\infty} w_i(x)\left[a_i \sin(\omega_i t) + b_i \cos(\omega_i t)\right] \,. \tag{3.89}$$

Die unbekannten Größen a_i und b_i können aus den Anfangsbedingungen ermittelt werden. Die Eigenfunktionen $w_i(x)$ und die Eigenfrequenzen ω_i lauten

$$w_i(x) = \sin\left(\pi i(\frac{x}{L})\right) , \tag{3.90}$$

$$\omega_i = \frac{\pi i}{L}\sqrt{\frac{F}{\mu}} . \tag{3.91}$$

Für eine unendlich lange gespannte Saite kann die Wellengleichung (3.85) durch Charakteristiken gelöst werden [77]. Sie entsprechen einer nach links und einer nach rechts laufenden Welle mit Wellengeschwindigkeit c.

3.3 Approximation kontinuierlicher Schwingungssysteme

Die Schwingungen elastischer Kontinua sind häufig nicht mehr analytisch darstellbar. In diesem Falle sucht man nach Ersatzsystemen, die das Schwingungsverhalten des Kontinuums mit hinreichender Genauigkeit wiedergeben und zu einer einfacheren Handhabung der beschreibenden Gleichungen führen. Das bekannteste und universellste Beispiel ist die *Finite Element Methode* (FEM), bei der das Kontinuum durch eine endliche Anzahl materieller Elemente ersetzt wird (Diskretisierung). Im Rahmen dieses Textes wird auf die FEM nicht eingegangen [8, 10]. Dafür wollen wir uns mit zwei Verfahren befassen, die sich bei der Behandlung kontinuierlicher Schwingungssysteme seit Jahrzehnten hervorragend bewährt haben und im Übrigen eine zentrale Rolle in der FEM spielen: Das Verfahren von RAYLEIGH-RITZ und das von BUBNOV-GALERKIN.

Beide Verfahren entstanden aus Problemlösungen der Mechanik. RAYLEIGH beschrieb in seinem Buch [60] 1877 Schwingungen elastischer Kontinua mit Hilfe einer Reihe aus Eigenformen. RITZ abstrahierte das Konzept 1908 [61], indem er die beschreibenden Gleichungen als Variationsproblem formulierte und dieses (durch Approximation des Integranden durch Eigenformen) auf die Minimierung einer Funktion mit mehreren Veränderlichen zurückführte. GALERKIN befasste sich unabhängig davon 1915 mit dem Gleichgewicht bei dünnen Platten. Er approximierte dabei die in den partiellen Differentialgleichungen auftretenden Funktionen durch geeignete periodische Funktionen, wie wir es heute durch die *Methode der gewichteten Residuen* kennen, und reduzierte so das Problem auf die Lösung algebraischer Gleichungen [18]. Nach [19] war es allerdings BUBNOV, der 1913 die Methode der gewichteten Residuen erstmals zur Approximation von partiellen Differentialgleichungen entdeckte. Heute wendet man ausgehend von der Methode der gewichteten Residuen zumeist noch eine zusätzliche partielle Integration an; man bezeichnet die Verwendung von endlich-dimensionalen Ansätzen auf dieser Basis (historisch vielleicht nicht ganz korrekt) als BUBNOV-GALERKIN Methode. Sie ist der Ausgangspunkt der Finiten Elemente Methode [8, 10]; COURANT verwendete 1927 erstmals *Hutfunktionen* für den Ansatz [13]. Wir wollen zunächst einige funktionalanalytische Grundbegriffe bereitstellen.

3.3.1 Funktionensysteme und Vollständigkeit

Jede skalare p-periodische Funktion $f(x) = f(x+p)$ lässt sich durch eine FOURIER-*Reihe* darstellen [77, 33]. In der Praxis wird die Reihe häufig nach endlich vielen Gliedern abgebrochen; man erhält eine Approximation von f mit Hilfe eines *trigonometrischen Polynoms*:

$$f(x) \approx f_N(x) = \sum_{i=-N}^{N} q_i e^{j\omega i x} \quad \text{mit} \quad \omega = \frac{2\pi}{p}, \quad q_i = \frac{1}{p}\int_0^p f(x) e^{-j\omega i x} \mathrm{d}x\,. \tag{3.92}$$

Das trigonometrische Polynom ist dabei eine Linearkombination der linear unabhängigen *Ansatzfunktionen* $w_i(x) = e^{j\omega i x}$. Die Ansatzfunktionen fasst man üblicherweise in einem sogenannten *Funktionensystem* $\{w_i\}_i$ zusammen. Die Menge aller möglichen Linearkombinationen, zu der auch $f_N(x)$ gehört, bildet einen linearen Raum, einen sogenannten Vektorraum. Hierauf lässt sich ein *Skalarprodukt* einführen: sind w_i und w_k Elemente des Funktionensystems, so definiert man

$$< w_i, w_k >= \frac{1}{p}\int_0^p w_i(x) w_k^*(x) \mathrm{d}x\,, \tag{3.93}$$

wobei $w_k^*(x)$ konjugiert komplex zu $w_k(x)$ ist. Setzt man $w_k = w_i$, so folgt

$$\| w_i \| = \sqrt{< w_i, w_i >} \tag{3.94}$$

und man erhält eine *Norm* auf diesem linearen Raum.

Wie man sich am Beispiel der FOURIER-Reihen leicht überzeugt, gilt hier

$$< w_i, w_k >= \delta_{ik}\,. \tag{3.95}$$

Bezüglich des oben definierten Skalarproduktes sind die Ansatzfunktionen w_i *orthonormal*: sie bilden ein *Orthonormalsystem*. Die FOURIER-Koeffizienten erfüllen

$$q_i =< f, w_i >\,. \tag{3.96}$$

Man erhält sie durch Minimierung des Fehlers

$$\Delta_N = \| f - f_N \|^2 \tag{3.97}$$

zwischen der exakten Lösung $f(x)$ und der Näherungslösung $f_N(x)$. Für den minimalen Approximationsfehler erhält man

$$\Delta_{N,\min} = \| f \|^2 - \sum_{i=-N}^{N} q_i^2 \| w_i \|^2 \; . \tag{3.98}$$

Das Orthonormalsystem heißt *vollständig*, wenn $\lim_{N\to\infty} \Delta_{N,\min} = 0$ gilt, wenn also die sogenannte PARSEVAL'sche Gleichung

$$\| f \|^2 = \sum_{i=-\infty}^{\infty} q_i^2 \| w_i \|^2 \tag{3.99}$$

erfüllt ist. Dies ist die Eigenschaft der Darstellbarkeit jeder skalaren p-periodischen Funktion f mit Hilfe des Funktionensystems $\{w_i\}_i$ durch eine FOURIER-Reihe.

Bei Vektorfunktionen $f_l(x_1, \cdots, x_n)$ mit $l \in \{1, \cdots, m\}$ sind die Ansatzfunktionen linear unabhängige Vektorfunktionen:

$$\mathbf{w}_i(\mathbf{x}) = \begin{pmatrix} w_{i,1}(\mathbf{x}) \\ \vdots \\ w_{i,m}(\mathbf{x}) \end{pmatrix} \quad \text{mit} \quad \mathbf{x} = (x_1, \cdots, x_n)^T \; . \tag{3.100}$$

Da bei Schwingungsproblemen neben den Variablen $\mathbf{x}$ in der Vektorfunktion $\mathbf{f}$ meist noch die Zeit t auftritt ($\mathbf{f} = \mathbf{f}(\mathbf{x}, t)$), hängen die skalaren Koeffizienten q_i von t ab. Wir haben solche Separationsansätze zur Darstellung bereits in Kapitel 3.2.1 kennengelernt und werden nun die Berechnung von Approximationen betrachten.

3.3.2 Verfahren nach Rayleigh-Ritz

Wir betrachten linear-elastische Kontinua, deren Verhalten allgemein durch das Variationsproblem des HAMILTON'schen Prinzips (1.173)

$$\int_{t_1}^{t_2} (T - V)\, \mathrm{d}t \rightarrow \text{stationär} \tag{3.101}$$

beschrieben werden kann [29]. Der Ausdruck

$$T = \frac{1}{2} \int_K \left(\dot{\mathbf{u}}^T \dot{\mathbf{u}} \right) \mathrm{d}m \tag{3.102}$$

ist die kinetische Energie des Kontinuums K,

$$\begin{aligned} V = &\frac{1}{2} \int_K \frac{1}{E} \left(\sigma_x^2 + \sigma_y^2 + \sigma_z^2 \right) \mathrm{d}x\mathrm{d}y\mathrm{d}z \\ &- \frac{1}{2} \int_K \frac{2\mu}{E} \left(\sigma_x \sigma_y + \sigma_y \sigma_z + \sigma_z \sigma_x \right) \mathrm{d}x\mathrm{d}y\mathrm{d}z \\ &+ \frac{1}{2} \int_K \frac{1}{G} \left(\tau_{xy}^2 + \tau_{yz}^2 + \tau_{zx}^2 \right) \mathrm{d}x\mathrm{d}y\mathrm{d}z \end{aligned} \tag{3.103}$$

die potentielle Energie von K (Abb. 3.9). Dabei ist E der *E-Modul*, G der *Schub-*

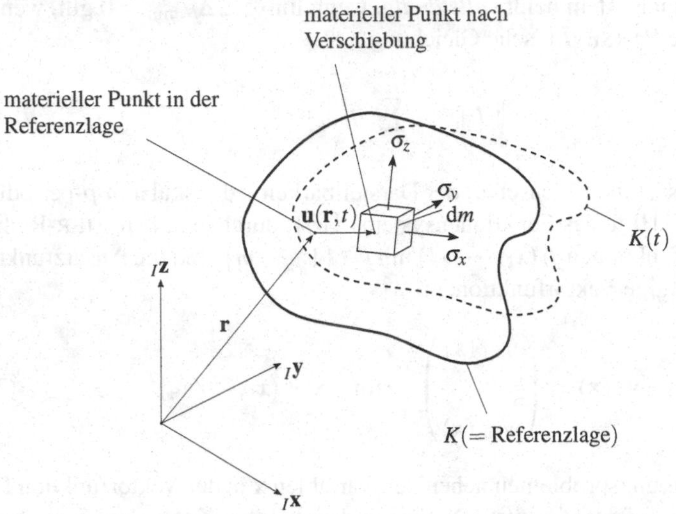

Abb. 3.9: Zur elastischen Deformation eines materiellen Punktes.

modul und μ die *Querkontraktionszahl*, $\mathbf{u}(\mathbf{r},t)$ eine (linear-elastisch) angenommene *Verschiebung* des Ortsvektors zu dem materiellen Punkt aus seiner (ruhenden) Referenzlage $\mathbf{r}$ (LAGRANGE'sche Betrachtung). Die Spannungen σ_x, σ_y σ_z, τ_{xy}, τ_{yz} und τ_{zx} hängen über das Materialgesetz von den Verschiebungen $\mathbf{u}(\mathbf{r},t)$ ab [8, 6, 70].

Die Idee von RITZ besteht darin, das Variationsproblem (3.101) für die Verschiebung $\mathbf{u}$ nicht exakt zu lösen. Stattdessen wird das Verschiebungsfeld $\mathbf{u}$ durch eine endliche Linearkombination $\mathbf{u}_N$ mit Ansatzfunktionen $\mathbf{w}_i(\mathbf{r})$ aus einem Funktionensystem approximiert und damit das Variationsproblem auf ein gewöhnliches Differentialgleichungssystem reduziert. Mit den Koeffizienten $q_i(t)$ lautet der Ansatz für $\mathbf{u}_N$:

$$\mathbf{u}_N(\mathbf{r},t) = \sum_{i=1}^{N} \mathbf{w}_i(\mathbf{r})\, q_i(t) \,. \tag{3.104}$$

Die Ansatzfunktionen $\mathbf{w}_i(\mathbf{r})$ sind bekannt. Damit hängen T und V nur noch von den Koeffizientenfunktionen $q_i(t)$ ab, die nun so ermittelt werden, dass das approximierte Funktional (3.101) stationär wird. Dieses Problem führt auf die LAGRANGE'schen Gleichungen zweiter Art (1.151)

$$\frac{\mathrm{d}}{\mathrm{d}t}\left(\frac{\partial T}{\partial \dot{q}_i}\right)-\frac{\partial T}{\partial q_i}+\frac{\partial V}{\partial q_i}=0 \tag{3.105}$$

für die Koeffizientenfunktionen q_i. Wegen $\dot{\mathbf{u}}_N=\sum_i \mathbf{w}_i(\mathbf{r})\,\dot{q}_i(t)$ hängt die mit den Ansatzfunktionen $\mathbf{w}_i$ approximierte kinetische Energie T nur von $\dot{q}_i$ ab, was (3.105) auf

$$\frac{\mathrm{d}}{\mathrm{d}t}\left(\frac{\partial T}{\partial \dot{q}_i}\right)+\frac{\partial V}{\partial q_i}=0 \tag{3.106}$$

reduziert.

Wir wollen im Weiteren nur Kontinuumsschwingungen betrachten, bei denen das Verschiebungsfeld $\mathbf{u}$ in einer Ebene liegt, also etwa

$$\mathbf{u}(\mathbf{r},t)=(0,0,\tilde{w}(\mathbf{r},t))^T \tag{3.107}$$

gilt. In diesem Fall ist

$$\tilde{w}_N(\mathbf{r},t)=\sum_{i=1}^{N} w_i(\mathbf{r})\,q_i(t)=\mathbf{q}(t)^T\mathbf{w}(\mathbf{r}) \tag{3.108}$$

mit reellwertigen Ansatzfunktionen $w_i(\mathbf{r})$:

$$\mathbf{q}^T=(q_1,q_2\cdots,q_N)\;, \tag{3.109}$$

$$\mathbf{w}^T=(w_1,w_2\cdots,w_N)\;. \tag{3.110}$$

Weiterhin folgt

$$T=\frac{1}{2}\dot{\mathbf{q}}^T\left(\int_K \mathbf{w}(\mathbf{r})\,\mathbf{w}(\mathbf{r})^T\,\mathrm{d}m\right)\dot{\mathbf{q}}=\frac{1}{2}\dot{\mathbf{q}}^T\mathbf{M}\dot{\mathbf{q}} \tag{3.111}$$

was gemäß (3.106) zu folgenden Bewegungsgleichungen führt –

Verfahren nach RAYLEIGH-RITZ:

$$\mathbf{M}\ddot{\mathbf{q}}+\left(\frac{\partial V}{\partial \mathbf{q}}\right)^T=\mathbf{0}\quad\text{mit}\quad \mathbf{M}=\left(\int_K \mathbf{w}(\mathbf{r})\,\mathbf{w}(\mathbf{r})^T\,\mathrm{d}m\right)\;. \tag{3.112}$$

Damit ist die Bestimmung des exakten Verschiebungsfeldes $\mathbf{u}(\mathbf{r},t)$ aus dem Variationsproblem (3.101) zurückgeführt auf die Bestimmung eines angenäherten Verschiebungsfeldes $\mathbf{u}_N(\mathbf{r},t)$, dessen explizite Darstellung mit der Lösung von (3.112) bekannt ist.

Im statischen Fall ist $T=0$ und wir erhalten die Gleichgewichtsbedingungen:

$$\left(\frac{\partial V}{\partial \mathbf{q}}\right)^T = \mathbf{0}\,. \tag{3.113}$$

Das Näherungsverfahren kann nun so gedeutet werden, dass unter den unendlich vielen Ersatzsystemen entsprechend dem RAYLEIGH-RITZ'schen Ansatz dasjenige herausgesucht wird, das im dynamischen Fall dem d'ALEMBERT'schen Prinzip (den LAGRANGE'schen Bewegungsgleichungen) und im statischen Fall dem Prinzip der virtuellen Arbeit (den Gleichgewichtsbedingungen) genügt [78].

Beispiel 3.1 (Einseitig eingespannter Balken nach RAYLEIGH-RITZ [70]). Die Biegeschwingungen eines einseitig eingespannten Balkens wurden bereits in Abschnitt 3.2.1 analytisch behandelt (Abb. 3.10). Wir wollen hier das RAYLEIGH-

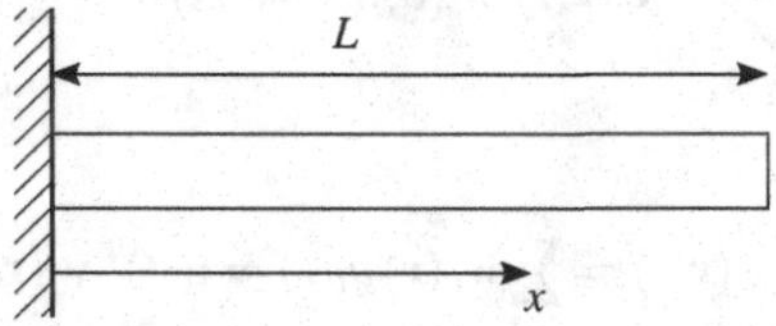

Abb. 3.10: Einseitig eingespannter Balken.

RITZ'sche Verfahren anwenden. Es ist:

$$T = \frac{1}{2}\int_0^L \rho A \left(\frac{\partial w}{\partial t}\right)^2 \mathrm{d}x\,, \quad V = \frac{1}{2}\int_0^L EI \left(\frac{\partial^2 w}{\partial x^2}\right)^2 \mathrm{d}x\,.$$

Wir wählen den Ansatz

$$w(x,t) = \mathbf{q}^T(t)\mathbf{w}(x)\,.$$

Die Vektoren $\mathbf{q}(t)$ und $\mathbf{w}(x)$ sollen nur drei Komponenten haben:

$$\mathbf{q}(t) = \begin{pmatrix} q_1(t) \\ q_2(t) \\ q_3(t) \end{pmatrix}\,, \quad \mathbf{w}(x) = \begin{pmatrix} \left(\frac{x}{L}\right)^2 \\ \left(\frac{x}{L}\right)^3 \\ \left(\frac{x}{L}\right)^4 \end{pmatrix}\,.$$

Die Ansatzfunktionen repräsentieren die statische Biegelinie bei konstanter Streckenlast. Aus

$$V = \frac{1}{2}\mathbf{q}^T(t) \underbrace{\left\{EI\int_0^L \mathbf{w}''(x)\mathbf{w}''^T(x)\mathrm{d}x\right\}}_{\mathbf{K}} \mathbf{q}(t)$$

folgt für die Ableitung:

$$\left(\frac{\partial V}{\partial \mathbf{q}}\right)^T = \mathbf{Kq} \,.$$

Damit erhält man die Bewegungsgleichung:

$$\mathbf{M\ddot{q}} + \mathbf{Kq} = \mathbf{0} \quad \text{mit} \quad \mathbf{M} = \int_0^L \rho A \mathbf{w}\mathbf{w}^T \mathrm{d}x$$

und den Matrizen

$$\mathbf{M} = \begin{pmatrix} \frac{1}{5} & \frac{1}{6} & \frac{1}{7} \\ \frac{1}{6} & \frac{1}{7} & \frac{1}{8} \\ \frac{1}{7} & \frac{1}{8} & \frac{1}{9} \end{pmatrix} (\rho A L) \,, \quad \mathbf{K} = \begin{pmatrix} 4 & 6 & 8 \\ 6 & 12 & 18 \\ 8 & 18 & \frac{144}{5} \end{pmatrix} \left(\frac{EI}{L^3}\right) .$$

Mit dem Ansatz

$$\mathbf{q} = \bar{\mathbf{q}} e^{\lambda t}$$

erhält man die charakteristische Gleichung für die Eigenwerte sowie das lineare Gleichungssystem für die Eigenvektoren:

$$\det\left(\mathbf{M}\lambda^2 + \mathbf{K}\right) = 0 \,, \quad \left(\mathbf{M}\lambda^2 + \mathbf{K}\right)\bar{\mathbf{q}} = \mathbf{0} \,.$$

Es ergeben sich folgende Eigenwerte:

	RAYLEIGH-RITZ	exakt	rel. Fehler
$(k_1 L)$	1,876	1,875	0,05 %
$(k_2 L)$	4,712	4,694	0,38 %
$(k_3 L)$	19,261	7,855	145 %

Die letzte Zeile bestätigt die Erfahrung, dass mit einem n-gliedrigen Ansatz der n-te Eigenwert nicht mehr bestimmt werden kann. Einen Vergleich der approximierten Eigenschwingungen

$$w_i(x,t) = e^{\lambda_i t} \bar{\mathbf{q}}_i^T \mathbf{w}(x)$$

mit den exakten Eigenschwingungen zeigt Abb. 3.11.

Wählt man in Beispiel 3.1 als Ansatz die Eigenformen, so erhält man eine Lösung bis zur entsprechend angesetzten Ordnung sowie diagonale Massen- und Steifigkeitsmatrizen. Im Allgemeinen kennt man die Eigenformen nicht. Der Ansatz ist also beliebig zu wählen, wobei die Randbedingungen erfüllt sein müssen (Abschnitt 3.3.4). Wir konzentrieren uns auf globale Ansatzfunktionen; bei der Methode der Finiten Elemente wählt man lokale Ansatzfunktionen.

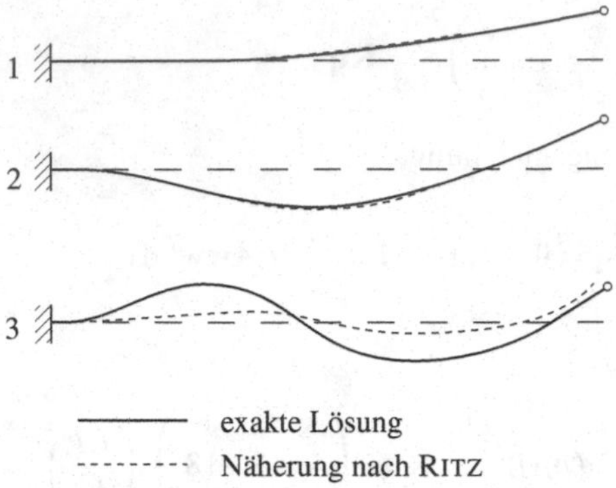

Abb. 3.11: Eigenformen (exakt und Näherung nach RAYLEIGH-RITZ).

3.3.3 *Verfahren nach Bubnov-Galerkin*

Die Beschreibung der in der Mechanik benutzten Modelle führt auf Differentialgleichungen, die Bilanzen von Impuls- und/oder Dralländerungen repräsentieren, also Summen von Kräften und/oder Momenten darstellen. Dies gilt auch für die Kontinuumsmechanik, wo man es mit partiellen Differentialgleichungen zu tun hat.

Beim von BUBNOV-GALERKIN vorgeschlagenen Näherungsverfahren gehen wir nicht von der Approximation des Variationsproblems (3.101), sondern von der sogenannten *starken Form* aus, der partiellen oder gewöhnlichen Differentialgleichung

$$D[\mathbf{u}] = \mathbf{0} \tag{3.114}$$

mit dem hier als linear angenommenen Differentialoperator D. Wir nehmen an, dass die Verschiebungsfunktion $\mathbf{u}$ nur in einer Ebene wirkt und damit bereits eindeutig durch eine Komponente $\tilde{w}$ von $\mathbf{u}$ definiert ist.

Beispiel 3.2 (Gespannte schwingende Saite: Differentialoperator D). Für die vorgespannten Saite (Abb. 3.12) mit Vorspannkraft F gegeben im Referenzzustand

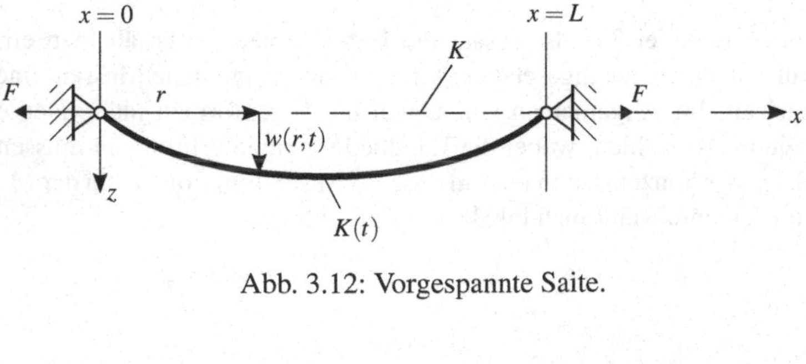

Abb. 3.12: Vorgespannte Saite.

K, Liniendichte μ sowie Auslenkung $w(\mathbf{r},t)$ am Ort $\mathbf{r} = (x,0,0)$ und zum Zeitpunkt

t haben wir in Abschnitt 3.2.4 die Wellengleichung als beschreibende Differentialgleichung erhalten:

$$\frac{\partial^2 w}{\partial x^2} - \frac{\mu}{F}\frac{\partial^2 w}{\partial t^2} = 0\,.$$

Da der Ortsvektor $\mathbf{r}$ in diesen Betrachtungen ein Linienkontinuum repräsentiert, sind die materiellen Punkte bereits durch Angabe einer Koordinate, dem *Bahnparameter* x für die Referenzkonfiguration, eindeutig festgelegt. Der Differentialoperator D lautet

$$D = \frac{\partial^2}{\partial x^2} - \frac{\mu}{F}\frac{\partial^2}{\partial t^2}\,.$$

Wir gehen nun davon aus, dass $\tilde{w}_N$ eine Näherung für die exakte Lösung $\tilde{w}$ von $D[\tilde{w}] = 0$ darstellt, und verwenden dabei ein Funktionensystem mit bekannten Ansatzfunktionen w_i aber mit noch zu bestimmenden Koeffizientenfunktionen q_i:

$$\tilde{w}_N(x,t) = \sum_{i=1}^{N} w_i(x)q_i(t) = \mathbf{q}(t)^T\mathbf{w}(x)\,. \tag{3.115}$$

Um nun Bestimmungsgleichungen für die Funktionen q_l zu erhalten, fordert man, dass das Skalarprodukt des *Residuums*

$$r_N = D[\tilde{w}_N] - D[\tilde{w}] = D[\tilde{w}_N] \tag{3.116}$$

mit vorgegebenen *Gewichtungsfunktionen* g_k $(k = 1,\cdots,N)$ verschwindet –

Methode der gewichteten Residuen:

$$< r_N, g_k > = < D[\tilde{w}_N], g_k > = 0\,. \tag{3.117}$$

Dabei ist $< \cdot,\cdot >$ das Skalarprodukt, das zum Funktionensystem der Ansatzfunktionen gehört (3.93). Gleichung (3.117) bedeutet bis auf einen Normierungsfaktor, das Residuum mit den Gewichtsfunktionen zu multiplizieren und über die Ortsvariable zu integrieren.

Sind nun die Gewichtungsfunktionen g_k aus einem vollständigen Funktionenraum, dann ist $r = \lim_{N\to\infty} r_N$ selbst als Reihe in den Gewichtungsfunktionen g_k darstellbar. Außerdem ist

$$< r, g_k > = 0 \quad \text{für} \quad (k = 1,2,\cdots)\,, \tag{3.118}$$

das heißt r ist orthogonal zu jedem g_k. Dies impliziert $\lim_{N\to\infty} \parallel r_N \parallel = 0$. Damit konvergiert das Residuum r_N gegen 0 für $N \to \infty$.

Erfüllt nun die Approximation $\tilde{w}_N$ sämtliche Randbedingungen (Kapitel 3.2), die auch die exakte Funktion $\tilde{w}$ erfüllt, dann folgt (unter gewissen Annahmen an den Differentialoperator D [10]) aus der Konvergenz $r_N \to 0$ auch die Konvergenz $\tilde{w}_N \to \tilde{w}$:

$$\lim_{N\to\infty} \| \tilde{w}_N - \tilde{w} \| = 0 \,. \tag{3.119}$$

Die Methode der gewichteten Residuen ist für uns zunächst ein Zwischenschritt. Je nachdem, wie nun die Gewichtungsfunktionen g_k gewählt werden, können eine ganze Reihe von Verfahren abgeleitet werden. Wir wollen das klassische BUBNOV-GALERKIN-Verfahren herleiten und setzen im Folgenden [77]

$$g_k = w_k \,. \tag{3.120}$$

Die Gewichtungsfunktionen sind damit zugleich die Ansatzfunktionen, mit der die Lösung $\tilde{w}$ approximiert wird. Wir splitten den Differentialoperator auf in eine Zeitableitungskomponente und einen Ortsableitungsoperator $K[\tilde{w}]$ und demonstrieren den Schritt zum BUBNOV-GALERKIN-Verfahren an Beispiel 3.2.

Beispiel 3.3 (Gespannte schwingende Saite: BUBNOV-GALERKIN-Verfahren). Der Differentialoperator D besteht aus einer Zeitableitungskomponente

$$-\frac{\mu}{F}\frac{\partial^2}{\partial t^2}$$

und einem Ortsableitungsoperator

$$K = \frac{\partial^2}{\partial x^2} \,.$$

Die Methode der gewichteten Residuen für $g_k = w_k$ lautet damit

$$\begin{aligned}
0 &= < D[\sum_{i=1}^{N} w_i(x) q_i(t)], w_k(x) > = \int_0^L D[\sum_{i=1}^{N} w_i(x) q_i(t)], w_k(x) \mathrm{d}x \\
&= \sum_{i=1}^{N} \int_0^L -\frac{\mu}{F} w_i(x) \frac{\partial^2 q_i(t)}{\partial t^2} w_k(x) + K[w_i(x)] q_i(t) w_k(x) \mathrm{d}x \\
&= -\frac{\mu}{F} \sum_{i=1}^{N} \int_0^L w_i(x) w_k(x) \mathrm{d}x \frac{\partial^2 q_i(t)}{\partial t^2} + \sum_{i=1}^{N} \int_0^L \frac{\partial^2 w_i(x)}{\partial x^2} w_k(x) \mathrm{d}x q_i(t) \,.
\end{aligned}$$

Die Ansatz- und Gewichtsfunktionen sind bekannt oder werden gewählt, so dass die Randbedingungen für das betrachtete System erfüllt sind (Abschnitt 3.3.4). Damit können die Integrale im Vorhinein berechnet werden und man erhält wie beim RAYLEIGH-RITZ-Verfahren eine gewöhnliche Differentialgleichung für die zeitabhängigen Koeffizienten q_i

$$\mathbf{M}\ddot{\mathbf{q}} = \mathbf{K}\mathbf{q}$$

mit Massenmatrix und Steifigkeitsmatrix

$$\mathbf{M}_{ki} = \frac{\mu}{F}\int_0^L w_i(x)w_k(x)\mathrm{d}x\,,\quad \mathbf{K}_{ki} = \int_0^L \frac{\partial^2 w_i(x)}{\partial x^2}w_k(x)\mathrm{d}x\,.$$

Unschön ist die fehlende *symmetrische* Konstruktion der Steifigkeitsmatrix: dort treten zweite und nullte Ortsableitungen der Ansatz- oder Gewichtsfunktionen auf. Dies ist ein wesentlicher Unterschied zum RAYLEIGH-RITZ-Verfahren, das direkt vom Variationsprinzip (3.101) ausgeht. Wir verschieben nun Ableitungen von den Ansatzfunktionen auf die Gewichtsfunktionen durch partielle Integration bis wir die erwünschte Symmetrie erreichen:

$$\frac{\mu}{F}\sum_{i=1}^{N}\int_0^L w_i(x)w_k(x)\mathrm{d}x\frac{\partial^2 q_i(t)}{\partial t^2} = -\sum_{i=1}^{N}\left[\int_0^L \frac{\partial w_i(x)}{\partial x}\frac{\partial w_k(x)}{\partial x}\mathrm{d}x + \underbrace{\left.\frac{\partial w_i}{\partial x}w_k\right|_0^L}_{=0}\right]q_i(t)\,.$$

Das *Randintegral* verschwindet in unserem Beispiel da die Saite auf beiden Seiten eingespannt ist und daher die Ansatz- und Gewichtsfunktionen entsprechend, man sagt *zulässig*, gewählt werden. Wir erhalten schließlich das

Verfahren nach BUBNOV-GALERKIN

$$\mathbf{M}\ddot{\mathbf{q}} + \mathbf{K}\mathbf{q} = \mathbf{0}$$

mit der Massen- und Steifigkeitsmatrix

$$\mathbf{M}_{ki} = \frac{\mu}{F}\int_0^L w_i(x)w_k(x)\mathrm{d}x\,,\quad \mathbf{K}_{ki} = \int_0^L \frac{\partial w_i(x)}{\partial x}\frac{\partial w_k(x)}{\partial x}\mathrm{d}x$$

genauso wie beim RAYLEIGH-RITZ-Verfahren.

Ganz allgemein ergibt sich das BUBNOV-GALERKIN-Verfahren aus der Methode der gewichteten Residuen durch partielle Integration, die so oft durchgeführt wird, bis der entstehende Differentialoperator möglichst viel Symmetrie bezüglich der Ansatz- und Gewichtsfunktionen besitzt. Die dabei auftretenden Randintegrale schließen sogenannte natürliche Randbedingungen mit ein. Wir diskutieren die Behandlung von Randbedingungen für alle betrachteten Verfahren im folgenden Abschnitt.

3.3.4 Randbedingungen beim Rayleigh-Ritz- und Bubnov-Galerkin-Verfahren

Die Lösung eines Variationsproblems oder einer partiellen Differentialgleichung muss durch Anfangs- und Randbedingungen ergänzt werden. Wir kennzeichnen

Randbedingungen durch eine Operatorgleichung

$$\mathbf{R}[\tilde{w}] = \mathbf{0} \tag{3.121}$$

mit

$$\mathbf{R} = (R_1, \cdots, R_m)^T \ . \tag{3.122}$$

Der Operator **R** enthält so viele Teiloperatoren wie das Problem Randbedingungen besitzt.

Beispiel 3.4 (Einseitig eingespannter Balken: Randbedingungen). In Anlehnung an Beispiel 3.14 betrachten wir Abb. 3.13. Am linken Rand werden geometrische,

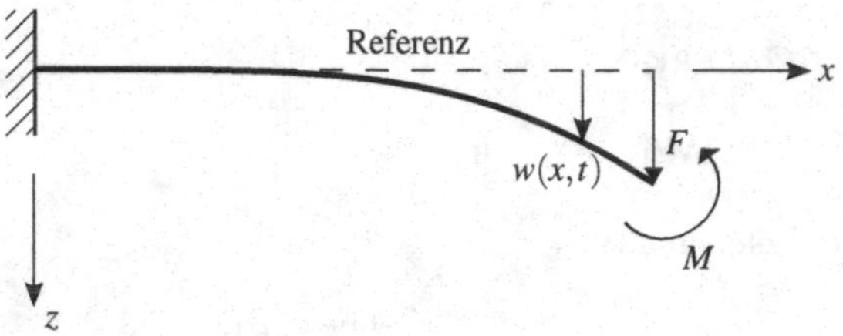

Abb. 3.13: Einseitig eingespannter Balken mit konstanter Endlast und konstantem Endmoment.

am rechten Rand kinetische Bedingungen abgebildet:

$$\mathbf{R}[w] = \begin{pmatrix} w(0,t) \\ w'(0,t) \\ w''(L,t) + \frac{M}{EI} \\ w'''(L,t) + \frac{F}{EI} \end{pmatrix} = \mathbf{0} \ .$$

Wir bezeichnen Randbedingungen, in denen nur Randwerte für $\tilde{w}$ und $\tilde{w}'$ auftreten als *geometrische*, *kinematische* oder auch *essentielle* Randbedingungen. Entsprechend bezeichnen wir Randbedingungen, in denen auch Randwerte für $\tilde{w}''$, $\tilde{w}'''$ vorkommen als *freie*, *kinetische* oder auch *natürliche* Randbedingungen.

Für die Konvergenz $\tilde{w}_N \to \tilde{w}$ bei der Methode der gewichteten Residuen müssen gemäß Kapitel 3.3.3

1. die verwendeten N Ansatz- und Gewichtsfunktionen aus einem vollständigen Funktionensystem sein,

2. alle an $\tilde{w}$ gestellten Randbedingungen auch von w_k erfüllt werden.

Da die Methode der gewichteten Residuen auf der Differentialgleichung selbst beruht, müssen die Ansatzfunktionen zulässig in dem Sinne sein, dass sie sowohl die geometrischen als auch die freien Randbedingungen erfüllen.

Man erhält das BUBNOV-GALERKIN-Verfahren aus der Methode der gewichteten Residuen durch partielle Integration. Wir wählen dabei $g_k = w_k$ mit $g_k = 0$ und $g_k' = 0$ an geometrisch fixierten Rändern. Geometrische Randbedingungen fallen dadurch bei der partiellen Integration heraus, freie Randbedingungen bleiben in natürlicherweise erhalten. Dadurch konvergiert $\tilde{w}_N$ gegen $\tilde{w}$, wenn

1. die verwendeten N Ansatz- und Gewichtsfunktionen w_k aus einem vollständigen Funktionensystem sind,
2. die Ansatzfunktionen w_k die geometrischen Randbedingungen erfüllen.

Das BUBNOV-GALERKIN-Verfahren ist eine sogenannte *schwache Form* und erfordert nur die Erfüllung der geometrischen Randbedingungen hinsichtlich Zulässigkeit. Das RAYLEIGH-RITZ-Verfahren verhält sich entsprechend. Durch die Definition der Energien, beispielsweise auch entsprechender Potentiale zur Beschreibung der freien Randbedingungen, müssen zulässige Ansatzfunktionen nur die geometrischen Randbedingungen erfüllen.

Beispiel 3.5 (Einseitig eingespannter Balken nach BUBNOV-GALERKIN [70]). In Beispiel 3.1 haben wir den einseitig eingespannten Balken mit dem RAYLEIGH-RITZ-Verfahren behandelt. Nun möchten wir das BUBNOV-GALERKIN-Verfahren anwenden. Die Differentialgleichung lautet:

$$D[w] = EI\left(\frac{\partial^4 w}{\partial x^4}\right) + \rho A\left(\frac{\partial^2 w}{\partial t^2}\right) = 0\,.$$

Die Randbedingungen erfüllen wie in Beispiel 3.1

$$\begin{aligned} w(0,t) &= w'(0,t) = 0\,,\\ w''(L,t) &= w'''(L,t) = 0\,. \end{aligned}$$

Als Ansatz wählen wir $w(x,t) = \mathbf{q}^T(t)\mathbf{w}(x)$ mit den Ansatzfunktionen der statischen Biegelinie:

$$\mathbf{w}(x) = \begin{pmatrix} \left(\frac{x}{L}\right)^2 \\ \left(\frac{x}{L}\right)^3 \\ \left(\frac{x}{L}\right)^4 \end{pmatrix}.$$

Dieser Ansatz erfüllt die geometrischen Randbedingungen. Wir setzen ihn in die Differentialgleichung ein, multiplizieren diese mit den Gewichtsfunktionen und integrieren über die Länge des Balkens:

$$\int_0^L \left(EI\frac{\partial^4 \mathbf{w}^T}{\partial x^4}\mathbf{q} + \rho A\mathbf{w}^T\ddot{\mathbf{q}}\right) w_k \mathrm{d}x = 0\,.$$

Partielle Integration mit $w_k(0) = 0$ und $w_k'(0) = 0$ ergibt

$$\int_0^L \left(EIw_k'' \frac{\partial^2 \mathbf{w}^T}{\partial x^2} \mathbf{q} + \rho A w_k \mathbf{w}^T \ddot{\mathbf{q}} \right) \mathrm{d}x + \underbrace{\left(EIw_k \frac{\partial^3 \mathbf{w}^T}{\partial x^3} \mathbf{q} \right)_L}_{\text{Kraft um } w_k \text{ verschoben}} - \underbrace{\left(EIw_k' \frac{\partial^2 \mathbf{w}^T}{\partial x^2} \mathbf{q} \right)_L}_{\text{Moment um } w_k' \text{ gedreht}} = 0 \,.$$

Die Lasten an den freien Rändern verschwinden in unserem Beispiel. Damit erhalten wir das Differentialgleichungssystem des RAYLEIGH-RITZ-Verfahrens

$$\mathbf{M}\ddot{\mathbf{q}} + \mathbf{K}\mathbf{q} = \mathbf{0}$$

aus Beispiel 3.1

3.3.5 Wahl der Ansatzfunktionen

Die Effizienz der dargestellten Näherungsverfahren hängt sehr stark von der Wahl der Ansatzfunktionen $\mathbf{w}$ ab. Zulässige Ansatzfunktionen müssen in jedem Fall die geometrischen Randbedingungen erfüllen. Beim RAYLEIGH-RITZ- oder BUBNOV-GALERKIN-Verfahren ist der höchste Ableitungsgrad durch Energieausdrücke oder partielle Integration gegenüber der Methode der gewichteten Residuen halbiert. Zulässige Ansatzfunktionen müssen also nur halb so oft differenzierbar sein. Durch die Energieausdrücke oder partielle Integration sind freie Randbedingungen auch bereits enthalten. Diese sind für Zulässigkeit nur bei der Methode der gewichteten Residuen zu fordern.

Da wir uns in der Darstellung auf globale Ansatzfunktionen beschränkt haben, lassen sich darüberhinaus keine festen Regeln angeben. Man wird die Ansatzfunktionen so einfach wie möglich wählen. Dabei achtet man zweckmäßigerweise darauf, dass die Ansatzfunktionen mit den in der Realität zu erwartenden Schwingungsformen in qualitativer Hinsicht möglichst gut übereinstimmen, weil nur dann auch eine befriedigende mathematische Konvergenz zu erwarten ist. Häufig kann es deshalb günstig sein, als Ansatzfunktionen die Eigenfunktionen eines Ersatzproblems zu benutzen, das den Schwingungseigenschaften des kontinuierlichen Bauteils innerhalb des Gesamtsystems möglichst nahe kommt. Ein solches Ersatzproblem kann schwierig zu definieren sein (zum Beispiel rotierender Stab). In derartigen Fällen mag es besser sein, Ansatzfunktionen aus der physikalischen Anschauung heraus zu wählen und diese iterativ anzupassen.

Hinsichtlich Automatisierbarkeit und Flexibilität sind Finite Elemente Methoden zu bevorzugen. Sie basieren auf der schwachen Form und verwenden anschließend keine globalen sondern lokale, zumeist stückweise polynomielle, Ansatzfunktionen. Diese können lokal verfeinert und an Belastungen und Spannungsverläufe automatisch angepasst werden [8, 10].

3.3.6 Biegeschwingungen eines Balkens mit Längsbelastung

Wir betrachten im Folgenden die Biegeschwingungen eines Balkens mit Längsbelastung gemäß Abb. 3.14. Die zugehörigen Approximationen sollen mit dem

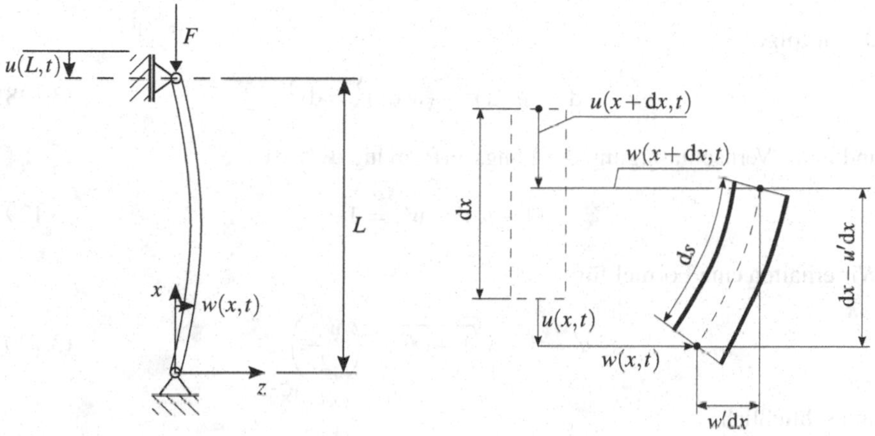

Abb. 3.14: Balken mit Längsbelastung und Balkenelement.

RAYLEIGH-RITZ- und dem BUBNOV-GALERKIN-Verfahren hergeleitet werden.

3.3.6.1 Rayleigh-Ritz-Verfahren

Für das RAYLEIGH-RITZ-Verfahren werden die verschiedenen Energieterme benötigt:

- Kinetische Energie

$$T = \frac{1}{2}\rho A \int_0^L \dot{w}^2(x,t)\mathrm{d}x\,, \tag{3.123}$$

- Biegepotential

$$V = \frac{1}{2}EI \int_0^L w''^2(x,t)\mathrm{d}x\,, \tag{3.124}$$

- Potential der Druckkraft

$$V = -Fu(L,t) = -F\int_0^L \frac{1}{2}w'^2(x,t)\mathrm{d}x\,. \tag{3.125}$$

Das Potential der Druckkraft verringert bei positivem F die Steifigkeit und damit das Biegepotential. Wir wollen die Längsverschiebung $u(L)$ durch die Durchsenkung w ausdrücken. Dafür brauchen wir die folgenden Relationen:

$$u(x+\mathrm{d}x,t) \approx u(x,t) + u'\mathrm{d}x\,, \tag{3.126}$$

$$w(x+\mathrm{d}x,t) \approx w(x,t) + w'\mathrm{d}x\,. \tag{3.127}$$

Damit folgt

$$(\mathrm{d}x - u'\mathrm{d}x)^2 + (w'\mathrm{d}x)^2 = \mathrm{d}s^2 \tag{3.128}$$

und unter Vernachlässigung der Längsverformung $\mathrm{d}s \approx \mathrm{d}x$

$$(1-u')^2 + w'^2 = 1\,. \tag{3.129}$$

Wir erhalten eine Formel für

$$u' = 1 - \sqrt{1-w'^2} \approx \left(\frac{w'^2}{2}\right) \tag{3.130}$$

und schließlich

$$u(L,t) = \int_0^L u'\mathrm{d}x \approx \int_0^L \left(\frac{w'^2}{2}\right)\mathrm{d}x\,. \tag{3.131}$$

Der Näherungsansatz

$$w(x,t) = \mathbf{q}(t)^T \mathbf{w}(x) \tag{3.132}$$

eingesetzt in die Energieausdrücke ergibt:

$$T = \frac{1}{2}\dot{\mathbf{q}}^T \underbrace{\rho A \int_0^L \mathbf{w}(x)\mathbf{w}^T(x)\mathrm{d}x}_{\mathbf{M}}\,\dot{\mathbf{q}}\,, \tag{3.133}$$

$$V = \frac{1}{2}\mathbf{q}^T \underbrace{\left[EI\int_0^L \mathbf{w}''(x)\mathbf{w}''^T(x)\mathrm{d}x - F\int_0^L \mathbf{w}'\mathbf{w}'^T(x)\mathrm{d}x\right]}_{\mathbf{K}}\mathbf{q}\,. \tag{3.134}$$

Mit den LAGRANGE'schen Gleichungen zweiter Art erhält man die Bewegungsgleichung

$$\mathbf{M}\ddot{\mathbf{q}} + \mathbf{K}\mathbf{q} = \mathbf{0}\,. \tag{3.135}$$

Die Ansatzfunktionen $\mathbf{w}(x)$ müssen die geometrischen Randbedingungen erfüllen:

$$\mathbf{w}(0) = \mathbf{0}\,, \quad \mathbf{w}(L) = \mathbf{0}\,. \tag{3.136}$$

Wählt man einen eingliedrigen Ansatz, so werden die Matrizen der Bewegungsgleichung zu Skalaren. Die Ansatzfunktion

$$w_1(x) = \sin\left(\frac{\pi x}{L}\right) \tag{3.137}$$

erfüllt die geforderten Randbedingungen. Mit dieser Ansatzfunktion erhält man:

$$M = \rho A \int_0^L \sin^2\left(\frac{\pi x}{L}\right) \mathrm{d}x = \frac{1}{2}\rho A L\,, \tag{3.138}$$

$$\begin{aligned} K &= EI \int_0^L \left(\frac{\pi}{L}\right)^4 \sin^2\left(\frac{\pi x}{L}\right) \mathrm{d}x - F \int_0^L \left(\frac{\pi}{L}\right)^2 \cos^2\left(\frac{\pi x}{L}\right) \mathrm{d}x \\ &= \frac{1}{2} EIL\left(\frac{\pi}{L}\right)^4 - \frac{1}{2} FL\left(\frac{\pi}{L}\right)^2 . \end{aligned} \tag{3.139}$$

Damit geht das Eigenwertproblem $\det\left(M\lambda^2 + K\right) = 0$ über in

$$\frac{1}{2}\rho A L \lambda^2 + \left(\frac{\pi^2}{2L}\right)\left[EI\left(\frac{\pi}{L}\right)^2 - F\right] = 0\,. \tag{3.140}$$

Mit $\lambda^2 = -\omega^2$ für konjugiert komplexe Eigenwerte erhält man die von der Druckkraft F abhängige Eigenkreisfrequenz:

$$\omega = \sqrt{\left(\frac{\pi^2}{\rho A L^2}\right)\left[\frac{\pi^2 EI}{L^2} - F\right]}\,. \tag{3.141}$$

Wir betrachten einige Fallbeispiele.

- Die kritische Knicklast ist erreicht, wenn die Eigenkreisfrequenz verschwindet ($\omega = 0$). Dann verschwindet nämlich auch die Rückstellwirkung in Querrichtung:

  $$F_{\text{krit}} = \pi^2\left(\frac{EI}{L^2}\right)\,. \tag{3.142}$$

  Damit kann man schreiben

  $$\omega^2 = \left(\frac{\pi^2}{\rho A L^2}\right)(F_{\text{krit}} - F)\,. \tag{3.143}$$

- Für $F = 0$ erhält man die Eigenkreisfrequenz des beidseitig gelenkig gelagerten Balkens:

  $$\omega_0^2 = \frac{EI\pi^4}{\rho A L^4}\,. \tag{3.144}$$

- Die Eigenkreisfrequenz einer gespannten Saite erhält man mit verschwindender Biegesteifigkeit $EI = 0$ und Zugkräften $F < 0$:

$$\omega^2 = \frac{F\pi^2}{\rho A L^2} \,. \tag{3.145}$$

Abb. 3.15 zeigt die Eigenkreisfrequenz als Funktion der Druckkraft F.

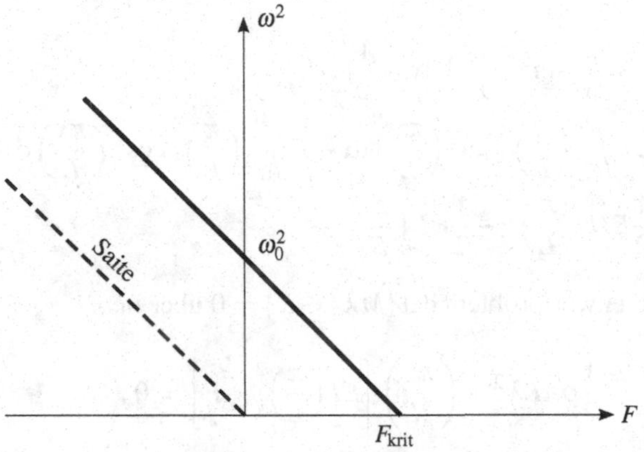

Abb. 3.15: Eigenkreisfrequenz als Funktion der Druckkraft F.

3.3.6.2 Bubnov-Galerkin-Verfahren

Um das BUBNOV-GALERKIN-Verfahren anzuwenden, leiten wir zunächst die Bewegungsgleichungen anhand des Balkenelements in Abb. 3.16 her. Dafür benötigen

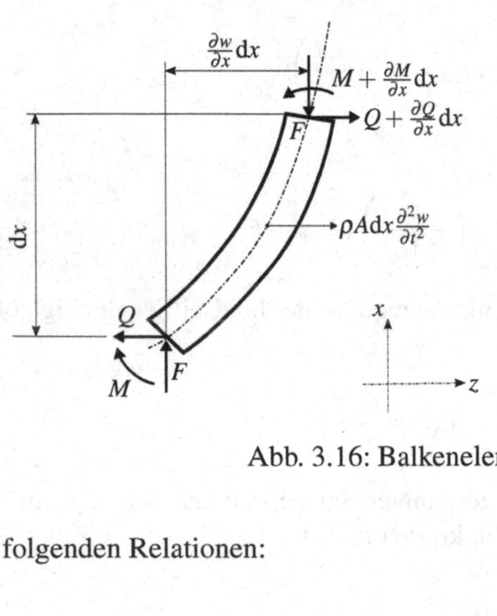

Abb. 3.16: Balkenelement.

wir die folgenden Relationen:

- Drallsatz bei vernachlässigter Rotationsträgheit (um oberen Endpunkt):

$$\left(\frac{\partial M}{\partial x}\right)\mathrm{d}x - Q\mathrm{d}x - F\left(\frac{\partial w}{\partial x}\right)\mathrm{d}x = 0\,, \tag{3.146}$$

- Biegemoment:

$$M = -EI\left(\frac{\partial^2 w}{\partial x^2}\right), \tag{3.147}$$

- Impulssatz in z-Richtung:

$$\rho A\left(\frac{\partial^2 w}{\partial t^2}\right)\mathrm{d}x = \left(\frac{\partial Q}{\partial x}\right)\mathrm{d}x\,. \tag{3.148}$$

Man erhält schließlich die partielle Differentialgleichung:

$$\rho A\frac{\partial^2 w(x,t)}{\partial t^2} + EI\frac{\partial^4 w(x,t)}{\partial x^4} + F\frac{\partial^2 w(x,t)}{\partial x^2} = 0\,. \tag{3.149}$$

Partielle Integration in der Methode der gewichteten Residuen

$$\int_0^L w_k\left(EIw^{(4)} + Fw'' + \rho A\ddot{w}\right)\mathrm{d}x - 0 \tag{3.150}$$

liefert

$$\begin{aligned} 0 = &\int_0^L EIw_k''w''\mathrm{d}x + \underbrace{\left(EIw_kw'''\right)_0^L}_{=0} - \left(w_k'M\right)_0^L \\ &- \int_0^L Fw_k'w'\mathrm{d}x + \underbrace{\left(Fw_kw'\right)_0^L}_{=0} + \int_0^L \rho Aw_k\ddot{w}\mathrm{d}x\,. \end{aligned} \tag{3.151}$$

Die Ansatzfunktionen

$$w(x,t) = \mathbf{q}(t)^T\mathbf{w}(x) \tag{3.152}$$

müssen die geometrischen Randbedingungen erfüllen

$$\mathbf{w}(0) = \mathbf{0}\,, \quad \mathbf{w}(L) = \mathbf{0}\,. \tag{3.153}$$

Einsetzen der freien Randbedingungen $(M)_0^L = 0$ im betrachteten Beispiel ergibt

$$\underbrace{\rho A\int_0^L \mathbf{w}\mathbf{w}^T\mathrm{d}x}_{\mathbf{M}}\ddot{\mathbf{q}} + \underbrace{\left[EI\int_0^L \mathbf{w}''\mathbf{w}''^T\mathrm{d}x - F\int_0^L \mathbf{w}'\mathbf{w}'^T\mathrm{d}x\right]}_{\mathbf{K}}\mathbf{q} = \mathbf{0}\,. \tag{3.154}$$

Man erhält dieselbe Bewegungsgleichung wie für das Verfahren nach RAYLEIGH-RITZ:

$$\mathbf{M}\ddot{\mathbf{q}} + \mathbf{K}\mathbf{q} = \mathbf{0}\,. \tag{3.155}$$

3.4 Schwingungen elastischer Mehrkörpersysteme

Die in der Praxis am häufigsten auftretenden mechanischen Systeme bestehen sowohl aus Körpern, die man als starr annehmen kann, als auch aus solchen, deren Deformationen man berücksichtigen muss. Von den vielen Verfahren für die Darstellung solcher Systeme wird man dasjenige wählen, das bei geringstmöglichem Aufwand ein Maximum an Transparenz und Wirklichkeitsnähe bietet. Ein Maß hierfür ist die minimale Zahl der Freiheitsgrade, die gerade noch die Bewegungen des Systems ausreichend beschreiben.

Die Aufteilung in starre und nichtstarre Körper garantiert bereits im ersten Schritt eine Minimierung der Freiheitsgrade, da mit der Modellierung eines Teiles der Systemkomponenten als starre Teilkörper für diese die kleinstmögliche Zahl von Freiheitsgraden gegeben ist. Im zweiten Schritt müssen noch die nichtstarren Systemkomponenten mit jener Minimalzahl von Freiheitsgraden modelliert werden, mit denen zufriedenstellende Realitätsnähe erzielt werden kann. Für linear-elastische Systeme eignen sich die vorgestellten Verfahren nach RAYLEIGH-RITZ und BUBNOV-GALERKIN auf Basis von globalen (modalen) Ansatzfunktionen sehr gut, da man aufgrund von stets vorhandener Strukturdämpfung und deren verstärkte Auswirkung auf höhere Eigenschwingungsmoden (Dissipationsenergie) mit einer nur geringen Anzahl von Ansatzfunktionen und damit von zusätzlichen elastischen Freiheitsgraden auskommt.

Die Bewegungsgleichungen solcher etwas komplizierterer Systeme können mit den in Kapitel 1 vorgestellten Methoden hergeleitet werden. Die Gleichungen für starre Mehrkörpersysteme müssen dann um die nichtstarren Anteile ergänzt werden. Für die Deformationen linear-elastischer Systeme lässt sich stets ein Näherungsansatz im Sinne von RAYLEIGH-RITZ oder BUBNOV-GALERKIN finden, der die einzelnen Deformationen hinreichend genau beschreibt. Ohne auf die Mathematik im Detail einzugehen, sei die Vorgehensweise skizziert:

1. Aufstellen eines mechanischen Ersatzmodells.
2. Festlegen der starren und elastischen (nichtstarren) Teilkörper.
3. Festlegen der günstigsten Koordinatensysteme.
4. Festlegen des Schnittprinzips und der Schnittreaktionen.
5. Auswerten der Relativkinematik mit allen Deformationseffekten (Absolutgeschwindigkeiten und -beschleunigungen, Transformationsmatrizen).
6. Diskretisierung der elastischen Bauteile (Wahl der Ansatzfunktionen, Zahl der elastischen Freiheitsgrade).
7. Wahl der generalisierten Koordinaten der starren Teilkörper.
8. Ermittlung der JACOBI-Matrizen der Translation und Rotation.

9. Herleitung der projizierten Bewegungsgleichungen.
10. Analytische und numerische Behandlung der Bewegungsgleichungen (erste Integrale, Linearisierung, analytische oder numerische Lösung).

Eine ausführliche Betrachtung solcher Probleme findet man in [12, 11, 62].

Abb. 3.17 zeigt ein typisches Beispiel eines elastischen Mehrkörpersystems [59]. Das Ravigneaux-Planetengetriebe wird wegen des geringen Bauraums und der Vielzahl an Schaltmöglichkeiten vorwiegend in Automatikgetrieben von Kraftfahrzeugen eingesetzt. Durch die Wahl unterschiedlicher Festglieder und Antriebswellen lassen sich verschiedene Gesamtübersetzungen realisieren.

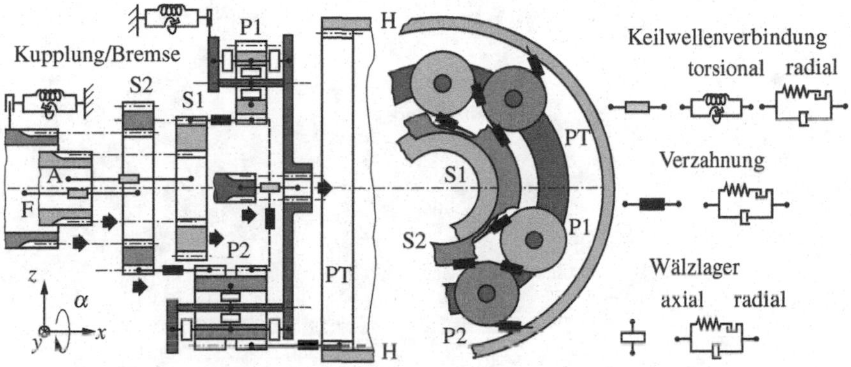

Abb. 3.17: Mechanisches Ersatzmodell eines Ravigneaux-Getriebes [59].

Die Hauptkomponenten des Ravigneaux-Planetengetriebes sind ein kleines und ein großes Sonnenrad $S1$ und $S2$ (kleine Zentralräder), ein Hohlrad H (großes Zentralrad), ein Planetenträger PT (Steg) mit kurzen Planeten $P1$ und langen Planeten $P2$, die Antriebswellen A und die freien Koppelwellen F. Das große Sonnenrad $S2$, die Planeten $P2$ und das Hohlrad H stellen zusammen mit dem Planetenträger PT ein einfaches Planetengetriebe dar. Die Planeten $P1$ des inneren Radsatzes sind auf dem gleichen Steg gelagert. Die Leistung wird über die langen Planeten $P2$ an das gemeinsame Hohlrad H weitergeleitet.

Bei dem in Abb. 3.17 dargestellten Planetengetriebe erfolgt der Abtrieb über das Hohlrad H. Für die Ankopplung des Hohlrads H an die Abtriebswelle existieren verschiedene Konstruktionsvarianten. Sehr oft wird der Ring des Hohlrads H mit dem Abtriebsflansch verschweißt. In diesem Fall sind die planaren elastischen Verformungen des Rings aufgrund der radialen Versteifung sehr gering. Dann ist es zulässig, das Hohlrad als Starrkörper zu modellieren. Wird jedoch ein dünnwandiges Hohlrad über eine Mitnehmerverzahnung nach Abb. 3.17 an den Abtrieb angekoppelt, kann es sich durch vorhandenes Radial- und Flankenspiel verformen und muss in diesem Fall als elastischer Körper abgebildet werden. Analog zu einfachen Planetengetrieben werden die Zahnräder und der Planetenträger PT als Starrkörper mit wahlweise 4 oder 6 Freiheitsgraden abgebildet. Die Kopplung der einzelnen Körper untereinander und mit dem An- und Abtrieb erfolgt beim reduzierten Planetenradsatz über Verzahnungskopplungen, Lagerelemente und Keilwellenverbindungen.

Kapitel 4
Methoden zur nichtlinearen Mechanik

4.1 Allgemeine Anmerkungen

Die Bewegung eines diskreten oder diskretisierten mechanischen Systems wird stets durch nichtlineare gewöhnliche Differentialgleichungen zweiter Ordnung beschrieben (Kapitel 1):

$$\mathbf{M}(\mathbf{q},t)\,\ddot{\mathbf{q}} = \mathbf{h}(\mathbf{q},\dot{\mathbf{q}},t)\ . \tag{4.1}$$

Der Vektor $\mathbf{h}$ enthält dabei Ausdrücke, die höchstens von zweiter Ordnung in den Geschwindigkeiten $\dot{\mathbf{q}}$ sind. Trotz der relativ einfachen Struktur dieses Systems nichtlinearer Gleichungen kann man keine allgemeine Lösung angeben oder das *Superpositionsprinzip* anwenden, also Fundamentallösungen wie im linearen Fall überlagern (Kapitel 2). Ersteres gelingt höchstens für den eindimensionalen Fall, für den der allgemeine Gleichungstyp von der RICCATI'schen Form formal lösbar ist [37]. Spätestens für Systeme mit mehreren Freiheitsgraden und damit auch für kontinuumsmechanische Systeme ist man immer auf Näherungsverfahren und numerische Integrationen angewiesen.

Bei den Näherungsverfahren macht man sich bestimmte Eigenschaften der Differentialgleichungen oder des mechanischen Systems zunutze. Dies gilt einmal für Systeme, bei denen sich die Nichtlinearitäten nur wenig auswirken (*geringe Nichtlinearität*), und zum anderen für *periodische Systeme*. Im ersten Fall kann man die nichtlinearen Terme in den Bewegungsgleichungen nach einem kleinen Parameter entwickeln und erhält dann eine Folge von Differentialgleichungssätzen, von denen jeder Satz eine verbesserte Näherung zum vorhergehenden Satz darstellt. Dies setzt voraus, dass die durchgeführten Entwicklungen konvergieren [52, 53, 27].

Bei nichtlinearen Schwingungssystemen kann man die Periodizitätsbedingung

$$\mathbf{q}(t) = \mathbf{q}(t+T) \tag{4.2}$$

ausnutzen, deren Auswertung jedoch immer auf nichtlineare Gleichungen zur Bestimmung der Periode T führt. Hierfür existieren eine Reihe von Verfahren, die sich insbesondere mit Grenzzykel–Schwingungen befassen. Wir werden auf einige einfache Fälle eingehen.

Prinzipiell lassen sich in der nichtlinearen Mechanik *quantitative* und *qualitative* Verfahren unterscheiden. Letztere versuchen, über eine geometrische Betrachtung der Bewegungsgleichungen Aussagen über das allgemeine Lösungsverhalten zu finden. Hierzu gehören Fragen nach der Stabilität der Bewegung, nach dem Periodizitätsverhalten, nach Lösungsverzweigungen (*Bifurkationen*) und nach möglicherweise auftretenden *chaotischen Bewegungen*. Die Verfahren sind mit den Namen POINCARÉ, LYAPUNOV und in neuerer Zeit mit THOM, THOMPSON, ARNOLD und anderen verknüpft. Diese geometrischen Verfahren dürften auch in weiterer Zukunft einen wesentlichen Beitrag zur Erschließung und zum Verständnis nichtlinearer Bewegungen liefern [72, 3, 71, 76].

Im Rahmen des vorliegenden Textes ist es nicht möglich, die Verfahren der nichtlinearen Mechanik erschöpfend zu behandeln. Hierfür sei auf die Spezialliteratur verwiesen [72, 3, 25, 27, 37, 43, 49]. Für eine erste Einführung betrachten wir einige bewährte Methoden, mit denen man sich bei praktischen Problemen weiterhelfen kann. Im Folgenden demonstrieren wir die quantitativen Verfahren

- Anstückelmethode (strenge Lösung),
- Methode der gewichteten Residuen,
- Harmonische Balance,
- Methode der kleinsten Fehlerquadrate

am Beispiel eines einfachen nichtlinearen Schwingers. Stellvertretend für die qualitativen Verfahren werden wir die LYAPUNOV'sche Stabilitätstheorie betrachten.

Vom praktischen Interesse her besitzen analytische Verfahren und Näherungsmethoden nur dann einen Sinn, wenn daraus Schlüsse für ein besseres Verständnis der Struktur des behandelten Problems gezogen werden können. Aus dieser Sicht heraus muss man gerade bei nichtlinearen Problemen die Wahl der anzuwendenden Methoden besonders sorgfältig vornehmen. Es kann auf der einen Seite sinnvoll sein, sofort auf numerische Integrationsverfahren überzugehen und das Problem der Ergebnis–Interpretation in Kauf zu nehmen. Auf der anderen Seite können auch stark vereinfachte Modelle zu Einsichten führen, die bei numerischer Behandlung oft lange verborgen bleiben oder rechnererzeugten Zahlenbergen mühsam abgerungen werden müssen. Dies rechtfertigt unsere Darstellung einiger Methoden am Beispiel eines Schwingers mit nur einem Freiheitsgrad.

4.2 Phasenebene

Zum qualitativen Verständnis der Dynamik eines nichtlinearen Systems dienen häufig *Phasenporträts* in der *Phasenebene*. Hierzu werden von der zeitliche Entwicklung (Trajektorie, Phasenkurve) im Zustandsraum/Phasenraum zwei Zustandsgrößen ausgewählt und abhängig von ihren Anfangszuständen graphisch gegeneinander aufgetragen (projizierte *Phasenkurve*), üblicherweise Geschwindigkeit und Position. Diese Art der Analyse ist auch für nichtglatte Dynamik geeignet. Am Beispiel des Einmassenschwingers mit Bewegungsgleichung

$$\ddot{x} = -\omega^2 x\,, \tag{4.3}$$

Anfangswert x_0 und verschwindender Anfangsgeschwindigkeit zeigen wir verschiedene Methoden zum Zeichnen des Phasenporträts, was in diesem Fall der Menge der Phasenkurven entspricht.

1. Lösen der Bewegungsgleichung und Elimination der Zeit

$$x(t) = x_0 \cos(\omega t)\,, \tag{4.4}$$

$$\dot{x}(t) = -x_0 \omega \sin(\omega t) \tag{4.5}$$

   ergibt

$$\left(\frac{x}{x_0}\right)^2 + \left(\frac{\dot{x}}{\omega x_0}\right)^2 = \cos^2(\omega t) + \sin^2(\omega t) = 1\,. \tag{4.6}$$

   Diese Gleichung beschreibt Ellipsen im Phasenraum (Abb. 4.1). Man bezeich-

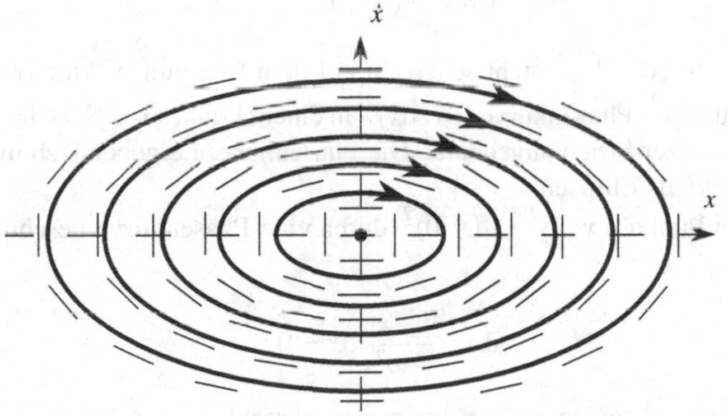

Abb. 4.1: Phasenporträt des Einmassenschwingers.

   net den Punkt $(x\ \dot{x})^T = (0\ 0)^T$ als *stationären Punkt*: die zugehörige Trajektorie verharrt dort für alle Zeiten. Der Umlaufssinn der Phasenkurven ergibt sich aus dem Zusammenhang zwischen x und $\dot{x}$: für $\dot{x} > 0$ wächst x beispielsweise. Da Anfangswertprobleme bei genügend glatter rechter Seite eindeutig lösbar sind, schneiden sich die Phasenkurven nicht. In Abb. 4.1 geht durch jeden Punkt genau eine Phasenkurve; wir können daher sicher sein, dass Abb. 4.1 vollständig ist. Das Phasenporträt stellt nur einen ebenen Schnitt im Phasenraum dar; im Allgemeinen sind in dieser Projektion sich schneidende Kurven möglich (Buchdeckel).

2. Integration der Trajektoriensteigung und Energieerhaltung
Die Steigung einer Phasenkurve

$$\frac{\mathrm{d}\dot{x}}{\mathrm{d}x} = \frac{\ddot{x}}{\dot{x}} = -\frac{\omega^2 x}{\dot{x}} \tag{4.7}$$

kann mit Hilfe der Separation der Variablen umgeformt werden:

$$\omega^2 x \mathrm{d}x = -\dot{x}\mathrm{d}\dot{x}\,. \tag{4.8}$$

Integration ergibt

$$\frac{1}{2}\omega^2 x^2 + \frac{1}{2}\dot{x}^2 = \frac{1}{2}\omega^2 x_0^2 = \frac{E}{m}\,, \tag{4.9}$$

also die bereits hergeleitete Ellipsengleichung. Jede Ellipse kann demnach als Phasenkurve konstanter Energie aufgefasst werden.
3. Isoklinenmethode (Richtungsfeld)
Mit der Steigung (4.7) folgt

$$\begin{pmatrix} \mathrm{d}x \\ \mathrm{d}\dot{x} \end{pmatrix}^T \begin{pmatrix} \omega^2 x \\ \dot{x} \end{pmatrix} = 0\,. \tag{4.10}$$

Die Änderung $\begin{pmatrix} \mathrm{d}x & \mathrm{d}\dot{x} \end{pmatrix}^T$ steht senkrecht auf dem Richtungsvektor $\begin{pmatrix} \omega^2 x & \dot{x} \end{pmatrix}^T$. Die Änderung der Phasenkurve $\begin{pmatrix} \mathrm{d}x & \mathrm{d}\dot{x} \end{pmatrix}^T$ in einem Punkt $\begin{pmatrix} x & \dot{x} \end{pmatrix}^T$ ist in Abb. 4.1 jeweils als kurzer Strich angedeutet. Die Phasenkurven ergeben sich in diesem *Richtungsfeld* als Ellipsen.
Werden die Punkte $\begin{pmatrix} x & \dot{x} \end{pmatrix}^T = \begin{pmatrix} x & 0 \end{pmatrix}^T$ durch eine Phasenkurve geschnitten, so ergibt sich

$$\mathrm{d}x = -\frac{\dot{x}}{\omega^2 x}\mathrm{d}\dot{x} = 0\,. \tag{4.11}$$

Phasenkurven schneiden die x-Achse stets senkrecht.

4.3 Nichtlinearer Schwinger mit einem Freiheitsgrad

Wir betrachten einen einläufigen Schwinger mit einer nichtlinearen Rückstellkraft $r(x)$ gemäß Abb. 4.2. Wenn sonst keine weiteren Kräfte wirken, dann gilt die Bewegungsgleichung

$$m\ddot{x} = -r(x)\,. \tag{4.12}$$

Mit $\ddot{x} = \frac{\mathrm{d}\dot{x}}{\mathrm{d}t}$ (*Einführung der Geschwindigkeit*) und $\mathrm{d}t = \frac{1}{\dot{x}}\mathrm{d}x$ (*Elimination der Zeit* folgt:

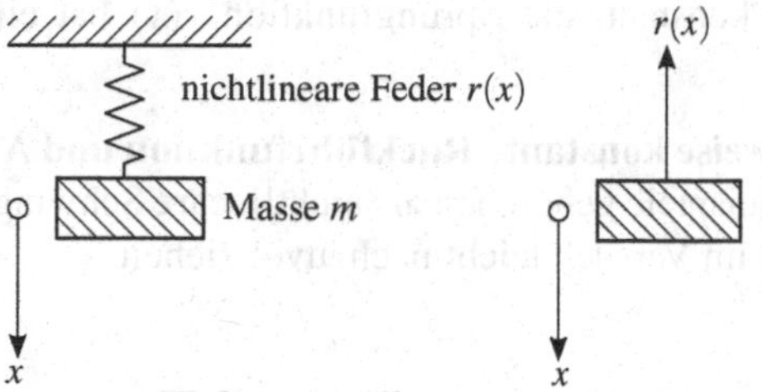

Abb. 4.2: Nichtlinearer Schwinger mit einem Freiheitsgrad.

$$m\dot{x}\mathrm{d}\dot{x} = -r(x)\mathrm{d}x\,. \tag{4.13}$$

Die *Variablen* x und $\dot{x}$ sind *separiert* und können integriert werden:

$$\frac{1}{2}m\dot{x}^2 = E_0 - \int r(x)\mathrm{d}x \tag{4.14}$$

mit $E_0 := \frac{1}{2}m\dot{x}_0^2$. Also gilt

$$\dot{x} = \sqrt{\frac{2}{m}\left(E_0 - \int r(x)\mathrm{d}x\right)} \tag{4.15}$$

und schließlich

$$t(x) = t_0 + \int_0^x \frac{\mathrm{d}x}{\dot{x}} \tag{4.16}$$

woraus man die Umkehrung $x(t)$ berechnet.

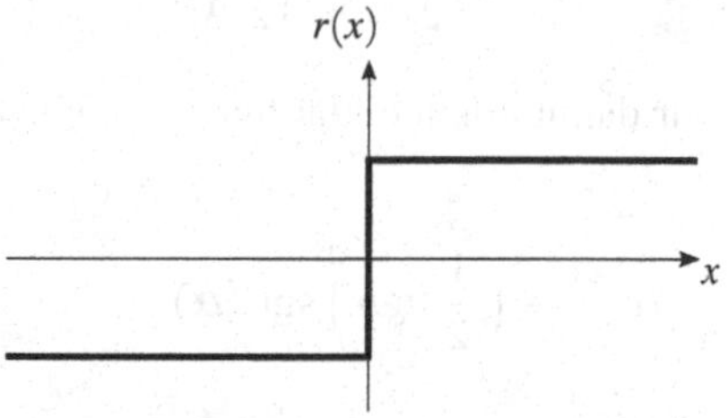

Abb. 4.3: Signum-Funktion.

Diese Zusammenhänge gelten allgemein. Im Folgenden wollen wir die nichtlineare Funktion $r(x)$ spezialisieren:

$$r(x) = r\mathrm{sgn}(x)\,. \tag{4.17}$$

Der Wert von r ist konstant, die Sprungfunktion $r(x)$ hat einen Verlauf gemäß Abb. 4.2.

Beispiel 4.1 (Stückweise konstante Rückführfunktion und Anstückelmethode). Die folgenden drei Beispiele gehorchen als nichtlineare Schwinger Rückführkräften nach (4.17). Sie sind im Versuch leicht nachzuvollziehen.

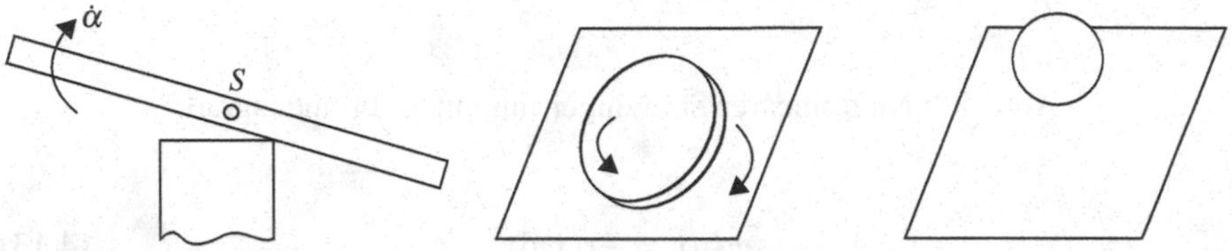

Abb. 4.4: Von Links: Stab auf Klotz, Münze auf Ebene, Ball auf Ebene.

Das erste Beispiel eines auf einem Klotz hin- und herpendelnden Stabes lässt sich leicht nachrechnen, wenn man von den möglichen Stoßverlusten beim Wechsel von R nach L und umgekehrt absieht (Abb. 4.5). Für das Momentengleichgewicht um den Punkt R erhält man:

$$J_R\ddot{\alpha} = -\frac{mgb}{2} . \tag{4.18}$$

Würde der Stab um den Punkt L drehen, gilt bei entsprechender Definition von α:

$$J_L\ddot{\alpha} = \frac{mgb}{2} . \tag{4.19}$$

Für die Massenträgheitsmomente ergibt sich:

$$J = J_R = J_L = J_S + m(\frac{b}{2})^2 = \frac{ml^2}{12}\left(1+3(\frac{b}{l})^2\right) . \tag{4.20}$$

Zusammengefasst haben wir damit einen einläufigen Schwinger (4.12) mit nichtlinearer Rückstellkraft (4.17):

$$J\ddot{\alpha} = -\left(\frac{1}{2}mgb\right)\operatorname{sgn}(\alpha) . \tag{4.21}$$

Betrachten wir zunächst (4.18):

$$\ddot{\alpha} = -\frac{r}{J} = -\frac{6bg}{l^2}\left(\frac{1}{1+3\left(\frac{b}{l}\right)^2}\right) . \tag{4.22}$$

Formale Integration ergibt

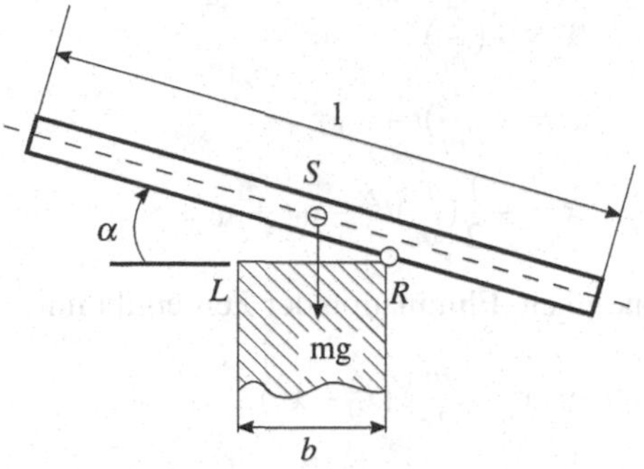

Abb. 4.5: Stab auf Klotz.

$$\dot{\alpha} = -\frac{r}{J}(t-t_0) + C_1 \,, \tag{4.23}$$

$$\alpha = -\frac{1}{2}\frac{r}{J}(t-t_0)^2 + C_1(t-t_0) + C_2 \,. \tag{4.24}$$

Die Konstanten C_1 und C_2 ergeben sich aus den Anfangsbedingungen zum Zeitpunkt $t = t_0$, bei $\dot{\alpha}|_{t_0} = \dot{\alpha}_0$ und $\alpha|_{t_0} = 0$ zu $C_1 = \dot{\alpha}_0$ und $C_2 = 0$. Mit Einführung der Geschwindigkeit, Elimination der Zeit und Separation der Variablen erhält man $\dot{\alpha}\frac{d\dot{\alpha}}{d\alpha} = \ddot{\alpha} = -\frac{r}{J}$ und daher

$$\dot{\alpha}^2 = -2\frac{r}{J}\alpha + \alpha_0^2 \,. \tag{4.25}$$

Damit stellt

$$\dot{\alpha} = \sqrt{\dot{\alpha}_0^2 - 2r\alpha} \tag{4.26}$$

eine Parabel in der Phasenebene $(\alpha, \dot{\alpha})$ dar, deren zweite Hälfte durch *anstückeln* aus der analogen Lösung von (4.19) folgt (Abschnitt 4.3.1 und Abb. 4.6).

4.3.1 Anstückelmethode

Für die stückweise konstante Rückführfunktion $r(x) = r\mathrm{sgn}(x)$ existieren nur zwei Bewegungsbereiche, für die man jeweils Bewegungsgleichungen mit konstanten Koeffizienten erhält:

$$m\ddot{x} = -r \text{ wenn } x > 0 \,, \tag{4.27}$$

$$m\ddot{x} = +r \text{ wenn } x < 0 \,. \tag{4.28}$$

Hierfür kann man die Lösungen analytisch durch elementare Integration angeben und in geeigneter Weise anstückeln. Für $x > 0$ erhält man:

$$\ddot{x} = -(\frac{r}{m}) , \tag{4.29}$$

$$\dot{x} = -(\frac{r}{m})t + \dot{x}_0 , \tag{4.30}$$

$$x = -\frac{1}{2}(\frac{r}{m})t^2 + \dot{x}_0 t + x_0 . \tag{4.31}$$

Einführung der Geschwindigkeit, Elimination der Zeit ergibt mit $x_0 = 0$ und $t_0 = 0$:

$$x = (\frac{m}{2r})\left(\dot{x}_0^2 - \dot{x}^2\right) . \tag{4.32}$$

Dies sind Parabeln in der Phasenebene $(x, \dot{x})$ (Abb. 4.6). Der mit (4.31) beschriebene

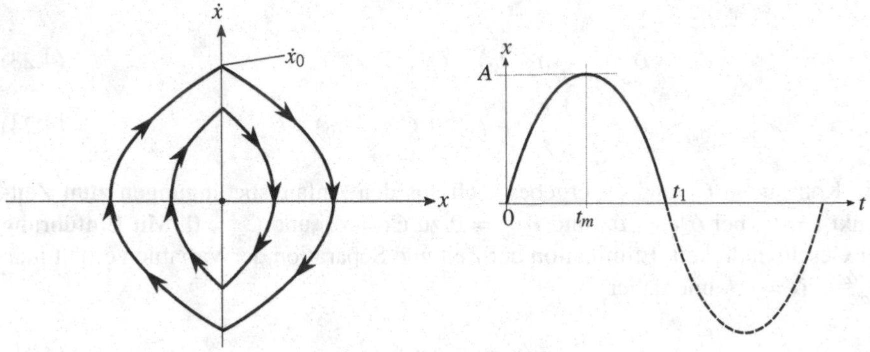

Abb. 4.6: Phasenebene $(x, \dot{x})$ und Zeitverlauf $x(t)$.

Zeitverlauf ist ebenfalls eine Parabel mit den Kenngrößen (Abb. 4.6):

$$t_1 = \frac{2\dot{x}_0 m}{r} , \quad t_m = \frac{t_1}{2} = \frac{\dot{x}_0 m}{r} , \quad A = x(t_m) = \frac{\dot{x}_0^2 m}{2r} . \tag{4.33}$$

An der Stelle $t = t_1$ wird das Vorzeichen von x negativ ($\operatorname{sgn}(x) < 0$), die *strenge Lösung* setzt sich nach unten in Form der gleichen Parabel fort. Demnach erhalten wir als volle Schwingungsdauer:

$$T = 2t_1 = \frac{4\dot{x}_0 m}{r} . \tag{4.34}$$

Drücken wir die Anfangsgeschwindigkeit $\dot{x}_0$ durch die Amplitude A aus

$$\dot{x}_0 = \sqrt{\frac{2Ar}{m}} , \tag{4.35}$$

so ergibt sich

$$T = \frac{4m}{r}\sqrt{\frac{2Ar}{m}} = \sqrt{\frac{32mA}{r}} = 5,66\sqrt{\frac{mA}{r}}\,. \tag{4.36}$$

Die Schwingungsdauer hängt damit von der Amplitude A ab, ein charakteristisches Merkmal für nichtlineare Schwingungen (Abb. 4.7). Ein Versuch mit einer gewor-

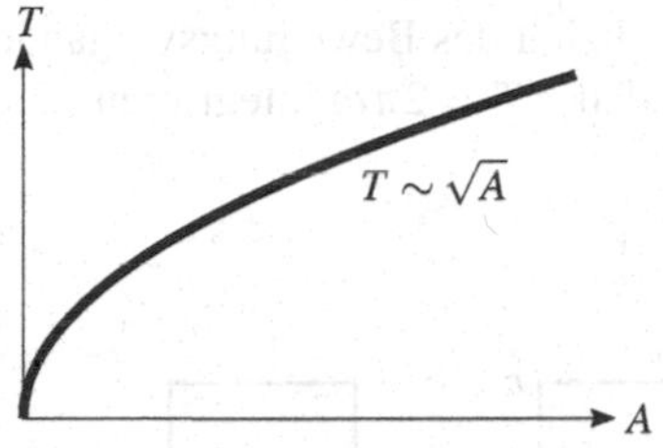

Abb. 4.7: Charakteristische Abhängigkeit $T(A)$.

fenen Münze (Abb. 4.4) wird dies sofort bestätigen. Die Amplitudenabhängigkeit der Schwingungsdauer kann für die Beurteilung von Messungen ein brauchbarer Anhaltspunkt sein.

4.3.2 Methode der gewichteten Residuen

Die grundsätzliche Idee der Methode der gewichteten Residuen wird in Kapitel 3 am Beispiel linearer Systeme vorgestellt. Ihre Anwendbarkeit auf nichtlineare Systeme wollen wir im Folgenden demonstrieren. Dafür approximieren wir die Lösung $x(t)$ der zeitabhängigen (nichtlinearen) Differentialgleichung

$$D[x] = 0 \tag{4.37}$$

durch einen Ansatz

$$x_N(t) = \mathbf{a}^T \mathbf{w}(t) \tag{4.38}$$

mit konstanten Koeffizienten a_i und Ansatzfunktionen $w_i(t)$. Die Faktoren a_i werden nun derart bestimmt, dass das gewichtete Residuum

$$\int w_k(t) D\left[\mathbf{a}^T \mathbf{w}(t)\right] \mathrm{d}t = 0 \tag{4.39}$$

verschwindet. Das Vorgehen kann sowohl für zeit- als auch für ortsabhängige Probleme benutzt werden.

Wir betrachten unser eindimensionales Beispiel $m\ddot{x} = -r(x)$ mit stückweise konstanter Rückführfunktion $r(x) = r\mathrm{sgn}(x)$. Mit dem Ansatz

$$x(t) = A\sin(\omega t) \tag{4.40}$$

ergibt sich nach der Methode der gewichteten Residuen

$$\int_0^{2\pi\omega} [m\ddot{x} + r\mathrm{sgn}(x)]\sin(\omega t)\,\mathrm{d}t = 0\,. \tag{4.41}$$

Hierbei haben wir die Periodizität des Bewegungsvorganges ausgenutzt, indem wir nur über eine Schwingungsdauer $T = 2\pi\omega$ integrieren. Zerlegen wir das Integral in

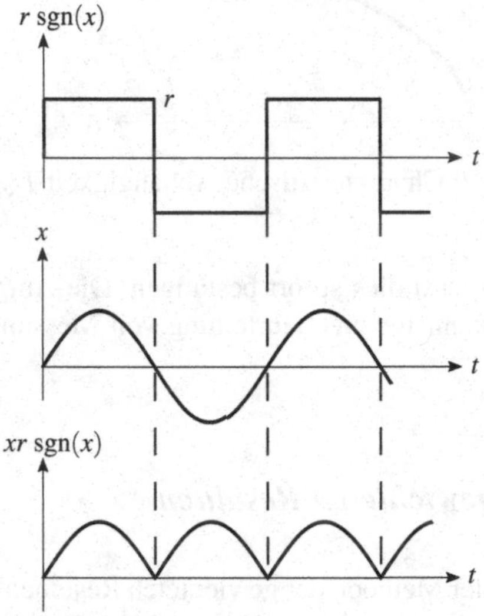

Abb. 4.8: Wirkung der Signum-Funktion.

die zwei Anteile der Sprungfunktion, so erhalten wir (Abb. 4.8)

$$\int_0^{\frac{\pi}{\omega}} \left[-mA\omega^2\sin(\omega t) + r\right]\sin(\omega t)\,\mathrm{d}t + \int_{\frac{\pi}{\omega}}^{\frac{2\pi}{\omega}} \left[-mA\omega^2\sin(\omega t) - r\right]\sin(\omega t)\,\mathrm{d}t = 0 \tag{4.42}$$

und nach Integration

$$-2\left[mA\omega^2\left(\frac{\pi}{2\omega}\right)\right] + 2\left[\frac{2r}{\omega}\right] = 0\,. \tag{4.43}$$

Damit ergibt sich für Eigenkreisfrequenz und Schwingungsdauer

$$\omega^2 = \frac{4r}{\pi m A}\,, \tag{4.44}$$

$$T = \frac{2\pi}{\omega} = \sqrt{\frac{\pi^3 m A}{r}} = 5,57\sqrt{\frac{mA}{r}}\,. \tag{4.45}$$

Dies bedeutet einen Fehler in der Schwingungsdauer gegenüber der strengen Lösung $T = 5,66\sqrt{\frac{mA}{r}}$ in (4.36) von etwa $1,6\%$.

4.3.3 Harmonische Balance

Die *harmonische Balance* wird auch als *harmonische Linearisierung* bezeichnet und ersetzt die nichtlineare Schwingungsdifferentialgleichung durch eine lineare Schwingungsdifferentialgleichung, die im zeitlichen Mittel über eine Periode die tatsächliche Bewegung möglichst gut approximiert. Im Beispiel mit stückweise konstanter Rückführfunktion bedeutet dies,

$$m\ddot{x} + r\,\mathrm{sgn}(x) = 0 \tag{4.46}$$

durch

$$m\ddot{x} + cx = 0 \tag{4.47}$$

zu ersetzen. Hierbei ist cx die *lineare Ersatzfunktion* für die stückweise konstante Rückführfunktion $r(x)$. Bei uns ist die Rückführfunktion ungerade:

$$r(x) = -r(-x)\,, \tag{4.48}$$

$$r(0) = 0\,. \tag{4.49}$$

Wir benutzen daher den ungeraden Ansatz

$$x(t) = A\sin(\omega t) \tag{4.50}$$

und entwickeln $r(x)$ in eine FOURIER-Reihe:

$$r(x) = \sum_{\nu=1}^{\infty} a_\nu \sin(\nu\omega t)\,. \tag{4.51}$$

Von der FOURIER-Reihe berücksichtigen wir nur die Grundharmonische

$$cA\sin(\omega t) = cx = r(x) \approx a_1 \sin(\omega t) \tag{4.52}$$

und erhalten eine Beziehung für den *Ersatzkoeffizienten*

$$c = \frac{a_1}{A}\,. \tag{4.53}$$

Da $r(x)$ eine ungerade Funktion ist, ergibt sich für den FOURIER-Koeffizienten

$$a_1 = 2\frac{2}{T}\int_0^{\frac{T}{2}} r\,\mathrm{sgn}\,(A\sin(\omega t))\sin(\omega t)\,\mathrm{d}t\,. \tag{4.54}$$

Im betrachteten Intervall ist das Vorzeichen von $A\sin(\omega t)$ positiv (Abb. 4.8):

$$a_1 = \frac{4r}{T}\int_0^{\frac{T}{2}} \sin(\omega t)\,\mathrm{d}t = -\frac{2r}{\pi}\cos(\frac{2\pi}{T})\Big|_0^{\frac{T}{2}} = \frac{4r}{\pi}\,. \tag{4.55}$$

Damit erhalten wir für den Ersatzkoeffizienten

$$c = \frac{a_1}{A} = \frac{4r}{\pi A} \tag{4.56}$$

und die lineare Ersatzdifferentialgleichung wird

$$m\ddot{x} + \left(\frac{4r}{\pi A}\right)x = 0 \tag{4.57}$$

mit der Eigenkreisfrequenz und der Schwingungsdauer

$$\omega^2 = \frac{4r}{\pi m A}\,, \tag{4.58}$$

$$T = \frac{2\pi}{\omega} = \sqrt{\frac{\pi^3 m A}{r}} = 5{,}57\sqrt{\frac{mA}{r}}\,. \tag{4.59}$$

Wir erhalten für diesen Fall die gleiche Näherung wie bei der Methode der gewichteten Residuen.

4.3.4 Methode der kleinsten Fehlerquadrate

Wie bei der harmonischen Balance streben wir eine lineare Ersatzdifferentialgleichung an, indem wir die Differenz

$$\Delta = r(x) - cx \tag{4.60}$$

der nichtlinearen Differentialgleichung

$$m\ddot{x} + r(x) = 0 \tag{4.61}$$

und der linearen Ersatzgleichung

$$m\ddot{x} + cx = 0 \tag{4.62}$$

im Sinne der *kleinsten Fehlerquadrate* über eine Periode quadratisch gemittelt minimieren:

$$\bar{\Delta}^2 = \frac{1}{T}\int_0^T [r(x) - cx]^2\,\mathrm{d}t \to \min\,. \tag{4.63}$$

Eine notwendige Bedingung für das Minimum erfüllt

$$0 = \left(\frac{\partial \bar{\Delta}^2}{\partial c}\right) = \frac{2}{T}\int_0^T [r(x) - cx]\,x\mathrm{d}t\,. \tag{4.64}$$

Damit ist

$$c = \frac{\int_0^T r(x)x\mathrm{d}t}{\int_0^T x^2\mathrm{d}t}\,. \tag{4.65}$$

Im Beispiel mit stückweise konstanter Rückführfunktion wählen wir für $x(t)$ den Ansatz

$$x(t) = A\sin(\omega t) \tag{4.66}$$

und setzen ihn in (4.65) ein:

$$c = \frac{\int_0^{\frac{T}{2}} rA\sin(\omega t)\,\mathrm{d}t - \int_{\frac{T}{2}}^T rA\sin(\omega t)\,\mathrm{d}t}{\int_0^T A^2\sin^2(\omega t)\,\mathrm{d}t} = \frac{4r}{\pi A}\,. \tag{4.67}$$

Dies ist das gleiche Ergebnis wie bei der harmonischen Balance. In beiden Fällen wird ein Ersatzkoeffizient c mit ähnlicher Methode berechnet, denn der FOURIER-Reihenentwicklung bei der harmonischen Balance liegt schließlich auch die Methode der kleinsten Fehlerquadrate zugrunde.

4.3.5 Praktisches Anwendungsbeispiel

Ein sehr schönes Beispiel für die praktische Anwendung der vorgestellten Verfahren bietet das Geräuschproblem eines Schiffswendegetriebes [56]. Ein solches Getriebe besteht aus einer Antriebswelle mit zwei Zahnrädern und zwei Kupplungen, bestehend aus einer Zwischenwelle mit ebenfalls zwei Zahnrädern und aus einer Abtriebswelle mit einem Zahnrad. Der Antrieb erfolgt mit einem 340 PS V8 Motor, der Abtrieb treibt den Propeller an (Abb. 4.9). Die Umschaltung von Gleichlauf auf Gegenlauf und umgekehrt erfolgt mit den beiden Kupplungen. Alle Zahneingriffe und Kupplungsverbindungen besitzen Spiel.

Ausgangspunkt der angestellten Untersuchungen sind die durch den unrund laufenden Motor angeregten Klapper- und Rasselgeräusche in den spielbehafteten Verbindungen abhängig vom Schalt- und Betriebszustand. Die mit den nichtglatten

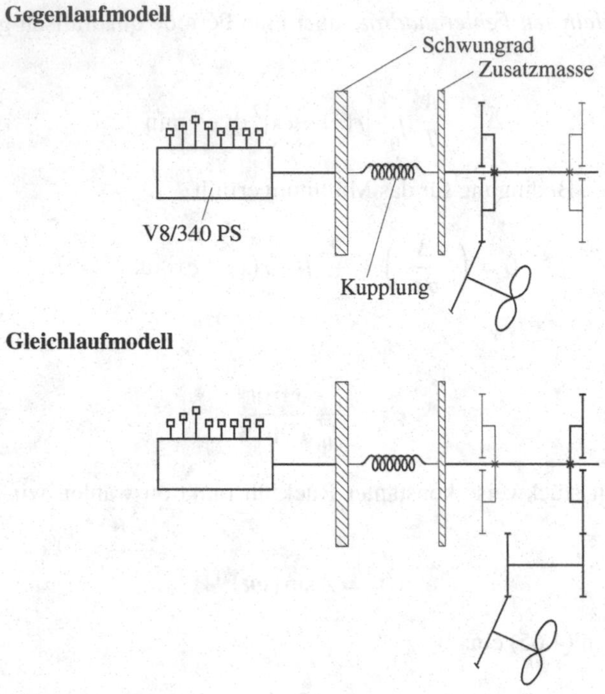

Abb. 4.9: Schema des Schiffswendegetriebes.

Theorien [55] durchgeführten Rechnungen brachten zwar einige Verbesserungen, aber nicht den erhofften Durchbruch. Dieser konnte erst mit Hilfe einer industrieseitig entstandenen Idee einer Spezialkupplung mit einem einstellbaren Drehspiel bis zu $\pm 35°$ erreicht werden. Modellrechnungen und die zugehörigen Tests zeigten eine drastische Geräuschreduktion bei einem Verdrehspiel von etwa $\pm 17°$. Abb. 4.10a zeigt die qualitativen Verhältnisse.

Eine physikalische Erklärung wollen wir mit Hilfe der Methode der kleinsten Fehlerquadrate geben. Zu diesem Zweck betrachten wir einen einfachen Einmassenschwinger mit Dämpfung, Spiel und einer Anregung (Abb. 4.10b). Das Spiel wird über eine geknickte Kennlinie erfasst. Die zu diesem Modell gehörigen Bewegungsgleichungen lauten in dimensionsloser Form

$$\xi'' + D\xi' + \varphi(\xi) = \varphi_0 \cos\tau \tag{4.68}$$

mit $\xi = \frac{x}{v}$, $\tau = \Omega t$, $(.)' = \frac{\mathrm{d}}{\mathrm{d}\tau}$, $D = \frac{d}{m\Omega}$, $\varphi(\xi) = \frac{F(x)}{m\Omega^2 v}$, $\varphi_0 = \frac{F_0}{m\Omega^2 v}$ und $\eta = \frac{c}{m\Omega^2}$. Die Kraftkopplung in Form einer geknickten Kennlinie hat die drei Bereiche

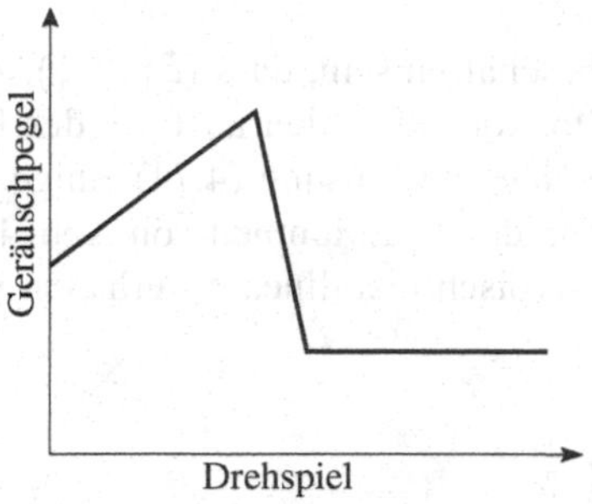

(a) Geräuschpegel über Drehspiel.

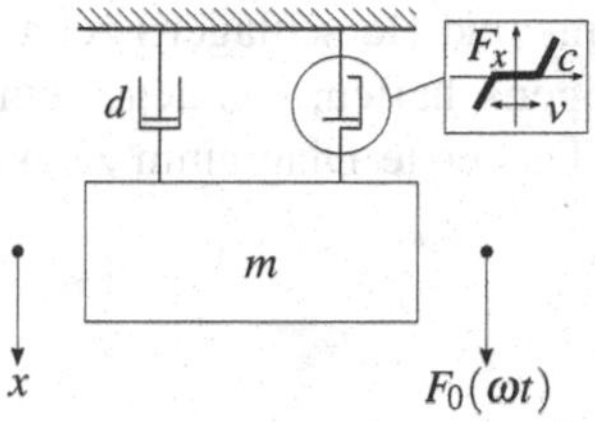

(b) Einmassenschwinger mit Spiel.

Abb. 4.10: Analyse des Schiffswendegetriebes.

$$\varphi(\xi) = \eta(\xi - \frac{1}{2}) \quad \text{für} \quad \xi > +\frac{1}{2}\,, \tag{4.69}$$

$$\varphi(\xi) = \eta(\xi + \frac{1}{2}) \quad \text{für} \quad \xi < -\frac{1}{2}\,, \tag{4.70}$$

$$\varphi(\xi) = 0 \quad \text{für} \quad -\frac{1}{2} \leq \xi \leq +\frac{1}{2}\,. \tag{4.71}$$

Entsprechend der Idee der Methode der kleinsten Fehlerquadrate (Abschnitt 4.3.4) führen wir eine Ersatzdifferentialgleichung

$$\xi'' + D\xi' + \eta_0\xi = \varphi_0 \cos\tau \tag{4.72}$$

ein und minimieren den Fehler dieser Näherung verglichen mit der nichtlinearen Ausgangsgleichung im Sinne der kleinsten Quadrate. Dementsprechend muss das Quadrat der Differenz von (4.68) und (4.72) über eine Periode ($T = \frac{\Omega}{2\pi}$) betrachtet werden:

$$\frac{1}{T}\int_0^T [\varphi(\xi) - \eta_0\xi]^2 \mathrm{d}t \to \min \quad \text{oder} \quad \int_0^T [\varphi(\xi) - \eta_0\xi]\xi \mathrm{d}t = 0\,. \tag{4.73}$$

Diese Bestimmungsgleichung für die optimale Ersatzfeder η_0 kann man mit Hilfe der drei Bereiche (4.69)-(4.71) auswerten. Mit bekanntem η_0 ergibt sich aus (4.72) die Amplitude und die Phase der Näherung. Es ist

$$(\frac{\xi_0}{\varphi_0}) = (m\omega^2)(\frac{x_0}{F_0}) = \frac{1}{\sqrt{(1-\eta_0)^2 + D^2}}\,, \quad \tan\psi = (\frac{D}{1-\eta_0}) \tag{4.74}$$

mit

$$\eta_0 = (\frac{2\eta}{\pi\xi_0}) \left[\xi_0 \arccos(\frac{1}{2\xi_0}) - \frac{1}{2}\sqrt{1-(\frac{1}{2\xi_0})^2} \right] . \quad (4.75)$$

Die Lösungen ($\xi_0 = \frac{x_0}{v}$) müssen demnach so beschaffen sein, dass ($\xi_0^2 \geq \frac{1}{4}$). Andernfalls gibt es nur einseitige oder gar keine Stoßkontakte. Aber auch für den Fall des regulären Hin- und Herschlagens zeigt die Näherungslösung (4.74) einige bemerkenswerte Eigenschaften, von denen einige in den Diagrammen von Abb. 4.11 dargestellt sind. Das erste Diagramm zeigt das typisch nichtlineare Verhalten von

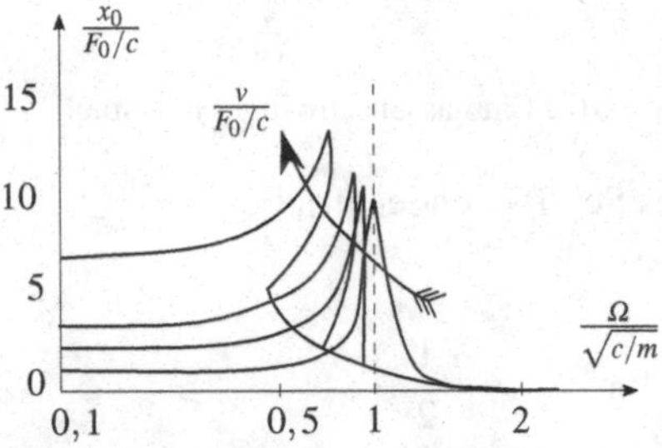

(a) Überlineare Resonanzkurve.

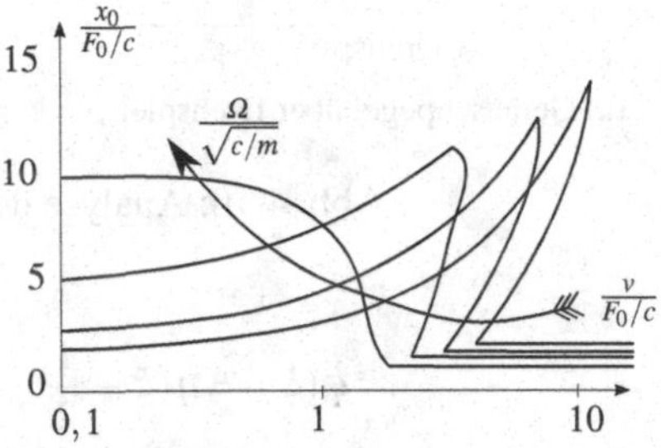

(b) Sprungcharakter.

Abb. 4.11: Wesentliche Parametereinflüsse beim Rasseln im Spiel.

Resonanzkurven bei Systemen mit Spiel. Durchläuft man die Resonanzkurven von links nach rechts, so biegen die Kurven nach rechts ab und zeigen damit ein Verhalten, das man überlinear (versteifend) nennt. Ein unterlineares Verhalten ergibt sich dann, wenn die Kurven nach links abbiegen. Auch das ist im ersten Bild zu erkennen, wenn auch sehr schwach. Das überlineare Verhalten überwiegt. Weiterhin erkennt man, dass sich mit wachsendem Spiel der Sprungcharakter der Schwingung beim Durchlaufen der Resonanzkurve mit sinkender oder steigender Anregungsfrequenz verstärkt, je nach Parameterlage.

Das zweite Diagramm verdeutlicht die Abhängigkeit vom Spiel selbst. Zum Sprung kommt es bei wachsendem Spiel und einer bestimmten Kombination von Anregungsfrequenz, Anregungsamplitude, Federsteifigkeit und Masse. Man kann diesen Effekt nutzen, um die Ausgangsamplitude x_0 drastisch zu senken. Genau das ist beim oben vorgestellten Schiffsantrieb geschehen. Denn die gezeigten Kurven sind dem Rasselgeräusch proportional, das man damit ganz erheblich beeinflussen kann.

4.4 Stabilität der Bewegung

Es existiert eine verwirrende Zahl von *Stabilitätsbegriffen*. Man spricht von linearer, nichtlinearer, statischer, dynamischer, energetischer, globaler, totaler, schwacher, starker, asymptotischer Stabilität, von Stabilität im Großen und im Kleinen. Die Differenzierungen kann man der Literatur entnehmen [28, 37, 50]. Im Folgenden betrachten wir

- Stabilität von Ruhezuständen,
- Stabilität von Orbits.

Bei allgemeinen Stabilitätsdefinitionen spielt der Begriff der *Norm* eine wichtige Rolle. Man braucht ein nicht-negatives Maß, eine Norm, für die Abweichungen von einem Referenzzustand. Eine Betrachtung der Schranken für ein derartiges Maß lässt eine Aussage über das qualitativ-globale Bewegungsverhalten und damit über die Stabilität einer solchen Bewegung zu. Einige Beispiele von Normen sind die euklidische oder die gewichtete euklidische Norm sowie die arithmetische Norm:

$$\| \mathbf{x} \|_2 = \sqrt{\sum x_i^2} = \sqrt{\mathbf{x}^T\mathbf{x}}\,, \tag{4.76}$$

$$\| \mathbf{x} \|_{2,\mathbf{R}} = \sqrt{\mathbf{x}^T\mathbf{R}\mathbf{x}} \quad \text{mit} \quad \mathbf{R} = \mathbf{R}^T > 0\,, \tag{4.77}$$

$$\| \mathbf{x} \|_1 = \sum | x_i |\,. \tag{4.78}$$

Normen besitzen folgende Eigenschaften:

$$\| \mathbf{x} \| \geq 0 \quad \text{und} \; \| \mathbf{x} \| = 0 \Rightarrow \mathbf{x} = 0\,, \tag{4.79}$$

$$\| \alpha\mathbf{x} \| = | \alpha | \| \mathbf{x} \| \quad \text{für} \quad \alpha \in \mathbb{R}\,, \tag{4.80}$$

$$\| \mathbf{x}+\mathbf{y} \| \leq \| \mathbf{x} \| + \| \mathbf{y} \|\,. \tag{4.81}$$

4.4.1 Allgemeine Stabilitätsdefinitionen

Die Aufspaltung der im Allgemeinen nichtlinearen Bewegungsgleichungen in die Sollbewegung und in die Störbewegung wird in Kapitel 2 diskutiert. Die Sollbewegung kann dabei auch ein Ruhezustand sein, stellt im allgemeineren Fall jedoch eine nichtlineare Bewegungsform dar:

$$\mathbf{q}(t) = \mathbf{q}_0(t) + \eta_{\mathbf{q}}(t)\,. \tag{4.82}$$

Bilden wir für den Störvektor $\eta_{\mathbf{q}}(t)$ die Norm

$$\| \eta_{\mathbf{q}} \| = \sqrt{\eta_{\mathbf{q}}^T \eta_{\mathbf{q}}}\,, \tag{4.83}$$

so können wir über die folgenden Stabilitätsdefinitionen die Sätze von LAGRANGE und DIRICHLET in Kapitel 2.4 verallgemeinern [42] (Abb. 4.12, links):

Stabilitätsdefinition nach LYAPUNOV:

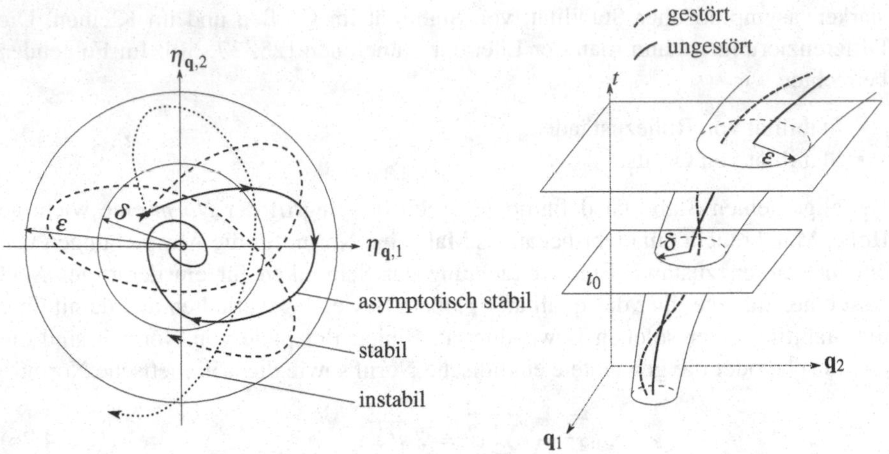

Abb. 4.12: Veranschaulichung der Stabilitätsbegriffe: $\| \eta_{\mathbf{q}}(t_0) \| < \delta$ impliziert $\| \eta_{\mathbf{q}}(t) \| < \varepsilon$

- Eine ungestörte Bewegung (Ruhezustand) $\mathbf{q}_0$ eines dynamischen Systems heißt *stabil*, wenn es zu jeder reellen Konstanten $\varepsilon > 0$ eine reelle Konstante $\delta(\varepsilon) > 0$ gibt, so dass aus $\| \eta_{\mathbf{q}}(t_0) \| < \delta$ stets $\| \eta_{\mathbf{q}}(t) \| < \varepsilon$ für alle $t \geq t_0$ folgt.
- Die ungestörte Bewegung (Ruhezustand) heißt *asymptotisch stabil*, wenn sie stabil ist und $\lim_{t\to\infty} \| \eta_{\mathbf{q}}(t) \| = 0$ gilt.
- Die ungestörte Bewegung (Ruhezustand) heißt *grenzstabil*, wenn sie stabil, aber nicht asymptotisch stabil ist.

Beispiel 4.2 (Schwerependel). Aus der Anschauung folgt, dass ein Schwerependel (Abb. 4.13) zwei Ruhezustände besitzt, nämlich für $\varphi = 0$ und $\varphi = \pm\pi$. Man weiß, dass die Lage $\varphi = 0$ stabil, diejenige bei $\varphi = \pm\pi$ instabil ist. Der geringste Anstoß wird ein auf dem Kopf stehendes Pendel zum Umschlagen bringen. Die Eigenschaften dieser beiden Ruhezuständen weisen einige typische Merkmale auf, die wir uns im Folgenden anschauen wollen.

Die Bewegungsgleichung für das Schwerependel lautet

$$\ddot{\varphi} + \omega^2 \sin\varphi = 0 \quad \text{mit} \quad \omega^2 = \frac{mgl}{J} . \tag{4.84}$$

Dabei ist J das Trägheitsmoment um den Lagerpunkt. Einführen der Geschwindigkeit und Elimination der Zeit liefert

$$\dot{\varphi}\mathrm{d}\dot{\varphi} + \omega^2 \sin\varphi\mathrm{d}\varphi = 0 \tag{4.85}$$

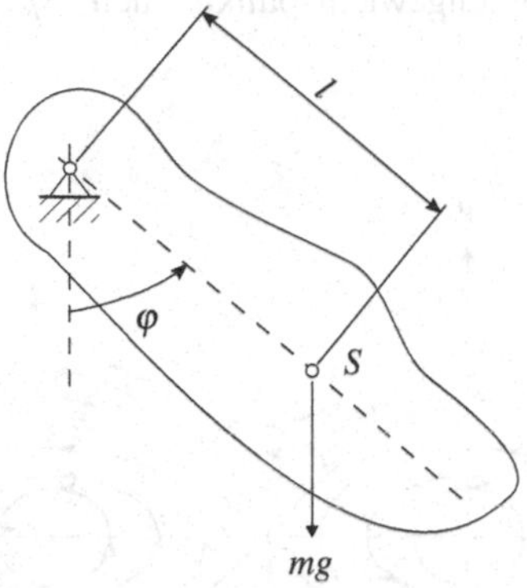

Abb. 4.13: Schwerependel.

und nach Integration die Energieerhaltung

$$\frac{1}{2}\dot{\varphi}^2 - \omega^2 \cos\varphi = c_1 \,. \tag{4.86}$$

Betrachten wir jeweils nur kleine Störungen η_φ um die beiden Ruhezustände, so lassen sich (4.84) und (4.86) in TAYLOR-Reihen entwickeln:

- Unterer Ruhezustand $\varphi_0 = 0$, $\varphi = \eta_\varphi$:

$$\ddot{\eta}_\varphi + \omega^2 \eta_\varphi = 0 \,, \tag{4.87}$$

$$\dot{\eta}_\varphi^2 + \omega^2 \eta_\varphi^2 = c_2 \,. \tag{4.88}$$

- Oberer Ruhezustand $\varphi_0 = \pm\pi$, $\varphi = \pm\pi + \eta_\varphi$:

$$\ddot{\eta}_\varphi - \omega^2 \eta_\varphi = 0 \,, \tag{4.89}$$

$$\dot{\eta}_\varphi^2 - \omega^2 \eta_\varphi^2 = c_2 \,. \tag{4.90}$$

Die Lösung für den Ruhezustand $\varphi_0 = 0$ ergibt eine Dauerschwingung

$$\eta_\varphi = \eta_{\varphi_0} e^{j\omega t} \,. \tag{4.91}$$

Nach LYAPUNOV ist diese grenzstabil. Gleichung (4.88) beschreibt in der Phasenebene $(\varphi, \dot{\varphi})$ eine Ellipse. Man nennt derartige Gleichgewichtspunkte daher auch *elliptische Punkte*. Sie sind immer stabil.

Die Lösung für den Ruhezustand $\varphi_0 = \pm\pi$ ergibt eine aufklingende Bewegung

$$\eta_\varphi = \eta_{\varphi_0} e^{\omega t} \,. \tag{4.92}$$

Die Stabilitätsdefinitionen nach LYAPUNOV sind nicht erfüllt. Das System ist instabil. Gleichung (4.90) beschreibt in der Phasenebene $(\varphi, \dot{\varphi})$ eine Hyperbel. Man nennt deshalb derartige Gleichgewichtspunkte auch *hyperbolische Punkte*. Sie sind immer instabil.

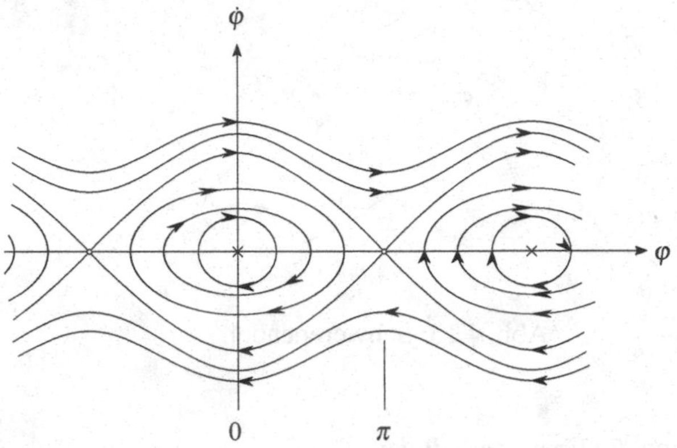

Abb. 4.14: Phasendiagramm für das Schwerependel.

In Abb. 4.14 sind die Phasenkurven für sämtliche Energieniveaus des Schwerependels zusammengefasst. Man erkennt die Einzugsbereiche der stabilen elliptischen Punkte $\varphi_0 = 2\pi\nu$ und der instabilen hyperbolischen Punkte $\varphi_0 = \pm(2\nu+1)\pi$. Die darüber liegenden Kurvenzüge repräsentieren Zustände mit so viel Energie, dass das Pendel überschlägt. Die Kurven durch die instabilen Punkte $\varphi_0 = \pm(2\nu+1)\pi$ trennen diese zwei Bewegungsbereiche. Sie bilden eine *Separatrix*.

Die Stabilitätsdefinition von LYAPUNOV bezieht sich auf Ruhezustände; sie ist also punktbasiert. Betrachten wir die rechte Skizze in Abb. 4.12 so bedeutet eine direkte Anwendung dieser Stabilitätsdefinition auf allgemeine Sollbewegungen eine Stabilität im sogenannten *Bewegungsraum* mit Zeitabhängigkeit. Benachbarte Punkte werden auch im Laufe der Zeit benachbart bleiben. Die *orbitale Stabilität* oder *Bahnstabilität* fordert hingegen nur, dass gesamte Trajektorien benachbart bleiben ohne die zeitliche Veränderung einzelner Punkte zu berücksichtigen. Man arbeitet für diesen Begriff im *Phasenraum*, also ohne Zeitabhängigkeit.

Beispiel 4.3 (Orbitale Stabilität eines Kugelpendels). Wir betrachten Abb. 4.15 und Beispiel 2.1.

Ein Kugelpendel ist bezüglich ϑ gegenüber kleinen Störungen stabil

$$|\,\vartheta - \vartheta_0\,| < \varepsilon_\vartheta\,.$$

Aber ε_ψ mit $|\,\psi - \psi_0\,| < \varepsilon_\psi$ für alle $t \geq t_0$ kann im Allgemeinen nicht gefunden werden, $\dot{\psi}_0(t)$ ist schließlich eine zeitabhängige Sollbewegung. In jedem Falle ist jedoch die gestörte Bahn als gesamte Trajektorie benachbart zur ursprünglichen Bahn: das Kugelpendel ist orbital stabil.

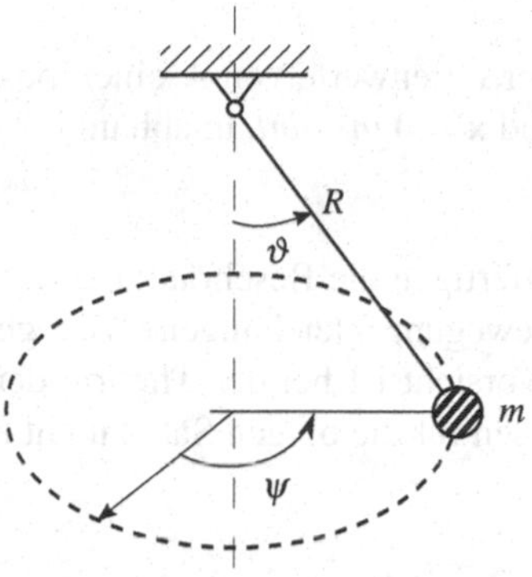

Abb. 4.15: Kugelpendel.

4.4.2 Stabilität der ersten Näherung

Die *erste* LYAPUNOV*'sche Methode*, die sogenannte *Stabilität der ersten Näherung*, beurteilt das Stabilitätsverhalten einer Sollbewegung auf Basis des linearen Störanteils. Welche zusatzliche Rolle der nichtlineare Störanteil spielt, hat LYAPUNOV in drei Stabilitätssätzen festgehalten [11, 12].

Wir gehen von den Bewegungsgleichungen in Zustandsform aus

$$\dot{\mathbf{x}} = \mathbf{f}(\mathbf{x},t) \tag{4.93}$$

und nehmen an, dass $\mathbf{f}(\mathbf{0},t) = \mathbf{0}$ ein Ruhezustand ist. In der TAYLOR-Entwicklung

$$\dot{\mathbf{x}} = \mathbf{f}(\mathbf{x},t) = \underbrace{\mathbf{f}(\mathbf{0},t)}_{=\mathbf{0}} + \mathbf{A}(t)\mathbf{x} + \mathbf{h}(\mathbf{x},t) \tag{4.94}$$

ist $\mathbf{h}(x,t)$ eine Vektorfunktion, die keine linearen Anteile mehr enthält. Die Zerlegung von $\mathbf{f}(\mathbf{x},t)$ erscheint sinnvoll, weil die Stabilität der Sollbewegung durch linear gestörte Nachbarbewegungen dominiert wird.

Beschränken wir uns auf autonome (zeitinvariante) Systeme

$$\dot{\mathbf{x}} = \mathbf{A}\mathbf{x} + \mathbf{h}(\mathbf{x}) \ , \tag{4.95}$$

so gelten die folgenden

Stabilitätssätze von LYAPUNOV:

- Wenn alle Eigenwerte λ_i von $\mathbf{A}$ negative Realteile haben, dann ist der Ruhezustand $\mathbf{x} = \mathbf{0}$ *asymptotisch stabil*, unabhängig von $\mathbf{h}(x)$.

- Wenn auch nur einer der Eigenwerte von $\mathbf{A}$ einen positiven Realteil hat, dann ist der Ruhezustand $\mathbf{x} = \mathbf{0}$ *instabil*, unabhängig von $\mathbf{h}(x)$.

Diese beiden Sätze rechtfertigen die Beschränkung der Untersuchungen auf die erste Näherung (lineare Bewegungsgleichungen). Sie gelten auch im Falle von mehrfachen Eigenwerten. Vorsicht ist bei der Theorie der ersten Näherung geboten, wenn die Voraussetzungen für die obigen Sätze nicht erfüllt sind:

- Wenn die Matrix $\mathbf{A}$ keine Eigenwerte mit positivem Realteil, aber solche mit verschwindendem Realteil hat, dann entscheiden die Funktionen $\mathbf{h}(x)$ über das Stabilitätsverhalten.

Die wichtigste Frage bei der Anwendung der Theorie der ersten Näherung ist also die nach der Beschaffenheit der Eigenwerte der Matrix $\mathbf{A}$. Diese Frage kann mit den Mitteln aus Kapitel 2.4 beantwortet werden. Den Fall verschwindender Realteile kann man zum einen mit Hilfe der sogenannten *Zentrumsmannigfaltigkeitsreduktion* [25] begegnen oder mit der direkten Methode nach LYAPUNOV im nächsten Abschnitt.

4.4.3 Stabilität nichtlinearer Systeme

Liegt ein *kritischer Fall* gemäß dem dritten Stabilitätssatz von LYAPUNOV aus dem letzten Abschnitt vor oder lassen sich die nichtlinearen allgemeinen Bewegungsgleichungen im Falle von Unstetigkeiten nicht in einen linearen und nichtlinearen Anteil zerlegen, dann muss man eine Stabilitätsaussage direkt anhand der nichtlinearen Bewegungsgleichungen finden. Man möchte dabei gerne das Bewegungsverhalten beschreiben, ohne die Differentialgleichungen lösen zu müssen. LYAPUNOV hat 1892 dieses Problem im Rahmen seiner *zweiten (direkten) Methode* durch Einführen einer Testfunktion $V(\mathbf{x})$ gelöst, die Ähnlichkeit mit der Energie des Systems besitzt. Wenn diese Testfunktion V gewisse Bedingungen erfüllt, ist die betrachtete Bewegung stabil und V heißt LYAPUNOV-Funktion.

Bevor wir uns die Geometrie dieser Testfunktion V genauer ansehen, sei an die Stabilitätssätze von LAGRANGE und DIRICHLET aus Kapitel 2.4 erinnert. Dort war die Stabilität eines Ruhezustands mit dem Minimum der potentiellen Energie V verknüpft. Es liegt also nahe, sich zunächst unter dieser mit gleichen Buchstaben benannten LYAPUNOV-Funktion V eine Energie vorzustellen. Häufig (aber nicht immer) ist es auch ausreichend, als Testfunktion die Gesamtenergie einzusetzen. Stellen wir uns $V(\mathbf{x})$ als eine n-dimensionale Tasse im Zustandsraum $\mathbf{x} \in \mathbb{R}^{2f}$ vor, so muss diese Tasse in Verbindung mit den nichtlinearen Bewegungsgleichungen ganz bestimmte Eigenschaften besitzen, um eine Stabilitätsaussage liefern zu können (Abb. 4.16). Der Übersicht halber beschränken wir uns wieder auf ein autono-

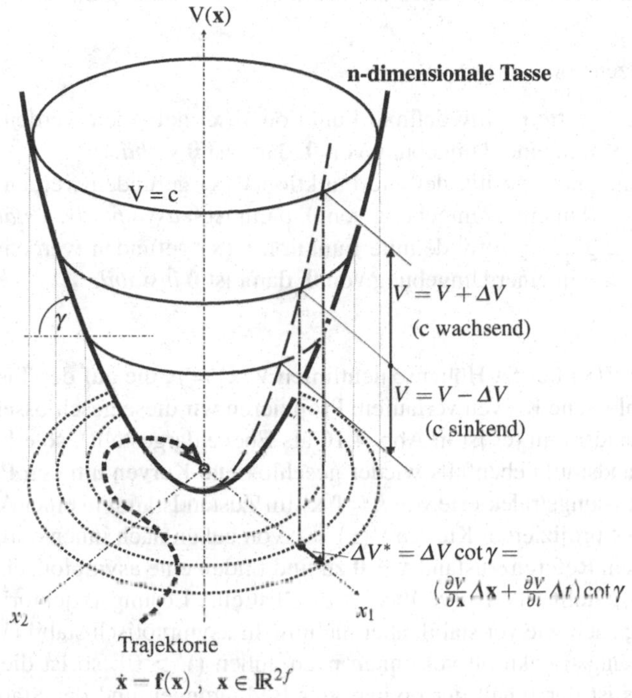

Abb. 4.16: n-dimensionale Tasse $V(\mathbf{x})$ im Zustandsraum.

mes System

$$\dot{\mathbf{x}} = \mathbf{f}(\mathbf{x}) \tag{4.96}$$

mit Ruhezustand $\mathbf{f}(\mathbf{0}) = \mathbf{0}$, obwohl das nichtautonome System $\dot{\mathbf{x}} = \mathbf{f}(\mathbf{x}, t)$ lediglich eine mit der Zeit wandernde und verformte Tasse bedeuten würde. Die Lösung der Bewegungsgleichungen stellt eine Bahn im Zustandsraum dar, die wir nicht kennen und um deren Ermittlung wir uns auch in diesem Zusammenhang nicht kümmern wollen. Unsere Tassenvorstellung besitzt nun die Eigenschaft, dass die Höhenschichtlinien der Tasse ($V = c$) als geschlossene Kurven im Zustandsraum auf der Oberfläche der Tasse erscheinen. Damit $V(\mathbf{x})$ eine LYAPUNOV-Funktion sein kann und der Ruhezustand stabil wird, muss Folgendes gelten:

1. $V(\mathbf{x})$, $\left(\frac{\partial V}{\partial \mathbf{x}}\right)$ sind stetig im Ursprung.
2. $V(\mathbf{0}) = 0$ ist ein isoliertes Minimum.
3. $V(\mathbf{x}) > 0$ um den Ursprung (V ist positiv definit).
4. Die zeitliche Ableitung längs der Trajektorien $\dot{\mathbf{x}} = \mathbf{f}(\mathbf{x})$ erfüllt

$$\left(\frac{\mathrm{d}V}{\mathrm{d}t}\right) = \frac{\partial V}{\partial \mathbf{x}}\frac{\mathrm{d}\mathbf{x}}{\mathrm{d}t} = \frac{\partial V}{\partial \mathbf{x}}\dot{\mathbf{x}} = \frac{\partial V}{\partial \mathbf{x}}\mathbf{f}(\mathbf{x}) \leq 0\,. \tag{4.97}$$

Diese Eigenschaften sind unmittelbar plausibel in Verbindung mit den folgenden

Stabilitätssätzen von LYAPUNOV:

- Wenn eine glatte positiv definite Funktion $V(\mathbf{x})$ gefunden werden kann mit $(\frac{\mathrm{d}V}{\mathrm{d}t}) \leq 0$ in einer Umgebung von $\mathbf{0}$, dann ist $\mathbf{0}$ *stabil.*
- Wenn eine glatte positiv definite Funktion $V(\mathbf{x})$ gefunden werden kann mit $(\frac{\mathrm{d}V}{\mathrm{d}t}) < 0$ in einer Umgebung von $\mathbf{0}$, dann ist $\mathbf{0}$ *asymptotisch stabil.*
- Wenn eine glatte positiv definite Funktion $V(\mathbf{x})$ gefunden werden kann mit $(\frac{\mathrm{d}V}{\mathrm{d}t}) > 0$ in einer Umgebung von $\mathbf{0}$, dann ist $\mathbf{0}$ *instabil.*

Die Tasse $V(\mathbf{x})$ besitzt Höhenschichtlinien $V(\mathbf{x}) = c$, die auf der Tassenoberfläche als geschlossene Kurven verlaufen. Projizieren wir diese geschlossenen Kurven auf den Zustandsraum (er ist in Abb. 4.16 als Ebene dargestellt), so erhalten wir in diesem Zustandsraum ebenfalls wieder geschlossene Kurven um den Punkt $\mathbf{x} = 0$. Verläuft die Lösungstrajektorie von $\dot{\mathbf{x}} = \mathbf{f}(\mathbf{x})$ im Zustandsraum in einer Art und Weise, dass sie die projizierten Kurven $V(\mathbf{x}) = c$ von außen nach innen durchkreuzt, so streben sie dem Referenzzustand $\mathbf{x} = \mathbf{0}$ zu und bilden eine asymptotisch stabile Lösung ($\dot{V} < 0$). Stellt eine Kurve $V(\mathbf{x}) = c$ selbst eine Lösungstrajektorie dar, so ist diese Lösung nach wie vor stabil, aber nicht mehr asymptotisch stabil ($\dot{V} = 0$). Verläuft die Lösungstrajektorie von innen nach außen ($\dot{V} > 0$), so ist die Bewegung instabil. Dies ist der Inhalt der obigen vier Bedingungen und der Stabilitätssätze. Bei der Anwendung kommt es auf eine geschickte Wahl der LYAPUNOV-Funktion V an. Hierfür existieren keine Regeln, aber gewisse Anhaltspunkte und Erfahrungen aus bekannten Beispielen:

1. Man kann von der potentiellen Energie ausgehen und diese um geeignete Terme erweitern.
2. Bekannte erste Integrale der Bewegungsgleichungen bieten sich ebenso als LYAPUNOV-Funktion an [53, 72].

   - Bei konservativen Systemen existiert stets das Energieintegral

   $$T(\mathbf{q},\dot{\mathbf{q}}) + V(\mathbf{q}) = E_0\,. \tag{4.98}$$

   - Impuls-Integrale können gefunden werden, wenn einige $\mathbf{q}_s$ nicht in den Energieausdrücken für T und V vorkommen und wenn das System konservativ ist. Wir haben solche Impuls-Integrale erstmals in Beispiel 1.9 kennengelernt. Aus den LAGRANGE'schen Gleichungen zweiter Art (1.151) folgt

   $$\left(\frac{\partial T}{\partial \mathbf{q}}\right)_{\mathbf{q}_s} = \mathbf{0}\,, \quad \left(\frac{\partial V}{\partial \mathbf{q}}\right)_{\mathbf{q}_s} = \mathbf{0} \tag{4.99}$$

und damit

$$\frac{d}{\mathrm{d}t}\left(\frac{\partial T}{\partial \dot{\mathbf{q}}}\right)_{\mathbf{q}_s} = \mathbf{0}\,. \tag{4.100}$$

Dies bedeutet

$$\left(\frac{\partial T}{\partial \dot{\mathbf{q}}}\right)_{\mathbf{q}_s} = \mathbf{p}_s^T = \text{konst.} \tag{4.101}$$

Man nennt $\mathbf{q}_s$ zyklische Koordinaten und $\mathbf{p}_s$ zyklische Impulse. Allgemein wird

$$\left(\frac{\partial T}{\partial \dot{\mathbf{q}}}\right)^T = \mathbf{p} \tag{4.102}$$

als generalisierter Impuls bezeichnet. Er ist konstant, wenn die zugehörige generalisierte Koordinate zyklisch ist.

Die folgenden Beispiele illustrieren noch einmal die wichtige Tatsache, dass man mit der zweiten Methode nach LYAPUNOV die Stabilität direkt aus der Differentialgleichung ohne Kenntnis ihrer Lösungen bestimmen kann.

Beispiel 4.4 (Nichtlineare Rückstellkräfte und kritischer Fall). Wir betrachten eine Bewegung mit kubischen Rückstellkräften:

$$\dot{\mathbf{x}} = \begin{pmatrix} \dot{x}_1 \\ \dot{x}_2 \end{pmatrix} = \begin{pmatrix} 0 & 1 \\ -1 & 0 \end{pmatrix} \begin{pmatrix} x_1 \\ x_2 \end{pmatrix} + a \begin{pmatrix} x_1^3 \\ x_2^3 \end{pmatrix}\,.$$

Die Untersuchung des Ruhezustands $\mathbf{x} = \mathbf{0}$ ist ein *kritischer Fall*, da die linearen Glieder für sich die charakteristische Gleichung $\lambda^2 + 1 = 0$ mit $\lambda = \pm j$ ergeben ($\Re(\lambda) = 0$). Für die linearen Glieder gilt der *Energiesatz*

$$x_1^2 + x_2^2 = c^2\,.$$

Deshalb wird die Testfunktion

$$V(\mathbf{x}) = x_1^2 + x_2^2$$

gewählt. Sie erfüllt folgende Eigenschaften:

- $V(\mathbf{0}) = 0$.
- $V(\mathbf{x}) > 0$ um den Ursprung (V ist positiv definit).
- Die zeitliche Ableitung längs von Trajektorien ergibt

$$\frac{\mathrm{d}V}{\mathrm{d}t} = \frac{\partial V}{\partial x_1}\dot{x}_1 + \frac{\partial V}{\partial x_2}\dot{x}_2 = 2x_1\left(x_2 + ax_1^3\right) + 2x_2\left(-x_1 + ax_2^3\right) = 2a\left(x_1^4 + x_2^4\right)\,.$$

Damit ist V eine LYAPUNOV-Funktion für $a \leq 0$:

$$a = 0 \Rightarrow \frac{\mathrm{d}V}{\mathrm{d}t} = 0 \quad \text{stabil (grenzstabil)}\,,$$
$$a < 0 \Rightarrow \frac{\mathrm{d}V}{\mathrm{d}t} < 0 \quad \text{asymptotisch stabil (Dämpfung)}\,.$$

Für $a > 0$ ist $\frac{\mathrm{d}V}{\mathrm{d}t} > 0$ und damit der Ruhezustand instabil (Anfachung).

Beispiel 4.5 (Wirbelpunkt). Wir betrachten den Fall des einläufigen Schwingers mit nichtlinearer Rückstellkraft (4.12), wählen aber für unsere jetzigen Betrachtungen eine Rückstellkraft $r(x)$, die sich in der Nähe des Ursprungs mit $r(0) = 0$ näherungsweise wie eine streng monoton steigende Gerade verhalten soll. Nichtlineare Kupplungsfedern besitzen beispielsweise solche Eigenschaften. Entsprechend (4.12) erhalten wir

$$\ddot{x} + \frac{r(x)}{m} = 0\,.$$

Einführen der Geschwindigkeit, Elimination der Zeit und Separation der Variablen liefert:

$$\dot{x}\mathrm{d}\dot{x} + \frac{r(x)}{m}\mathrm{d}x = 0\,.$$

Diese Gleichung lässt sich mit $\mathbf{x} = \begin{pmatrix} x_1 & x_2 \end{pmatrix}^T = \begin{pmatrix} x & \dot{x} \end{pmatrix}^T$ um $\mathbf{x} = \mathbf{0}$ zum Energiesatz aufintegrieren:

$$V(\mathbf{x}) = \frac{\dot{x}^2}{2} + \frac{1}{m}\int_0^x r(\xi)\mathrm{d}\xi = c^2\,.$$

Der erste Term ist der kinetischen, der zweite Term der potentiellen Energie proportional. Wählen wir die Energie $V(\mathbf{x})$ als Testfunktion, so sind wegen der Annahme $xr(x) > 0$ für $x \neq 0$ und $r(0) = 0$ die Bedingungen an eine LYAPUNOV-Funktion erfüllt. Es gilt

$$\frac{\partial V}{\partial \mathbf{x}}\dot{\mathbf{x}} = \dot{x}_1\frac{\partial V}{\partial x_1} + \dot{x}_2\frac{\partial V}{\partial x_2} = x_2\frac{1}{m}r(x_1) - \frac{1}{m}r(x_1)x_2 = 0\,.$$

Daher sind die Kurven $V(\mathbf{x}) = c^2$ geschlossene Kurven um den Ursprung und der Ruhezustand $\mathbf{x} = \mathbf{0}$ ist grenzstabil (Abb. 4.17). Der Ruhezustand $\mathbf{x} = \mathbf{0}$ heißt in diesem Fall auch *Wirbelpunkt*.

Beispiel 4.6 (*Nichtentartete Singularitäten* im ebenen Fall). Ein einläufiger nichtlinearer Schwinger hat die allgemeine Zustandsraumdarstellung

$$\dot{\mathbf{x}} = \mathbf{f}(\mathbf{x}) = \mathbf{f}(\mathbf{0}) + \mathbf{A}\mathbf{x} + o\left(\|\,\mathbf{x}\,\|^2\right)$$

mit

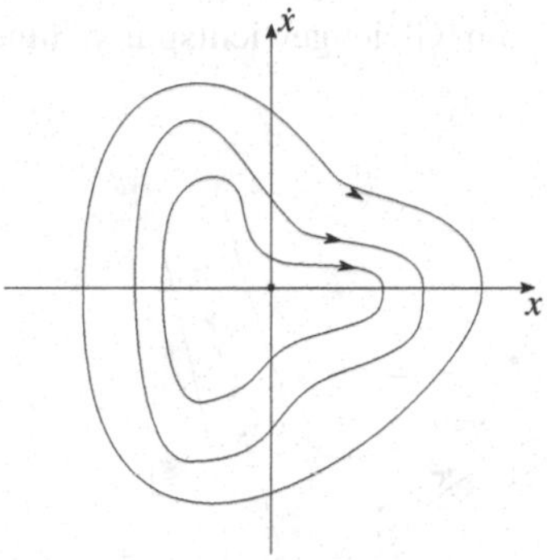

Abb. 4.17: Wirbelpunkt.

$$\mathbf{x} \in \mathbb{R}^2 , \quad \mathbf{A} := \left(\frac{\partial \mathbf{f}}{\partial \mathbf{x}}\right)_{\mathbf{0}} = \begin{pmatrix} a & b \\ c & d \end{pmatrix} \in \mathbb{R}^{2,2} , \quad \det(\mathbf{A}) \neq 0 .$$

Ist $\mathbf{x} = \mathbf{0}$ ein Ruhezustand (*singulärer Punkt, Gleichgewichtspunkt*), so gilt $\mathbf{f}(\mathbf{0}) = \mathbf{0}$. Damit folgt

$$\dot{\mathbf{x}} = \mathbf{A}\mathbf{x} .$$

Hierfür ergeben sich die Eigenwerte zu

$$\lambda_{1,2} = \frac{1}{2}\,\mathrm{tr}(\mathbf{A}) \pm \frac{1}{2}\sqrt{\mathrm{tr}(\mathbf{A})^2 - 4\det(\mathbf{A})} = \frac{1}{2}(a+d) \pm \frac{1}{2}\sqrt{(a-d)^2 + 4bc}$$

mit den zugehörigen Eigenvektoren

$$\mathbf{x}_1 = \begin{pmatrix} 1 \\ -\left(\frac{a-\lambda_1}{b}\right) \end{pmatrix} , \quad \mathbf{x}_2 = \begin{pmatrix} 1 \\ -\left(\frac{a-\lambda_2}{b}\right) \end{pmatrix} .$$

Damit lautet die allgemeine Lösung mit den beliebigen Konstanten c_1 und c_2

$$\mathbf{x}(t) = c_1 \mathbf{x}_1 e^{\lambda_1 t} + c_2 \mathbf{x}_2 e^{\lambda_2 t} ,$$
$$\dot{\mathbf{x}}(t) = c_1 \lambda_1 \mathbf{x}_1 e^{\lambda_1 t} + c_2 \lambda_2 \mathbf{x}_2 e^{\lambda_2 t} .$$

Je nachdem wie sich die Lösung in der Umgebung des Ruhezustands verhält, kann man diesen anhand der Eigenwerte von $\mathbf{A}$ klassifizieren:

1. *Sattel* (2-Tangentenknoten)
   λ_1 und λ_2 haben entgegengesetztes Vorzeichen und sind *reell*, das heißt

$$\det(\mathbf{A}) = \lambda_1 \lambda_2 = ad - bc < 0 ,$$
$$\Delta = \mathrm{tr}(\mathbf{A})^2 - 4\det(\mathbf{A}) = (a-d)^2 + 4bc > 0 .$$

Eine Teillösung läuft zum Gleichgewichtspunkt hin, die andere davon weg (Abb. 4.18).

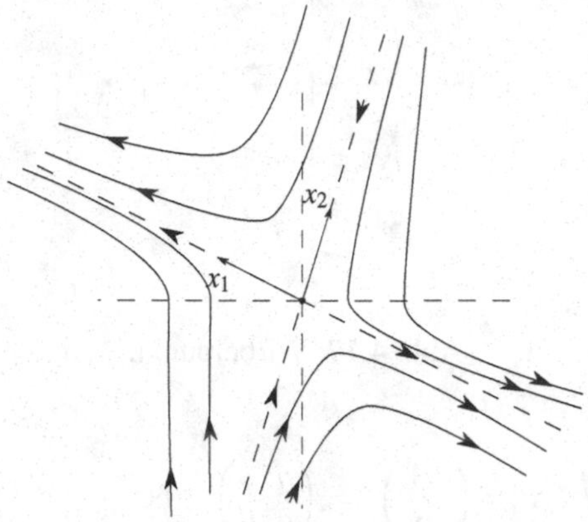

Abb. 4.18: Sattel.

2. *Knoten* (2-Tangentenknoten)
   λ_1 und λ_2 haben gleiches Vorzeichen und sind *reell*, das heißt

$$\det(\mathbf{A}) = \lambda_1 \lambda_2 = ad - bc > 0\,,$$
$$\Delta = \mathrm{tr}(\mathbf{A})^2 - 4\det(\mathbf{A}) = (a-d)^2 + 4bc > 0\,.$$

   Die Lösungen laufen entweder zum Gleichgewichtspunkt hin oder davon weg (Abb. 4.19), je nach Vorzeichen von $\mathrm{tr}(\mathbf{A})$.

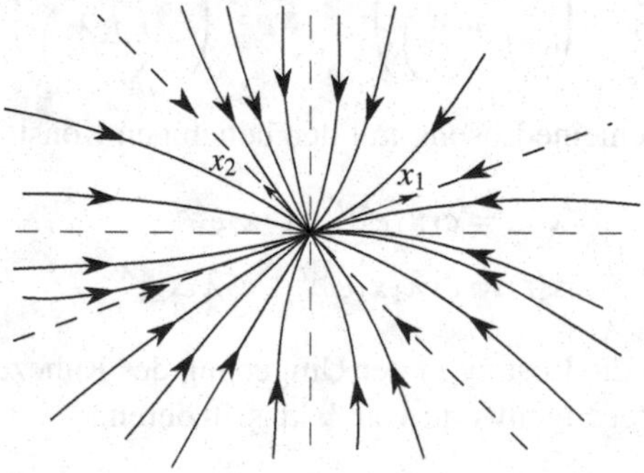

Abb. 4.19: Stabiler Knoten ($\mathrm{tr}(\mathbf{A}) < 0$).

3. *Fokus / Strudel*
   λ_1 und λ_2 sind konjugiert komplex (damit auch die Eigenvektoren $\mathbf{x}_1$ und $\mathbf{x}_2$), das heißt

$$\det(\mathbf{A}) = \lambda_1\lambda_2 = ad - bc > 0\,,$$
$$\Delta = \operatorname{tr}(\mathbf{A})^2 - 4\det(\mathbf{A}) = (a-d)^2 + 4bc < 0\,.$$

Wir nehmen an, dass $\operatorname{tr}(\mathbf{A}) \neq 0$. Je nach Vorzeichen von $\operatorname{tr}(\mathbf{A})$ laufen die Lösungen in Spiralen zum Gleichgewichtspunkt hin oder weg (Abb. 4.20).

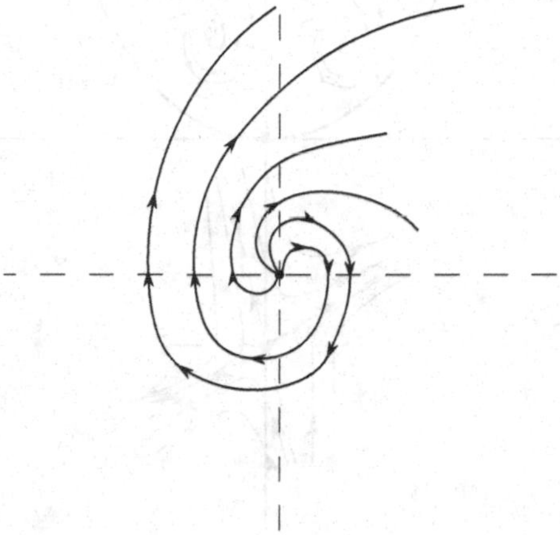

Abb. 4.20: Instabiler Strudel.

4. *Wirbel*
λ_1 und λ_2 sind rein imaginär, das heißt wie beim Strudel gilt

$$\det(\mathbf{A}) = \lambda_1\lambda_2 = ad - bc > 0\,,$$
$$\Delta = \operatorname{tr}(\mathbf{A})^2 - 4\det(\mathbf{A}) = (a-d)^2 + 4bc < 0\,.$$

Da $\operatorname{tr}(\mathbf{A}) = 0$ entsteht ein Wirbel wie im Beispiel 4.6 (Abb. 4.21).

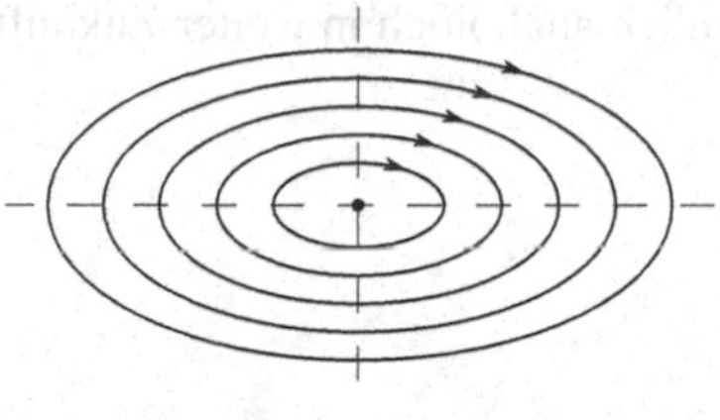

Abb. 4.21: Wirbel.

Man kann die betrachteten Fälle im sogenannten *Spur-Determinante-Diagramm* zusammenfassen (Abb. 4.22).

Während sich im 1., 2. und 3. Fall das nichtlineare System in der Umgebung der Singularität wie das lineare System verhält, gilt dies nicht mehr im 4. Fall. Das nicht-

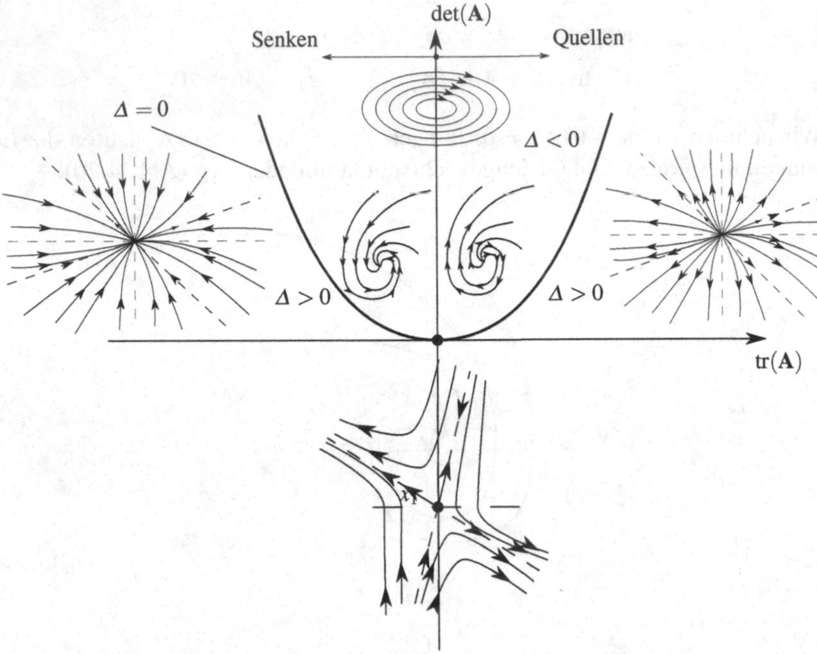

Abb. 4.22: Spur-Determinante-Diagramm ($\Delta = \mathrm{tr}(\mathbf{A})^2 - 4\det(\mathbf{A})$).

lineare System kann auch im 4. Fall einen Strudel aufweisen; hierbei entscheiden die Terme höherer Ordnung in der Reihenentwicklung von **f** oder das Verfahren von LYAPUNOV gemäß Beispiel 4.6. Man spricht in diesem Fall von *entarteten Singularitäten* oder *Singularitäten höherer Ordnung*. Dasselbe gilt wenn mindestens einer der beiden Eigenwerte λ_1 oder λ_2 ein Nulleigenwert oder wenn **A** nicht diagonalisierbar ist. Während die hier dargestellte Klassifikation der Singularitäten bereits vor fast hundert Jahren von POINCARÉ durchgeführt und abgeschlossen wurde [25, 33], stellt die Klassifikation entarteter Singularitäten besonders im mehrdimensionalen Fall heute und wahrscheinlich auch noch in weiter Zukunft ein offenes Gebiet dar.

Kapitel 5
Phänomene der Schwingungsentstehung

5.1 Einführung

Wie wir in den vorangegangenen Kapiteln gesehen haben, lassen sich rein periodische Schwingungen durch eine Periodizitätsbedingung

$$\mathbf{x}(t) = \mathbf{x}(t+T) \tag{5.1}$$

mit der Periode T und der Frequenz

$$f = \frac{1}{T} \tag{5.2}$$

oder der Kreisfrequenz

$$\omega = 2\pi f = 2\frac{\pi}{T} \tag{5.3}$$

charakterisieren. Die Periode braucht nicht konstant, sondern kann amplitudenabhängig sein (Abb. 4.7). Im Folgenden wollen wir uns mit Schwingungen mit einer oder mehreren konstanten Perioden beschäftigen und dem Problem der Schwingungsentstehung nachgehen. Um das Wesentliche zu erkennen, beschränken wir uns in vielen Fällen auf Schwinger mit einem Freiheitsgrad $x(t)$.

Schwingungen sind gekennzeichnet durch periodisch wiederkehrende Zustände $(x,\dot{x})$, wobei sich die Intensität dieser Zustände je nach Energiehaushalt im System ändern kann. Dies drückt sich in der Schwingungsamplitude aus, die zum Beispiel durch Dissipation gedämpft, manchmal auch angefacht werden kann. Die periodisch wiederkehrenden Zustände lassen sich durch verschiedene Mechanismen realisieren.

Die einfachsten Fälle sind zunächst die *freien* und *erzwungenen Schwingungen*, wie sie in den Kapiteln 2 und 3 behandelt wurden. Charakteristisch für derartige Schwingungen sind die Eigenfrequenzen f oder die Erregerfrequenzen Ω. Während Eigenschwingungen durch einen einmaligen Anstoß von außen zustande kommen, bedürfen erzwungene Schwingungen einer (meist periodischen) Erregung von außen. Erzwungene oder fremderregte Schwingungen sind die Ursache der meisten Probleme in der Maschinendynamik.

Solange sich Schwingungen durch lineare Differentialgleichungen mit konstanten Koeffizienten beschreiben lassen, steht uns ein mehr oder weniger abgeschlossenes mathematisches Instrumentarium zur Lösung der Probleme zur Verfügung [51]. Einige wichtige Schwingungserscheinungen beinhalten jedoch stark nichtlineare Erscheinungsformen. Sie sind einer mathematischen Behandlung weit schwieriger zugänglich. Hierzu gehören die *selbsterregten* und *parametererregten Schwingungen*. Die selbsterregten Schwingungen entstehen als dynamischer Gleichgewichtszustand von Energiezufuhr in das System und Energieverbrauch im System, wobei die Energiezufuhr im Takte der Schwingungen erfolgt. Beispiele sind das Flügelflattern, Reibschwinger und die Pendeluhr. Bei den parametererregten Schwingungen wirken sich die periodischen Änderungen eines oder mehrerer Parameter des Systems als eine Art innere Erregung aus, beispielsweise die periodisch variable Zahnsteifigkeit infolge des zeitvariablen Zahneingriffs eines Zahnradgetriebes [55, 46].

Die Frequenzen bei Eigenschwingungen und selbsterregten Schwingungen sind im wahrsten Sinne des Wortes Eigenfrequenzen, da sie durch das Schwingungssystem selbst festgelegt werden (autonome Systeme). Dagegen hängen die Frequenzen von erzwungenen und parametererregten Schwingungen von äußeren Erregungen oder konstruktiv bedingten zeitvariablen Prozessen ab (Fremderregung, heteronome Systeme). Tabelle 5.1 gibt einen Überblick über die zu behandelnden Schwingungserscheinungen. Die vorgenommene Einteilung der Schwingungen nach *Ent-*

Schwingungstyp	Beispiele	Ursache	Frequenz	Bewegungsgleichung
Freie Schwingungen	Fadenpendel, Stimmgabel, Klaviersaite Eigenschwingungen	einmaliger Anstoß von außen	Eigenkreisfrequenz ω	homogen $\ddot{x}+\omega^2 x=0$
Erzwungene Schwingungen	Fundamenterschütterung, Rüttelsieb, Fahrzeuge auf nichtebener Bahn,	äußere Kräfte oder Momente, meist periodisch wirkend	Erregerfrequenz Ω	inhomogen $\ddot{x}+\omega^2 x=\hat{F}\cos(\Omega t)$
Selbsterregte Schwingungen	Uhr, Klingel, Streich- und Blasinstrumente, Tragflügelflattern Spielzeugspecht	Selbststeuerung über nicht periodisch wirkende Energiequelle	etwa Eigenkreisfrequenz ω	nichtlinear $\ddot{x}+f(x,\dot{x})=0$
Parametererregte Schwingungen	Kolbenmotoren, Propeller, Zahnradgetriebe, Pendel mit bewegtem Aufhängepunkt	periodisch veränderliche Parameter	Teile oder Vielfache der Parameterfrequenz ω_P	periodische Koeffizienten $\ddot{x}+p(t)x=0$

Tabelle 5.1: Einteilung von Schwingungen nach Entstehungsmechanismen.

stehungsmechanismen ist sicherlich sinnvoll, jedoch nicht die einzig mögliche Unterscheidung. Man kann Schwingungen auch nach ihren *Eigenschaften*, etwa in lineare und nichtlineare Schwingungen, einteilen. Ein dritter Aspekt könnte die *Anzahl der Freiheitsgrade* sein, also etwa die etwas veraltete Unterscheidung zwischen *einläufigen* und *mehrläufigen* Schwingern (*Koppelschwingungen*). Obwohl die meisten Maschinen Schwinger mit vielen Freiheitsgraden darstellen, macht die hier verfolgte Beschränkung auf einen Freiheitsgrad Sinn, da die dabei zu erkennenden Verhaltensweisen sich auch in großen Systemen wiederfinden.

5.2 Freie Schwingungen

Freie Schwingungen lassen sich durch ihre Eigenfrequenzen, ihre Eigenvektoren oder Eigenformen, ihr Dämpfungsverhalten und ihren Energiehaushalt charakterisieren. Beim konservativen System findet ein periodischer Austausch von potentieller und kinetischer Energie statt (Fadenpendel in Abb. 5.1):

$$T + V = E_0 = \text{konst.} \tag{5.4}$$

Eigenschwingungen können in linearen und nichtlinearen Systemen entstehen. Das

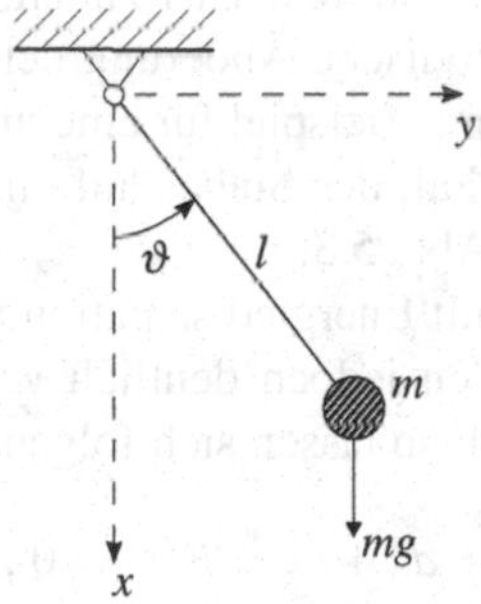

Abb. 5.1: Fadenpendel.

Fadenpendel in Abb. 5.1 ist bei kleinen Anfangsauslenkungen ein Beispiel für eine lineare Eigenschwingung:

$$\left(ml^2\right)\ddot{\vartheta} = -mgl\vartheta\,. \tag{5.5}$$

Mit $\omega^2 = \frac{g}{l}$ folgt

$$\ddot{\vartheta} + \omega^2\vartheta = 0\,. \tag{5.6}$$

Die Lösung für dieses System ist

$$\vartheta(t) = \vartheta_0 \cos(\omega t) + \frac{\dot{\vartheta}_0}{\omega} \sin(\omega t) . \tag{5.7}$$

Einführung der Geschwindigkeit, Elimination der Zeit und Separation der Variablen liefern ausgehend von (5.6)

$$\dot{\vartheta} \mathrm{d}\dot{\vartheta} + \omega^2 \vartheta \mathrm{d}\vartheta = 0 . \tag{5.8}$$

Im Phasendiagramm $(\vartheta, \dot{\vartheta})$ erhält man daher die Ellipsen:

$$\vartheta^2 + \left(\frac{\dot{\vartheta}}{\omega}\right)^2 = \vartheta_0^2 + \left(\frac{\dot{\vartheta}_0}{\omega}\right)^2 . \tag{5.9}$$

Lassen wir auch große Auslenkungen ϑ zu, so erhalten wir die Bewegungsgleichung

$$\ddot{\vartheta} + \omega^2 \sin\vartheta = 0 \tag{5.10}$$

und daraus die Phasenkurven

$$\left(\frac{\dot{\vartheta}}{\omega}\right)^2 - 2\cos\vartheta = \left(\frac{\dot{\vartheta}_0}{\omega}\right)^2 - 2\cos\vartheta_0 , \tag{5.11}$$

die für kleine ϑ-Werte zu (5.9) entarten. Das zugehörige Phasendiagramm zeigt Abb. 5.2, aus dem auch die periodische Änderung der potentiellen Energie V hervorgeht (Beispiel 4.2). Ein weiteres Beispiel für eine nichtlineare Eigenschwingung ist der in Abb. 4.12 behandelte Fall des Stabes auf einem Klotz. Phasendiagramm und Amplitudenverhalten zeigt Abb. 5.3.

Bei Schwingungsprozessen mit Energiedissipation werden die Eigenfrequenzen nur unwesentlich, die Amplituden jedoch deutlich verändert. Betrachten wir den Einmassenschwinger in Abb. 5.4, so lassen sich folgende Gleichungen angeben:

$$m\ddot{x} + d\dot{x} + cx = F(t) = 0 , \tag{5.12}$$

oder mit der Eigenkreisfrequenz des ungedämpften Systems $\omega_0^2 = \frac{c}{m}$ und dem LEHR'*schen Dämpfungsmaß* $D = \frac{d}{2m\omega_0} = \frac{d}{2\sqrt{cm}}$:

$$\ddot{x} + 2D\omega_0\dot{x} + \omega_0^2 x = 0 . \tag{5.13}$$

Mit dem Ansatz $x = \bar{x}e^{\lambda t}$ erhalten wir die Eigenwerte

$$\lambda_{1,2} = -D\omega_0 \pm j\omega_0\sqrt{1-D^2} . \tag{5.14}$$

Die Klassifizierung der damit gegebenen Schwingungstypen ist wie in Abb. 2.5a-2.5d. Es ergeben sich je nach Wert von D fünf Fälle.

1. *Aperiodischer Fall*, keine Schwingung ($D > 1$, Abb. 5.5a)

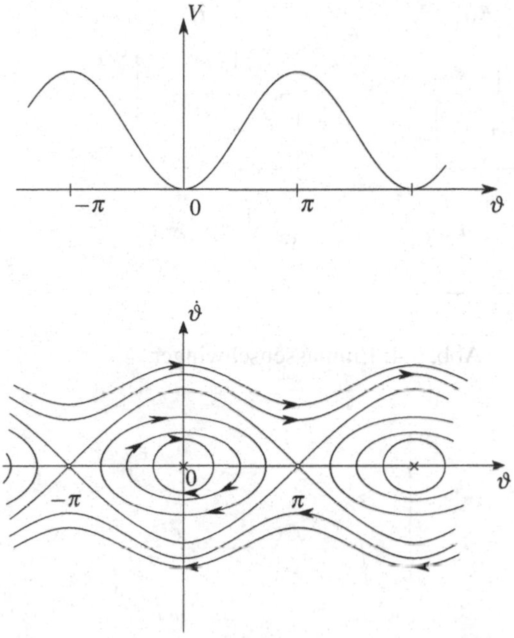

Abb. 5.2: Phasenporträt des Fadenpendels.

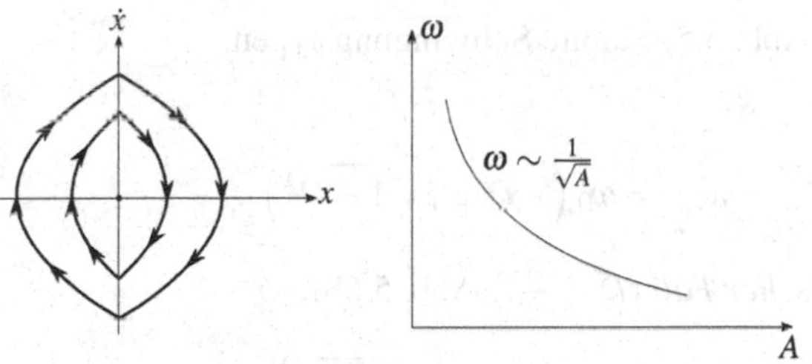

Abb. 5.3: Stab auf Klotz – Phasendiagramm und Amplitudenverhalten.

$$\lambda_{1,2} = \omega_0 \left(-D \pm \sqrt{D^2 - 1} \right) . \tag{5.15}$$

2. *Gedämpfte Schwingung* ($0 < D < 1$, Abb. 5.5b)

$$\lambda_{1,2} = \omega_0 \left(-D \pm j\sqrt{1 - D^2} \right) . \tag{5.16}$$

3. *Periodische Dauerschwingung*, Grenzfall ($D = 0$, Abb. 5.5c)

$$\lambda_{1,2} = \pm j\omega_0 . \tag{5.17}$$

4. *Angefachte Schwingung* ($-1 < D < 0$, Abb. 5.6a)

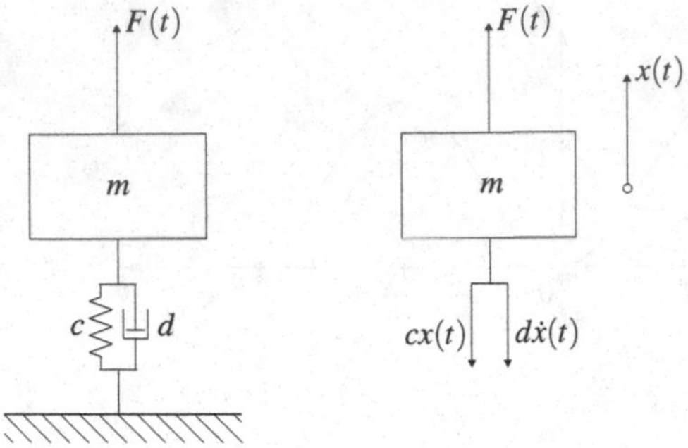

Abb. 5.4: Einmassenschwinger.

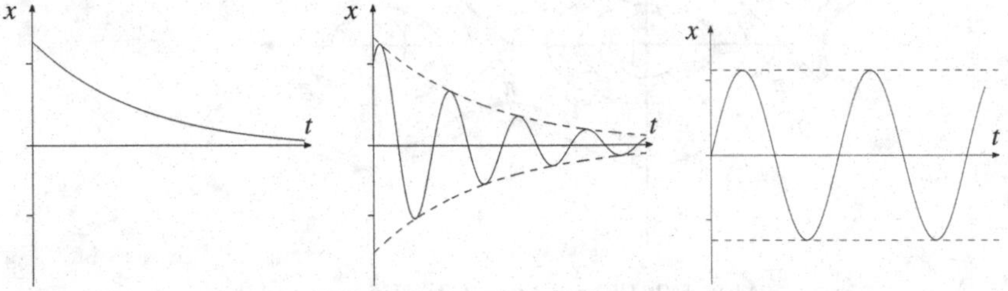

(a) Aperiodischer Fall. (b) Gedämpfte Schwingung. (c) Periodische Schwingung.

Abb. 5.5: Stabile Schwingungstypen.

$$\lambda_{1,2} = \omega_0 \left(-D \pm j\sqrt{1-D^2} \right) . \tag{5.18}$$

5. *Instabiler aperiodischer Fall* ($D < -1$, Abb. 5.6b)

$$\lambda_{1,2} = \omega_0 \left(-D \pm \sqrt{D^2-1} \right) . \tag{5.19}$$

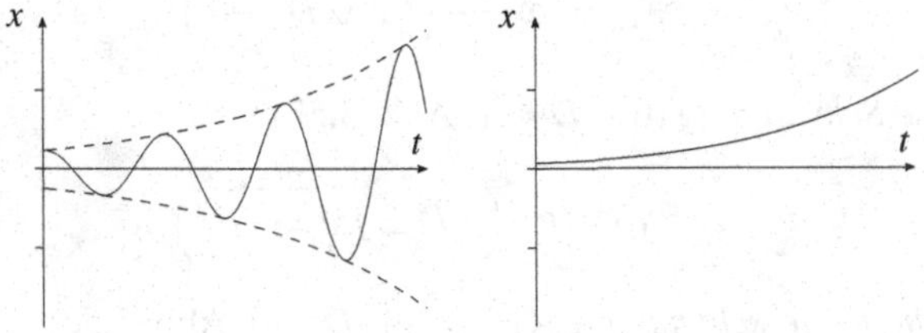

(a) Angefachte Schwingung. (b) Instabiler aperiodischer Fall.

Abb. 5.6: Instabile Schwingungstypen.

5.3 Erzwungene Schwingungen

Erzwungene Schwingungen sind durch das Eigenverhalten des Schwingungssystems, durch den Typ der Anregung und dem daraus resultierenden Ausgang in Form von *Amplituden-* und *Phasenfrequenzgangfunktionen* [46, 45] charakterisiert. Wir betrachten einen Schwinger mit einem Freiheitsgrad wie in (5.12) mit rechter Seite $f(t) \neq 0$

$$m\ddot{x} + d\dot{x} + cx = f(t) = c\bar{A}\cos(\Omega t) \tag{5.20}$$

resultierend aus einer harmonischen kinematischen Anregung $\bar{A}\cos(\Omega t)$. Mit der Eigenkreisfrequenz des ungedämpften Systems ω_0 und dem LEHR'schen Dämpfungsmaß erhalten wir die Differentialgleichung:

$$\ddot{x} + 2D\omega_0\dot{x} + \omega_0^2 x = \frac{c\bar{A}}{m}\cos(\Omega t)\,. \tag{5.21}$$

Die Lösung setzt sich aus einem homogenen und einem inhomogenen Anteil zusammen. Der homogene Anteil entspricht formal der Lösung von (5.13) und physikalisch den Eigenschwingungen. Setzen wir ein gedämpftes System voraus, so klingen diese nur einmalig angestoßenen Eigenschwingungen ab und verschwinden nach einer Weile. Dagegen bleiben die ständig angeregten Schwingungen bestehen, da die periodische Anregung Energie zuführt und den Schwinger zwingt, mit gleicher Frequenz, aber verschiedener Amplitude und Phase zu schwingen. Gemäß Kapitel 2.3.1 ergibt sich die stationäre Lösung aus der Frequenzgangfunktion

$$\mathrm{G}(j\Omega) = \frac{c}{m\left(-\Omega^2 + j\Omega 2D\omega_0 + \omega_0^2\right)} = \frac{1}{1 + j2D\eta - \eta^2}\,. \tag{5.22}$$

Amplitudenvergrößerung und Phasenverschiebung erfüllen

$$V = |\mathrm{G}(j\Omega)| = \frac{1}{\sqrt{(1-\eta^2)^2 + 4D^2\eta^2}}\,, \tag{5.23}$$

$$\psi(\mathrm{G}(j\Omega)) = \arctan\left(\frac{2D\eta}{1-\eta^2}\right)\,, \tag{5.24}$$

so dass sich die partikuläre Lösung zu

$$x = AV\cos(\Omega t - \psi) \tag{5.25}$$

ergibt. Dem Ansatz *vom Typ der rechten Seite* liegt die physikalisch sinnvolle Annahme zugrunde, dass durch den *Eingang* $A\cos(\Omega t)$ ein *Ausgang* erzeugt wird, der um den Winkel ψ phasenverschoben ist und der eine um den Vergrößerungsfaktor V geänderte Amplitude hat. Der maximale Wert von V ergibt sich aus $\frac{\partial V}{\partial \eta} = 0$ zu

$$\eta_{\max} = \sqrt{1-2D^2}\,. \tag{5.26}$$

Trägt man V und ψ über η auf, so erhält man im ersten Falle die Amplitudenfrequenzgangfunktion (Abb. 5.7) und im zweiten Falle die Phasenfrequenzgangfunktion (Abb. 5.8).

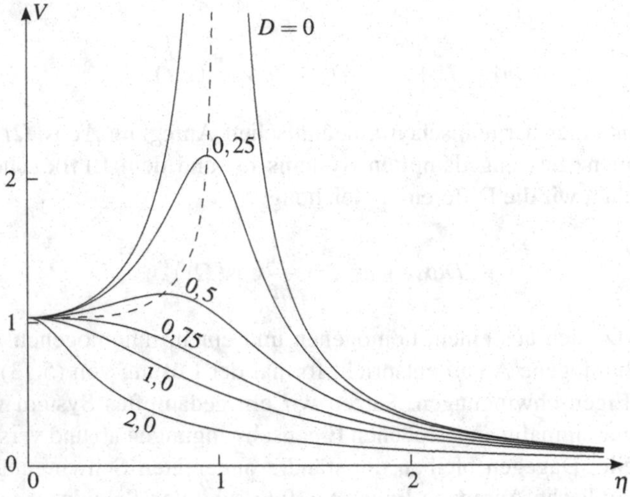

Abb. 5.7: Amplitudenfrequenzgangfunktion nach (5.23).

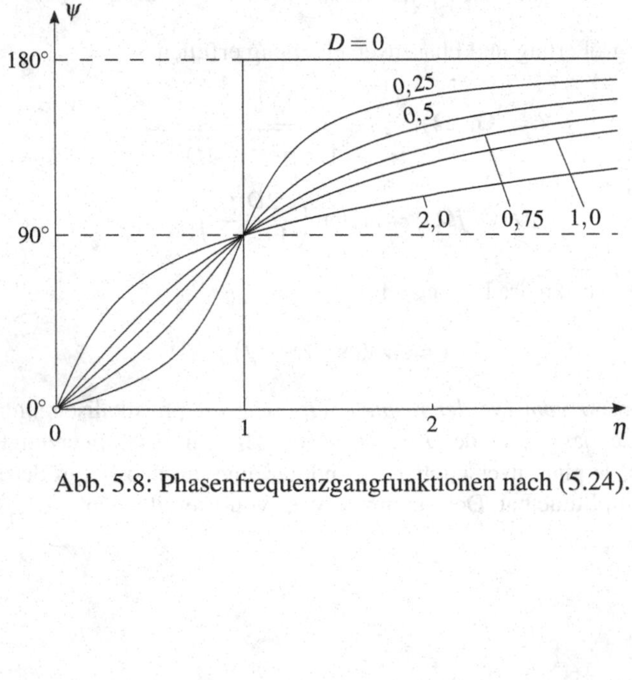

Abb. 5.8: Phasenfrequenzgangfunktionen nach (5.24).

Derartige Diagramme sind ein unentbehrliches Hilfsmittel für die Beurteilung von Schwingungen, insbesondere bei Systemen mit vielen Freiheitsgraden. Man kann die Amplituden- und Phasenfrequenzgangfunktionen sowohl berechnen wie auch messen. Eine Rechnung erfordert bei komplexeren Systemen ein gutes, mit der Praxis abgestimmtes Modell. Messungen verlangen Sorgfalt und eine geschickte (aussagekräftige) Anordnung der Messstellen. In jedem Fall geben die Kurven Auskunft über

- Resonanzstellen,
- Dämpfungsverhalten,
- Phasenlage der Freiheitsgrade zueinander,
- Bewertung der Resonanzen,
- Auswirkungen von Bauparameter-Variationen auf Lage und Amplitude von Resonanzen.

Erzwungene Schwingungen sollen am realen Beispiel eines Schiffsantriebes diskutiert werden. Der fünfflügelige Propeller wird über ein Planeten- und ein Stirnradgetriebe von einer Gasturbine angetrieben (Abb. 5.9). Die wichtigste Fremderregung kommt vom Propeller. Sie wirkt mit der fünffachen Propellerdrehzahl (=Abtriebsdrehzahl), da jeder Propellerflügel aufgrund der hydrodynamischen Vorgänge am Schiffsheck eine Störung des mittleren Propellerschubes erzeugt. Obwohl das axiale Schublager den Gesamtschub als auch den größten Teil der Schubschwankungen aufnimmt, bleiben die Drehungleichförmigkeiten der Propellerwelle als auch ein Teil der axialen Schubschwankungen erhalten und belasten den gesamten Antriebsstrang.

Zusätzlich zu den äußeren Erregungen kommen Parametererregungen in den Zahneingriffen der beiden Getriebe. Da nie gleich viel Zähne im Eingriff sind und die Zahneingriffe auf die Gesamtdynamik des Systems als elastische Koppelstellen wirken, erhält man in solchen Koppelstellen einen zeitvarianten, also nicht konstanten Verlauf der Zahnsteifigkeiten. Die Abweichung vom konstanten Mittelwert hängt dabei vom Überdeckungsgrad der Zahnräder ab (Abschnitt 5.5). Die zeitvariablen elastischen Kopplungen erzeugen Parametererregungen im System, die zu zusätzlichen Resonanzen führen. Dabei sind solche Parametererregungen in großen Antriebssträngen lokal begrenzt [41]. Da das Spektrum in Abb. 5.9 am Planetengetriebe aufgenommen wurde, sieht man dort nur den Einfluss der Parametererregungen im Planetengetriebe und nicht diejenigen im Stirnradgetriebe.

Der Einfluss der Propellererregung findet nur im unteren Frequenzbereich statt. Bei höheren Frequenzen überwiegen die parametererregten Schwingungen und die Eigenschwingungen aller Komponenten des Planetengetriebes. Diese können bezüglich der Amplitudenüberhöhung gefährlicher sein als die niedrigeren Resonanzstellen (Abschnitt 5.5). Die Amplitudenfrequenzgangfunktion (*Spektrum*) für die wesentlichen harmonischen Anteile (FOURIER-Koeffizienten) eines Schwingungssystems enthält einige Informationen wie über den Energiehaushalt der Resonanzen nicht direkt. Diese Thematik wird in [46, 47] detaillierter diskutiert.

Die Analyse eines Spektrums wie in Abb. 5.9 kann schwierig sein. Man muss häufig auf ein mechanisches Schwingungsmodell zurückgreifen. Abb. 5.10 zeigt

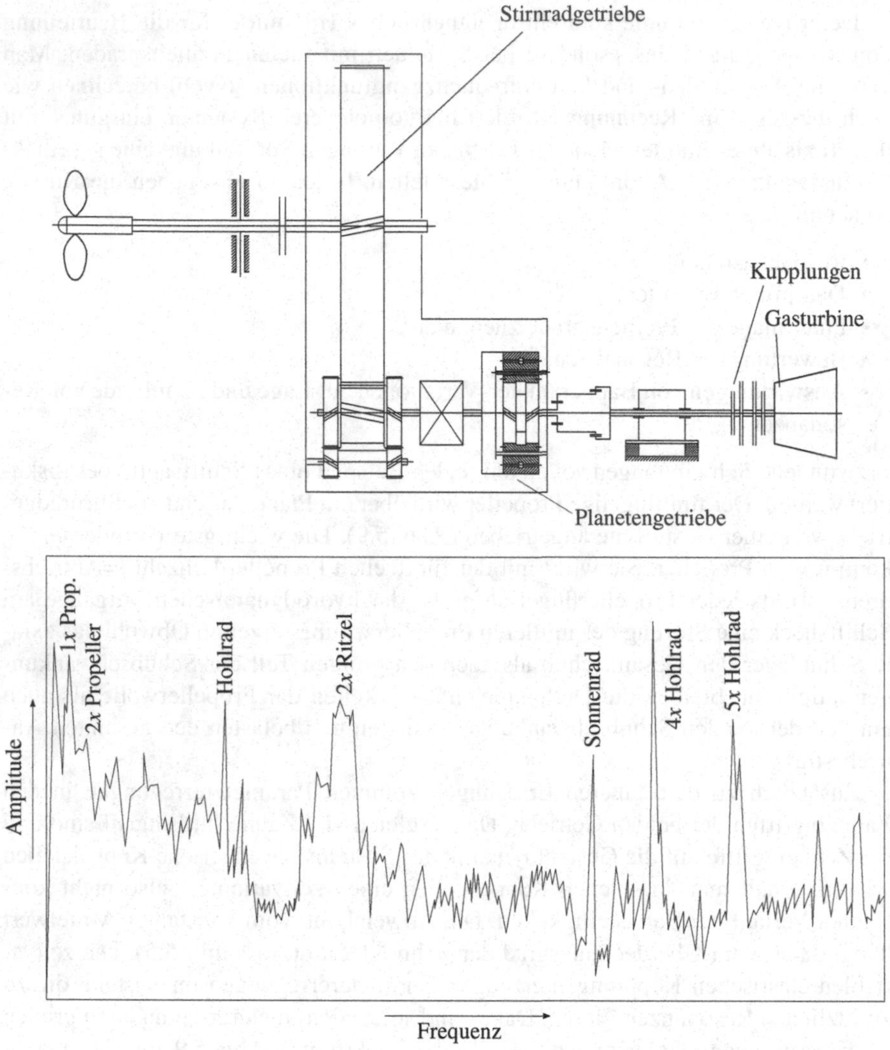

Abb. 5.9: Schiffsantrieb, Messstelle am Planetengetriebe.

ein derartiges Ersatzmodell für den Antriebsstrang in Abb. 5.9. Es dient im Wesentlichen zur Darstellung der Torsionsschwingungen des Gesamtsystems und einiger detaillierterer Erscheinungen in den Getrieben. Sämtliche Koppelstellen wie Lager und Zahneingriffe sind als Feder-Dämpfer-Elemente dargestellt, wobei man in den Zahneingriffen die zeitvariablen Eigenschaften der Steifigkeiten und der Dämpfung berücksichtigen muss (Abschnitt 5.5). Für ein solches mechanisches Ersatzmodell werden die Bewegungsgleichungen nach den Methoden aus Kapitel 1 hergeleitet und mit dem so erstellten mathematischen Ersatzmodell Simulationen durchgeführt. Im vorliegenden Fall hatte das gesamte Strangsystem 38 Freiheitsgrade. Die gemes-

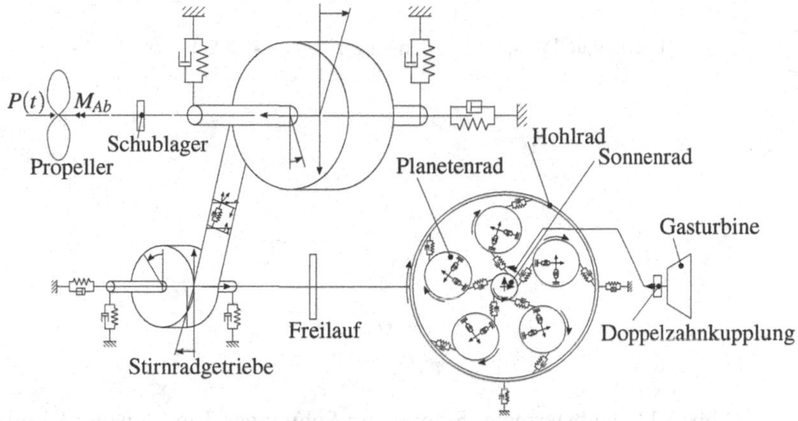

Abb. 5.10: Ersatzmodelle für den Schiffantrieb (Abb. 5.9).

senen Frequenzen in Abb. 5.9 konnten ausnahmslos identifiziert und nachgewiesen werden.

5.4 Selbsterregte Schwingungen

Selbsterregte Schwingungen repräsentieren eine ganz besondere und faszinierende Klasse von Eigenschwingungen. Sie entnehmen im Takte der Schwingungen einer Energiequelle Energie und decken mit dieser Energiezufuhr die im Schwingungssystem vorhandenen Energieverluste. Halten sich Zufuhr und Verluste das Gleichgewicht, so kommt es zu einer stabilen periodischen Schwingung, die im Phasendiagramm durch einen *Grenzzyklus* dargestellt werden kann. Die selbsterregten Schwinger brauchen damit zunächst einmal eine Energiequelle und eine Art *Schalter*, der die Zufuhr von Energie aus dieser *Quelle* aktivieren oder deaktivieren kann. Da im stabilen Zustand der Schwingungsvorgang selbst periodisch abläuft, muss der Schalter am periodischen Geschehen im Schwinger beteiligt sein. Man unterscheidet bei den selbsterregten Schwingern einen *Schwinger*- und einen *Speicher-Typ*. Ein typisches Beispiel für den Schwingertyp ist die elektrische Klingel (Abb. 5.11). Sie entnimmt der Energiequelle *Netz* Strom und veranlasst damit einen Elektromagneten, den Klöppel anzuziehen und an die Glocke zu schlagen. Dieser Vorgang unterbricht die Energiezufuhr, was den Klöppel aufgrund seiner in der Haltefeder gespeicherten Verformungsenergie in die Schalterstellung zurückschwingen lässt, wo der Vorgang von vorne beginnt. Schalter, Energiespeicher und Schwinger ist hierbei der Klöppel mit seiner elastischen Befestigung, Energiequelle ist das Stromnetz [46]. Weitere Beispiele für selbsterregte Schwinger vom Schwingertyp sind die Pendeluhr, die Violinsaite, das Flügelflattern, Blasinstrumente und

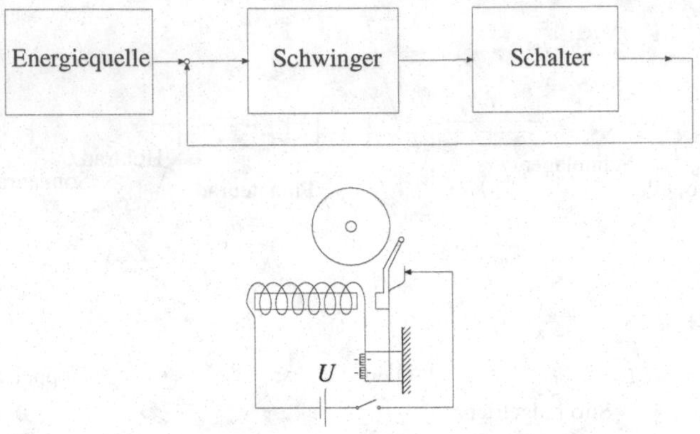

Abb. 5.11: Selbsterregter Schwinger: Schwinger-Typ, Beispiel Klingel

die KÁRMÁN'sche Wirbelstraße. Die Violinsaite steht dabei für eine ganze Klasse von selbsterregten Schwingern, den *Reibschwingern.*

Die selbsterregten Schwinger vom Speicher-Typ sind häufig Kippschwinger auf hydraulischer Basis. Ein Gefäß wird gefüllt und entleert sich bei einer bestimmten Füllhöhe durch ein Rohr (Abb. 5.12), oder es tritt mechanisches Kippen ein.

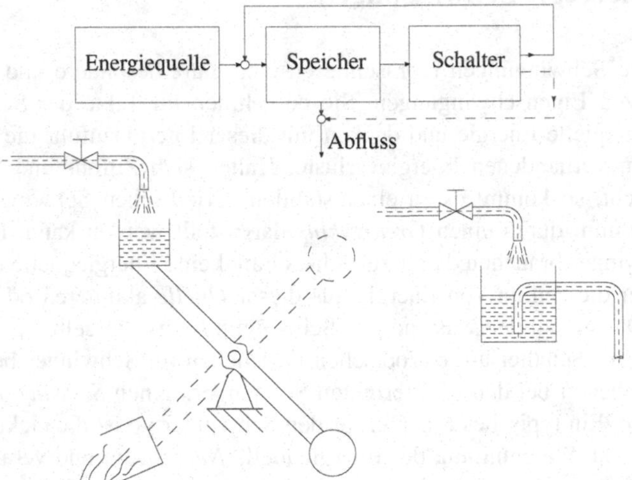

Abb. 5.12: Selbsterregte Schwinger: Speicher-Typ

Zum prinzipiellen Verständnis der selbsterregten Schwingungen muss man den Energiehaushalt dieser Systeme betrachten. Lineare und nichtlineare konservative Schwinger besitzen Eigenschwingungen, deren Ablauf durch einen periodischen Wechsel von potentieller und kinetischer Energie gekennzeichnet ist (5.4). Die entscheidenden Energiegrößen sind hierbei also T und V. Dagegen werden bei selbsterregten Schwingungen die Bewegungen von der zugeführten Energie ΔE_Z und der im System vernichteten (dissipierten) Energie ΔE_D bestimmt. Dabei muss während einer Periode gerade so viel Energie zugeführt werden $(+\Delta E_Z)$ wie vernichtet wird $(-\Delta E_D)$. Folgende Fälle sind denkbar:

- $\Delta E_Z < \Delta E_D$ (Dämpfung):
  Es wird mehr Energie vernichtet als zugeführt. Die Amplitude nimmt ab.
- $\Delta E_Z > \Delta E_D$ (Anfachung):
  Es wird mehr Energie zugeführt als vernichtet. Die Amplitude nimmt zu.
- $\Delta E_Z = \Delta E_D$ (Grenzzyklus):
  Es wird genauso viel Energie zugeführt wie vernichtet. Dies ist der periodische Grenzfall.

Um eine grobe quantitative Abschätzung dieser Verhältnisse zu bekommen, nehmen wir eine periodische Schwingung und für die Dämpfung ein lineares Gesetz an:

$$x \approx \bar{x}\cos(\omega t)\,, \tag{5.27}$$

$$F_D \approx -d\dot{x}\,. \tag{5.28}$$

Dann erhält man in einem Schwinger mit einem Freiheitsgrad für die dissipierte Energie

$$\Delta E_D \approx -\int_0^T F_D\dot{x}\mathrm{d}t = d\int_0^T \dot{x}^2\mathrm{d}t = \pi d\omega A^2 \sim A^2\,. \tag{5.29}$$

Wir betrachten der Einfachheit halber einen Schwinger, bei dem die zugeführte Energie ΔE_Z konstant ist. Wir erhalten dann die Verhältnisse von Abb. 5.13, die typisch sind für selbsterregte Schwinger. Der Punkt mit gleich großer zugeführter und dissipierter Energie kennzeichnet im gezeigten Fall einen stabilen Grenzzyklus, der die beiden Bereiche der Anfachung und Dämpfung voneinander abgrenzt. Im Phasendiagramm bedeutet dies, dass die Schwingungen sich von außen und innen diesem Grenzzyklus nähern und dann dort stabil bleiben. Es gibt auch instabile Grenzzyklen, bei denen Anfachungs- und Dämpfbereiche umgekehrt liegen, die Dämpfung unterhalb und die Anfachung oberhalb des Grenzzyklus. Ein solcher Fall liegt bei der Pendeluhr vor, für die die prinzipiellen Verhältnisse in Abb. 5.14 gezeigt sind. Die Energiezuführung erfolgt hier sehr stark amplitudenabhängig, was einen zweiten instabilen Grenzzyklus hervorruft [37, 46]. Wird das Pendel nur sehr schwach angestoßen, so kommt der Uhrenmechanismus (zum Beispiel der GRAHAM-Gang nach Abschnitt 5.4.7) nicht zum Tragen und das Pendel wegen innerer Reibung wieder zum Stehen. Bei etwas stärkerem Anstoßen setzt sich der innere Mechanismus der Uhr in Gang und treibt die Pendelausschläge bis zum äußeren stabilen Grenzzyklus, der dem Dauerbetrieb der Uhr entspricht.

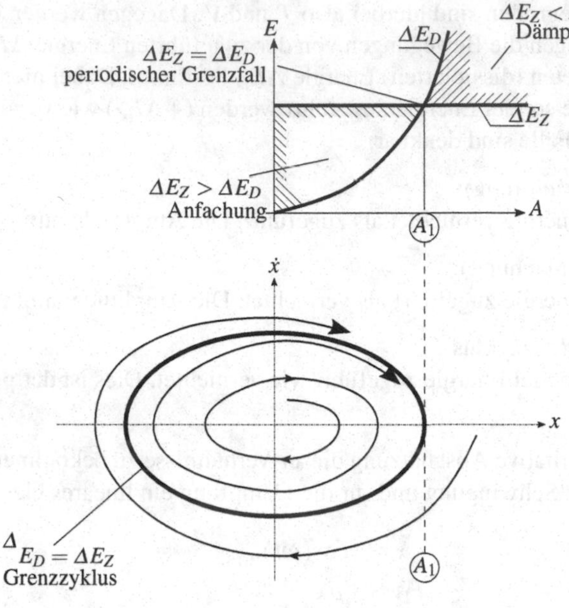

Abb. 5.13: Energiehaushalt.

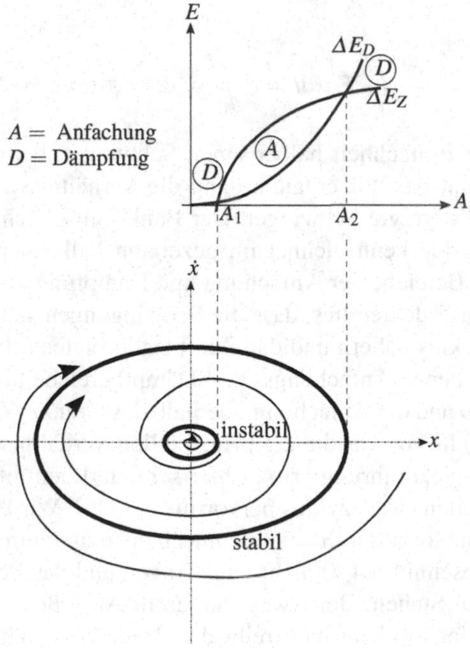

Abb. 5.14: Uhrenprinzip.

5.4.1 Hydraulische Kippschwinger

Kippschwinger gehören zum Speicher-Typ. Der prinzipielle Aufbau eines solchen Systems geht aus Abb. 5.12 hervor. Beim in Abb. 5.15 gezeigten hydraulischen Kippschwinger wird das Speichergefäß durch einen stetig fließenden Wasserstrahl gefüllt. Bei der Höhe h_2 des Wasserstandes wird der im Gefäß angebrachte He-

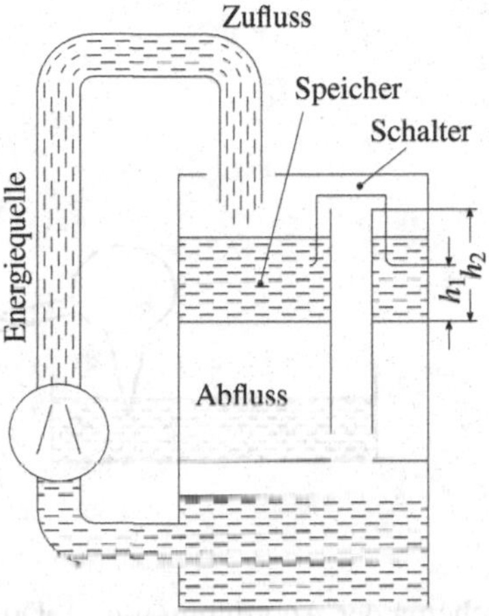

Abb. 5.15: Hydraulischer Kippschwinger.

ber, ein auf den Abfluss wirkender Schalter, aktiv und sorgt dafür, dass das Gefäß bis zur Höhe h_1 entleert wird. Durch die in den Heber eindringende Luft wird die Entleerung unterbrochen. Anschließend beginnt der Füllvorgang erneut. Der Bewegungsvorgang besteht aus einem sich wiederholenden Pendeln der Wasserhöhe h zwischen den beiden Grenzhöhen h_1 und h_2, wobei sich die Schwingungszeit T als Summe von Füllzeit T_F und Entleerzeit T_E ergibt. Das Zeitverhalten des Systems ist in Abb. 5.16a, der zum eingeschwungenen Zustand gehörende Grenzzyklus des

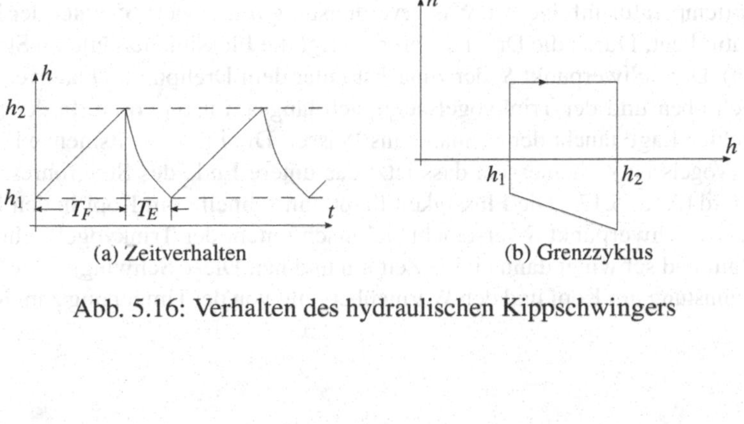

Abb. 5.16: Verhalten des hydraulischen Kippschwingers

Phasenporträts in Abb. 5.16b dargestellt.

5.4.2 Trinkvogel

Das bekannte Spielzeug des Trinkvogels (Abb. 5.17) ist ein selbsterregungsfähiges System vom Speicher-Schwinger-Typ. Damit das thermisch-mechanische System

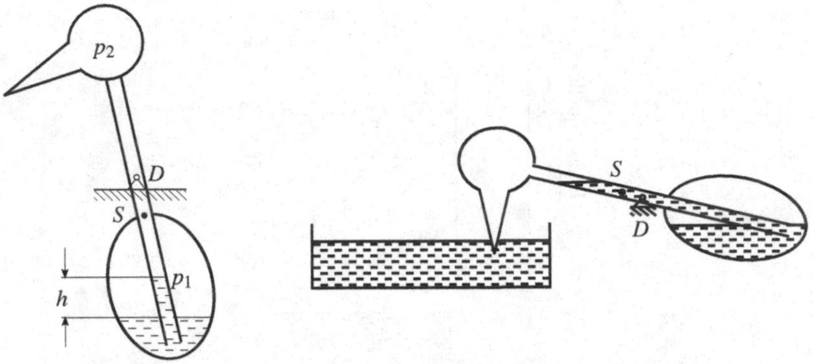

Abb. 5.17: Trinkvogel: Schema der Anordnung mit D–Drehpunkt, S–Schwerpunkt und Anordnung vor Aufrichten des Trinkvogels.

selbsterregte Schwingungen ausführen kann, ist neben einer Energiequelle (Umgebung) und einem Schalter (Steigrohr) sowohl ein Speicher (Kopf und Rumpf) als auch ein Schwinger (Pendelanordnung) nötig. Eine über den Kopf des Trinkvogels angebrachte saugfähige Schicht, die sich über den Schnabel mit Wasser vollsaugen kann, sorgt dafür, dass der Kopf feucht und kühl bleibt. Der Hals ist als Steigrohr ausgebildet, er ragt in den Rumpf hinein und ist dort von Äther oder einer anderen leicht siedenden Flüssigkeit umgeben. Sowohl im Rumpf als auch im Kopf befindet sich über der Flüssigkeit Äther-Sattdampf. Der Dampfdruck p_1 im Rumpf entspricht etwa dem der Umgebungstemperatur. Der Druck p_2 im Kopf ist geringer, da die Kopftemperatur infolge der Wasserverdunstung um etwa $0,3^\circ$ unter der Raumtemperatur liegt. Durch die Druckdifferenz steigt die Flüssigkeitssäule im Steigrohr (Höhe h). Der Schwerpunkt S, der zunächst unter dem Drehpunkt D lag, verschiebt sich nach oben und der Trinkvogel neigt sich langsam nach vorne. In der nahezu waagrechten Lage taucht der Schnabel ins Wasser. Die Flüssigkeitsmenge im Inneren des Vogels ist so bemessen, dass jetzt das untere Ende des Steigrohres freigegeben wird (Abb. 5.17). Die Flüssigkeit fließt nun schnell vom Kopf in den Rumpf zurück, der Schwerpunkt S verschiebt sich nach unten, der Trinkvogel richtet sich wieder auf und schwingt dann einige Zeit hin und her. Diese Schwingungen fördern die Verdunstung am Kopf und den Wärmeübergang von der Umgebung zum Rumpf.

Langsam steigt die Flüssigkeit im Steigrohr nach oben, der Trinkvogel neigt sich, und das Spiel beginnt von vorne.

5.4.3 Spielzeugspecht

Ein interessantes Beispiel eines nichtlinearen Schwingers mit Selbsterregung ist der Spielzeugspecht, der ein nicht-glattes dynamisches System repräsentiert [57]. Ein solches Spielzeug besteht aus einer Stange, an der der Specht schwingend herunterrutscht, aus einer Muffe, die mit Spiel auf dieser Stange gleitet, und aus dem Specht, der über eine Feder mit der Muffe verbunden ist (Abb. 5.18a). Das wichtigste Bau-

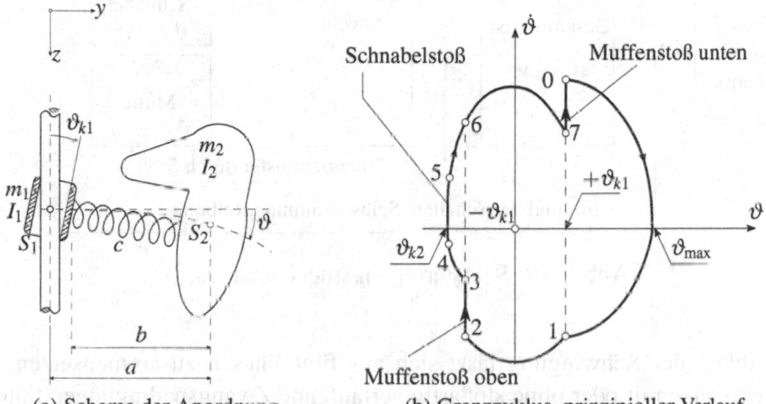

(a) Schema der Anordnung. (b) Grenzzyklus, prinzipieller Verlauf.

Abb. 5.18: Spielzeugspecht.

teil ist die Muffe mit Spiel, das bei entsprechenden Kippwinkeln $\pm\vartheta_{k1}$ für eine Selbsthemmung der Muffe sorgt. In der unteren Selbsthemmungslage $\vartheta = +\vartheta_{k1}$ (Abb. 5.18a) wird die beim Rutschen längs der Stange aus der Gravitation g aufgebaute kinetische Energie der Abwärtsbewegung nach Abzug von Stoßverlusten in Schwingungsenergie für den Specht umgewandelt, wobei der z-Freiheitsgrad der Abwärtsbewegung stillgelegt wird. Der Specht schwingt bis zu seinem Maximalausschlag und wieder zurück und gibt bei erneutem Erreichen des Kippwinkels $+\vartheta_{k1}$ die Selbsthemmung und damit den z-Freiheitsgrad wieder frei. Unter dem Einfluss der Erdschwere tritt erneut Rutschen auf, wobei der Specht jedoch jetzt nach oben schwingt $\left(\dot{\vartheta} < 0\right)$, bei $\vartheta = -\vartheta_{k1}$ wiederum Selbsthemmung erreicht und den z-Freiheitsgrad blockiert. Bei einem Winkel $\vartheta = -\vartheta_{k2}$ ($|\vartheta_{k2}| > |\vartheta_{k1}|$) wird der Specht durch den Schnabelstoß zur schnellen Umkehr gezwungen, so dass er beim Winkel $\vartheta = -\vartheta_{k1}$ erneut die Selbsthemmung aufgibt und sich damit nach unten bewegt. Hierbei schwingt er jetzt nach unten $\left(\dot{\vartheta} > 0\right)$ und geht bei $\vartheta = +\vartheta_{k1}$ in Selbsthemmung, womit der Zyklus wieder von vorne beginnt.

Die geschilderte Bewegung stellt eine nichtlineare, selbsterregte Schwingung vom Schwinger-Speicher-Typ mit einem stabilen Grenzzyklus dar. Hauptschalter ist die Muffe mit Spiel, die über Selbsthemmung sowohl die Übertragung von Translationsenergie in Schwingungsenergie als auch den Aufbau der Translationsenergie aus der Gravitation steuert. Nebenschalter ist der Schnabel des Spechts, der durch den Stoß für schnellere Schwingungsumkehr sorgt. Dieser Schnabelstoß ist jedoch für die Funktion des Spielzeugs nicht unbedingt notwendig. Der Selbsterregungsmechanismus wird in Abbildung 5.19 noch einmal verdeutlicht.

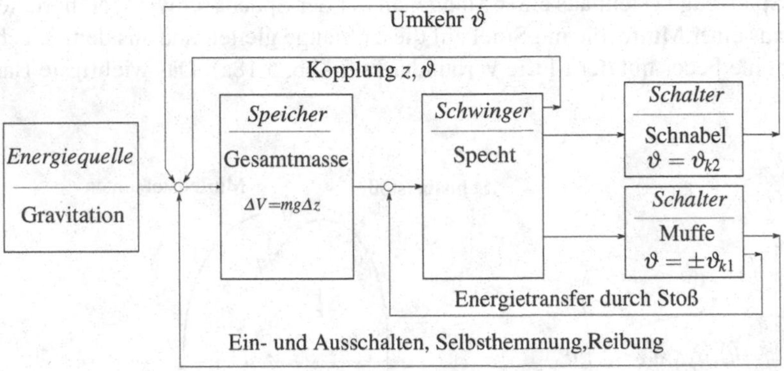

Abb. 5.19: Selbsterregungsmechanismus.

Der Ablauf der Schwingung lässt sich aus fünf Phasen zusammensetzen, die durch Übergänge mit oder ohne stoßartig verlaufende Zwangsbedingungen miteinander verbunden sind. Die einzelnen Phasen selbst werden durch Differentialgleichungen für ein oder zwei Freiheitsgrade beschrieben. Für Übergänge, bei denen stoßartig Selbsthemmung auftritt, ist $\dot{z} = 0$ (Abb. 5.18a). Die fünf Bewegungsphasen lassen sich wie in Tabelle 5.2 darstellen (Abb. 5.18b). Eine Lösung der zugehörigen Bewegungsgleichungen mit Hilfe der Anstückelmethode und unter Ausnutzung der Periodizitätsbedingung ergibt die dreidimensionalen Grenzzyklen nach Abb. 5.20.

Der Spielzeugspecht besitzt Daten $b = 0,015\,\mathrm{m}$, $a = 0,025\,\mathrm{m}$, $m_1 = 0,0003\,\mathrm{kg}$, $m_2 = 0,0045\,\mathrm{kg}$, $I_1 = 5 \cdot 10^{-9}\,\mathrm{kgm}^2$, $I_2 = 7 \cdot 10^{-7}\,\mathrm{kgm}^2$ sowie $c = 0,0056\,\mathrm{Nm}$. Die im unteren Muffenstoß vernichtete Energie betrug 79 % der zugeführten Energie. Die Abweichung zwischen Theorie und Messung der Grenzzyklus-Frequenz und der Fallhöhe bewegt sich innerhalb weniger Prozentpunkte [57].

5.4.4 Reibschwinger

Schwingungssysteme mit trockener Reibung (COULOMB-Reibung) finden sich in vielen technischen Anwendungen, wobei die Reibung selbst häufig die Ursache selbsterregter Schwingungen darstellt. Der Entstehungsmechanismus ist dabei stets

Abb. 5.18b	Freiheitsgrad	$(\vartheta, \dot{\vartheta})$ – Anfang	$(\vartheta, \dot{\vartheta})$ – Ende	Translation z
0 - 1	ϑ	$\vartheta = +\vartheta_{k1}$ $\dot{\vartheta} > 0$	$\vartheta = +\vartheta_{k1}$ $\dot{\vartheta} < 0$	$\dot{z} = 0$
1 - 2	ϑ, z	$\vartheta = +\vartheta_{k1}$ $\dot{\vartheta} < 0$	$\vartheta = -\vartheta_{k1}$ $\dot{\vartheta} < 0$	$\dot{z} > 0$
3 - 4	ϑ	$\vartheta = -\vartheta_{k1}$ $\dot{\vartheta} < 0$	$\vartheta = -\vartheta_{k2}$ $\dot{\vartheta} < 0$	$\dot{z} = 0$
5 - 6	ϑ	$\vartheta = -\vartheta_{k2}$ $\dot{\vartheta} > 0$	$\vartheta = -\vartheta_{k1}$ $\dot{\vartheta} > 0$	$\dot{z} = 0$
6 - 7	ϑ, z	$\vartheta = -\vartheta_{k1}$ $\dot{\vartheta} > 0$	$\vartheta = +\vartheta_{k1}$ $\dot{\vartheta} > 0$	$\dot{z} > 0$

Tabelle 5.2: Bewegungsphasen.

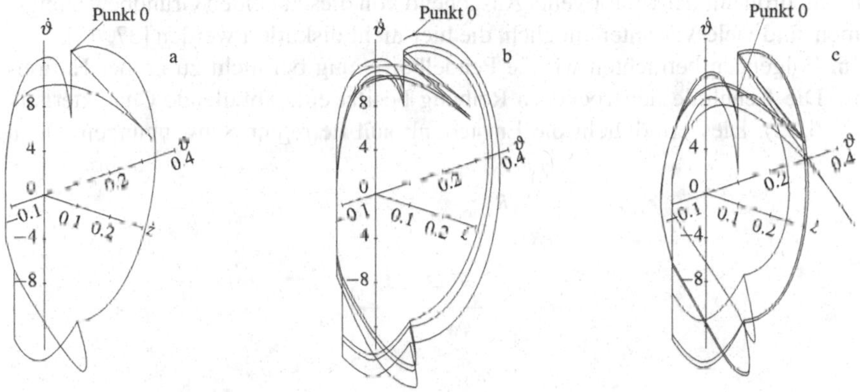

Abb. 5.20: Ergebnisse: a Bezugs-Grenzzyklus, b Annäherung von außen, c Annäherung von innen [57].

der gleiche, so dass das Prinzip am Beispiel des Reibungspendels (FROUDE'sches Pendel) betrachtet werden soll.

Das Reibungspendel besteht aus einem Motor, dessen Welle mit konstanter Winkelgeschwindigkeit $\dot{\varphi}_w$ umläuft (Abb. 5.21). Auf dieser Welle ist ein Pendel lose aufgesteckt, dass es sich zwar frei bewegen kann, wegen der Reibungskräfte zwischen Pendelmuffe und Welle jedoch mitgenommen wird. Dieser Mitnahmeeffekt geht jeweils bis zu dem Punkt, bei dem das durch die Haftreibungskräfte erzeugte Pendelmoment dem Gewichtsmoment nicht mehr die Waage halten kann.

Folgende Bewegungen sind denkbar. Bei nicht zu großer Haftreibung schwingt das Pendel hin und her mit einer Vorzugstendenz in Drehrichtung. Die Umkehrpunkte der Pendelschwingung bestimmen sich aus dem Gleichgewicht der Haftreibung, der geschwindigkeitsabhängigen Reibungskräfte an der Welle und den Gravitationskräften. Bei genügend großer Haftreibung dreht das Pendel durch und bewegt

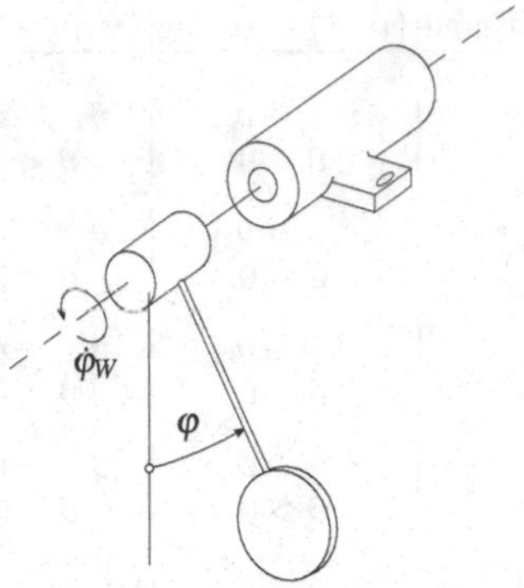

Abb. 5.21: Reibungspendel.

sich synchron mit der Motorwelle. Ausgehend von diesen beiden Grundbewegungsformen sind viele Varianten möglich, die hier nicht diskutiert werden [37, 46].

Im Folgenden betrachten wir die Pendelbewegung bei nicht zu großer Haftreibung. Die Kennlinie der trockenen Reibung besitzt eine abfallende Charakteristik (Abb. 5.22). Dies ermöglicht die Entstehung selbsterregter Schwingungen. Denn

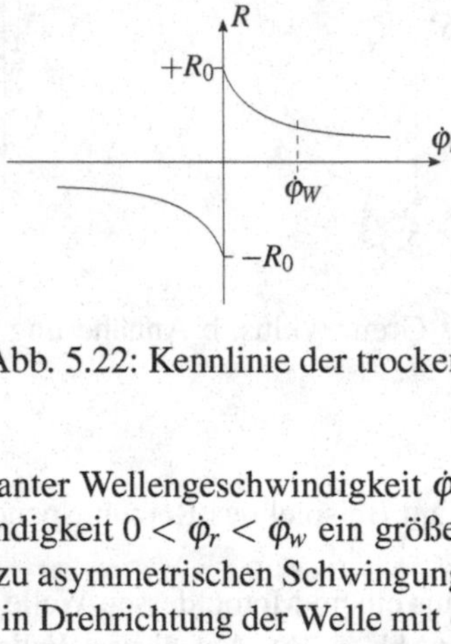

Abb. 5.22: Kennlinie der trockenen Reibung.

um den Punkt konstanter Wellengeschwindigkeit $\dot{\varphi}_w$ hat man im Bereich der relativen Winkelgeschwindigkeit $0 < \dot{\varphi}_r < \dot{\varphi}_w$ ein größeres Reibmoment als im Bereich $\dot{\varphi}_r > \dot{\varphi}_w$. Dies führt zu asymmetrischen Schwingungsverhältnissen. Bewegt sich das Pendel in Abb. 5.21 in Drehrichtung der Welle mit $\dot{\varphi} > 0$, so ist wegen $\dot{\varphi}_r = \dot{\varphi}_w - \dot{\varphi}$ die Relativdrehung $\dot{\varphi}_r < \dot{\varphi}_w$, und es wird gemäß Abb. 5.22 ein größeres Reibmoment ausgeübt als im Fall $\dot{\varphi} < 0$ und $\dot{\varphi}_r > \dot{\varphi}_w$. Dem Pendel wird damit während einer Vollschwingung über das Reibmoment Energie zugeführt.

Die Bewegungsgleichung für das Reibpendel in Abb. 5.21 ergibt sich zu

$$J\ddot{\varphi} + d\dot{\varphi} + mgs\sin\varphi = R \tag{5.30}$$

mit den folgenden Größen: J Pendelträgheitsmoment, d geschwindigkeitsproportionaler Dämpfwert, m Pendelmasse, g Gravitationskonstante, s Abstand des Pendelschwerpunkts vom Aufhängepunkt, R Reibmoment, φ Pendelwinkel. Das Reibmoment hängt von der relativen Pendelgeschwindigkeit $\dot{\varphi}_r$ ab:

$$R = R(\dot{\varphi}_r) = R(\dot{\varphi}_w - \dot{\varphi}) \,. \tag{5.31}$$

Mit den dimensionslosen Größen

$$\frac{d}{J} = 2\delta \,, \quad \frac{mgs}{J} = \omega_0^2 \,, \quad \frac{R}{J} = r \tag{5.32}$$

erhält man

$$\ddot{\varphi} + 2\delta\dot{\varphi} + \omega_0^2 \sin\varphi = r(\dot{\varphi}_w - \dot{\varphi}) \tag{5.33}$$

oder durch Einführen der Geschwindigkeit und Elimination der Zeit umgeschrieben

$$\dot{\varphi}\frac{\mathrm{d}\dot{\varphi}}{\mathrm{d}\varphi} = r(\dot{\varphi}_w - \dot{\varphi}) - 2\delta\dot{\varphi} - \omega_0^2 \sin\varphi \,. \tag{5.34}$$

Bei bekannter Reibungsfunktion r lässt sich hieraus das Phasendiagramm konstruieren. Zunächst erkennt man eine Gleichgewichtslage mit $\dot{\varphi} = 0$:

$$r(\dot{\varphi}_w) - \omega_0^2 \sin\varphi = 0 \tag{5.35}$$

und schließlich

$$\sin\varphi_0 = \frac{r(\dot{\varphi}_w)}{\omega_0^2} = \frac{R(\dot{\varphi}_w)}{mgs} \,. \tag{5.36}$$

Dies bedeutet physikalisch, dass sich das Pendel aufgrund der Reibung zwischen Pendelmuffe und Motorwelle auf einen Wert $\varphi_0 = \varphi_w > 0$ einstellt, der einem Gleichgewicht zwischen Reibmoment R und Gravitationsmoment mgs entspricht.

Falls bei größeren Pendelausschlägen die Pendelgeschwindigkeit gerade gleich der Wellengeschwindigkeit wird, also $\dot{\varphi} = \dot{\varphi}_w$ und $\dot{\varphi}_r = 0$, so entspricht dies einem Bewegungszustand mit maximaler Reibung $R_0 = R(0)$ oder $r_0 = r(0)$. Diese Ruhe-Reibung oder Haftreibung kann nur aufgehoben werden, wenn die Dämpfungs- und Rückstellkräfte gerade den Wert r_0 erreichen. Erst dann löst sich das Pendel wieder von der Welle und beginnt eine Schwingung nach unten. Ein solcher *Abreißpunkt* lässt sich aus

$$r_0 - 2\delta\dot{\varphi}_w - \omega_0^2 \sin\varphi_1 = 0 \tag{5.37}$$

zu

$$\sin\varphi_1 = \frac{r_0 - 2\delta\dot{\varphi}_w}{\omega_0^2} \tag{5.38}$$

berechnen. Im Phasendiagramm liegt der Punkt φ_1 auf der *Sprunglinie* $\dot{\varphi}_r = 0$. Für diesen Wert springt die Haftreibung von $-R_0$ auf $+R_0$ (Abb. 5.22). Jede Bewegung in der Nähe der Sprunglinie mündet in diese (Abb. 5.23). Denn wenn die Pendelge-

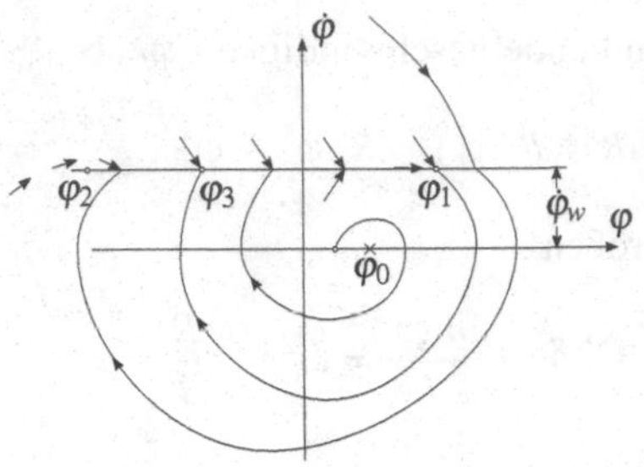

Abb. 5.23: Phasendiagramm für ein Reibungspendel.

schwindigkeit $\dot\varphi$ kleiner als $\dot\varphi_w$ ist, so wird mit wachsendem $\dot\varphi$ die Differenz $\dot\varphi_w - \dot\varphi$ kleiner, das Reibmoment größer (Abb. 5.22), und die Bewegung tendiert zu $\dot\varphi = \dot\varphi_w$. Andererseits würde ein Überschwingen mit $\dot\varphi > \dot\varphi_w$ ein negatives Reibmoment entgegen der Wellendrehrichtung zur Folge haben, das erstens vom Gravitationsmoment nicht mehr kompensiert werden könnte, aber zweitens dafür sorgt, dass die Bewegung auf der Sprunglinie mit $\dot\varphi = \dot\varphi_w$ bleibt.

Die äußerste linke Begrenzung der Sprunglinie ist ein Punkt mit $\dot\varphi = \dot\varphi_w$, $r = -r_0$ und dem zugehörigen (negativen) Pendelwinkel

$$\sin\varphi_2 = -\left(\frac{r_0 + 2\delta\dot\varphi_w}{\omega_0^2}\right) . \tag{5.39}$$

Alle Phasenkurven, die in die Strecke φ_2–φ_1 einmünden, laufen zunächst bis zum Punkt φ_1 weiter und dann spiralförmig um die mit (5.39) definierte Gleichgewichtslage herum. Bei großer Eigendämpfung können sich die Phasenkurven auf den Nullpunkt zusammenziehen, bei mäßiger Eigendämpfung bildet sich ein Grenzzyklus der Trajektorie φ_1–φ_3 in Abb. 5.23 aus [37, 46].

5.4.5 *Kármán'sche Wirbelstraße*

Die periodische Wirbelablösung bei senkrecht angeströmten runden Strukturen (Drähte, Streben und ähnliches) kann zu Resonanzerscheinungen mit den Eigenfrequenzen der betreffenden Struktur und zu Brüchen führen. Berühmtestes Beispiel ist der Einsturz der Tacoma-Brücke am 7.11.1940 [36]. Weniger spektakuläre Beispiele sind Schwingungen von Überlandleitungen oder das Singen von Telefondrähten [63]. In allen Fällen handelt es sich um selbsterregte Schwingungen, die ihre Energie im Takte der Wirbelablösungen aus der Strömung entnehmen.

Als erster hat derartige periodische Wirbelstrukturen Theodore von KÁRMÁN 1911 in Göttingen untersucht (als Assistent von Ludwig PRANDTL). Er kam zu dem Ergebnis, dass nur bestimmte, versetzte Wirbelkonfigurationen stabil sein können (Abb 5.24). Eine derartige stabile Anordnung besitzt das Weiten-Abstands-

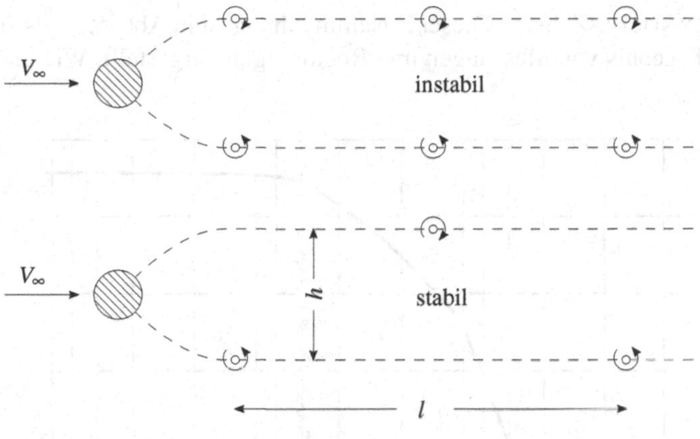

Abb. 5.24: Wirbelanordnungen nach einem angeströmten Kreiszylinder.

Verhältnis

$$\frac{h}{l} = 0,283\,. \tag{5.40}$$

Wir betrachten einen umströmten Zylinder mit Durchmesser D. Die Geschwindigkeit, mit der die stabile Wirbelbildung und -ablösung erfolgt, ist gleich der Anströmgeschwindigkeit V_∞ vermindert um die sogenannte induzierte Geschwindigkeit u. Diese wird durch die Zirkulation Γ $\left[\mathrm{m}^2/\mathrm{s}\right]$ der Wirbel verursacht:

$$V_w = V_\infty - u = V_\infty - \frac{1}{\sqrt{8}}\frac{\Gamma}{l}\,. \tag{5.41}$$

Ein neues Wirbelpaar wird damit in der Zeit

$$T = \left(\frac{l}{V_\infty - u}\right) \tag{5.42}$$

gebildet. Die wechselseitige Wirbelablösung mit Frequenz f kann den umströmten Körper zum zerstörerischen Schwingen anregen, wenn seine Eigenfrequenzen angeregt werden. Wir sind daher daran interessiert, die Frequenz f für eine stabile Wirbelstraße abzuschätzen.

Eine regelmäßige Wirbelstraße tritt nur für REYNOLDS-Zahlen $Re = \frac{V_\infty D}{\nu}$ von etwa 60 bis 5000 auf mit der kinematischen Viskosität ν. Für kleinere REYNOLDS-Zahlen ist der Nachlauf laminar, für größere REYNOLDS-Zahlen liegt völlig turbulente Vermischung vor. In dem angegebenen Bereich von REYNOLDS-Zahlen ergibt sich nach Messungen eine eindeutige Abhängigkeit der dimensionslosen STROUHAL-Zahl [63]

$$S = \frac{fD}{V_\infty} \tag{5.43}$$

von der REYNOLDS-Zahl Re. Dieser Zusammenhang ist in Abb. 5.25 als zusammenfassendes Ergebnis von Messungen und Rechnungen dargestellt. Wie man erkennt,

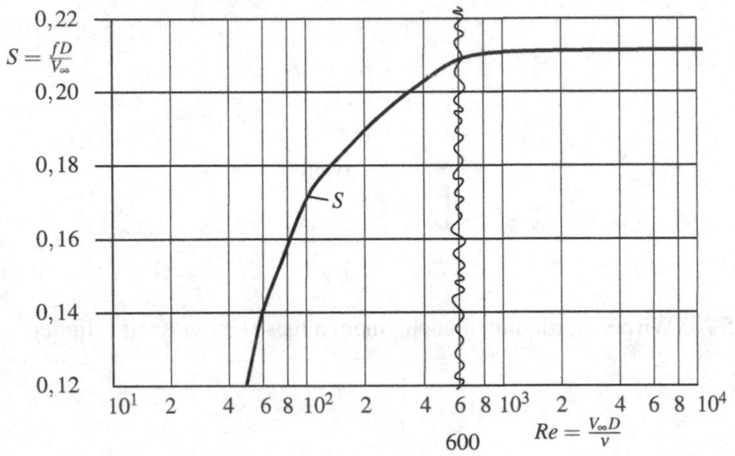

Abb. 5.25: STROUHAL-Zahl in Abhängigkeit von der REYNOLDS-Zahl für die Strömung um Kreiszylinder [63].

ergeben sich für größere REYNOLDS-Zahlen konstante STROUHAL-Zahlen mit dem Wert $S = 0,21$.

Bei kleinen Zylinderdurchmessern und mäßigen Geschwindigkeiten ergeben sich Frequenzen im akustischen Bereich. So ist beispielsweise das bekannte Singen der Telegraphendrähte hierauf zurückzuführen. Bei einer Luftgeschwindigkeit $V_\infty = 10\,\mathrm{m/s}$ und einem Drahtdurchmesser $D = 2\,\mathrm{mm}$ ergibt sich eine Frequenz

$$f = 0,21 \frac{10\,\mathrm{m/s}}{0,002\,\mathrm{m}} = 1050\,\mathrm{s}^{-1} . \tag{5.44}$$

Dabei ist die REYNOLDS-Zahl $Re \approx 1200$.

Die Entdeckung der Wirbelstraße und die mit dem Einsturz der Tacoma-Brücke verbundenen Arbeiten und Probleme hat Theodore von KÁRMÁN in seinem Buch *Die Wirbelstraße* sehr amüsant dargestellt [36].

5.4.6 Flügelflattern

Die im Flugzeug-, Hubschrauber- und Turbinenbau bekannten Erscheinungen des Flügelflatterns sind ebenso wie die KÁRMÁN'sche Wirbelstraße den strömungsbedingten Selbsterregungsmechanismen zuzuordnen [9]. Als Koppeleffekte zwischen den Strömungsverhältnissen um den Flügel und den elastischen Eigenschaften des Flügels selbst gehören selbsterregte Flatterschwingungen zu den aeroelastischen

Problemen, die bei jeder Auslegung von Flügeln oder Schaufeln berücksichtigt werden müssen. Hierzu sind im Allgemeinen sehr umfangreiche und komplizierte Berechnungen notwendig, auf die wir nur hinweisen können. Den prinzipiellen Selbsterregungsmechanismus wollen wir an einem Gedankenmodell diskutieren.

Sehen wir in vereinfachender Weise einen Flugzeug-Tragflügel als einen Balken an, der Biege- und Torsionsschwingungen ausführen kann, und berücksichtigen wir weiterhin von diesen Biege- und Torsionsschwingungen jeweils nur die erste Eigenfrequenz und die zugehörige erste Eigenform (Kapitel 3), so ergibt sich Abb. 5.26. Die Biegeschwingung sorgt dafür, dass sich der Flügel auf- und abwärts bewegt, die Torsionsschwingung erzeugt in jeder Bewegungsphase eine Verdrehung des Flügelquerschnitts gegenüber der Anströmungsrichtung. Ob nun der Flügel ins Flattern gerät oder nicht, hängt von den Eigenfrequenzen von Biegung und Torsion sowie von der Phasenlage zueinander ab. In Abb. 5.26 ist ein Fall gezeigt, bei dem Biege- und

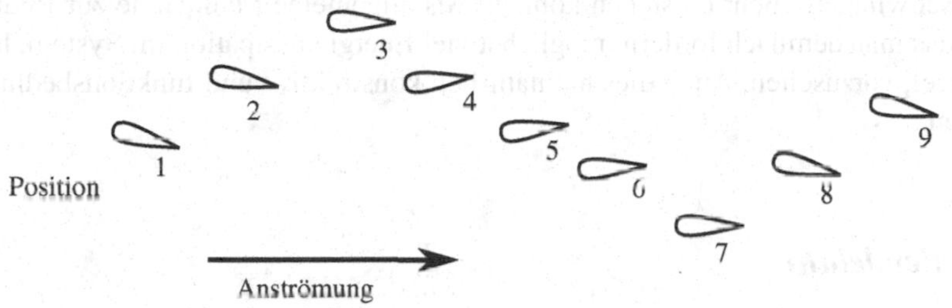

Abb. 5.26: Prinzip des Flügelflatterns [9].

Torsionsschwingung die gleiche Eigenfrequenz, aber eine um 90° verschobene Phasenlage besitzen. Wenn der Flügel nach oben schwingt, verdreht er sich gleichzeitig in einer solchen Art und Weise, dass ein positiver Anstellwinkel und damit ein zusätzlicher Flügelauftrieb entsteht. Schwingt der Flügel als Biegebalken nach unten, so verdreht er sich gleichzeitig derart, dass ein negativer Anstellwinkel und damit Abtrieb erzeugt wird. Bei solchen Verhältnissen werden die elastischen Schwingungen des Flügels durch die Aerodynamik angefacht, es können instabile Zustände entstehen.

Der Selbsterregungsmechanismus des Flatterns lässt sich damit folgendermaßen charakterisieren. Aus der Strömungsenergie des umgebenden Fluids wird im Takte der elastischen Eigenschwingungen des Flügels Energie entnommen, die wiederum dazu dient, den Schwingungsprozess in Gang zu halten. Als Schalter wirken die Torsionsschwingungen, die dem Flügel im richtigen Augenblick den Anstellwinkel aufzwingen, der über die Bildung von zusätzlichem Auftrieb oder Abtrieb die Schwingungen unterstützt. Dieser Prozess hängt von der Fluggeschwindigkeit ab. Es existieren verschiedene kritische Geschwindigkeiten, bei denen die unterschiedlichsten Formen des Flatterns auftreten können: es gibt noch kompliziertere Flattererscheinungen als die oben beschriebene. Um bei solchen Geschwindigkeiten eine Gefährdung des Flugzeuges auszuschließen, muss über geeignete Auslegungsmaßnahmen das Flattern reduziert werden. Hierfür gibt es einige allgemeine Herangehensweisen.

Über eine Anpassung der Massen- und Steifigkeitsverteilungen lassen sich erstens die Eigenfrequenzen eines Flügels verschieben. Eine solche klassische Maßnahme ist gut bei erzwungenen, fremderregten Schwingungen, wo sie zur Vermeidung von Resonanzen benutzt wird. Zweitens wäre eine Entkopplung von elastischen Freiheitsgraden in vielen Fällen wünschenswert, da man dann jeden Freiheitsgrad für sich dämpfen könnte. Sie scheidet aber bei modernen Flügelkonfigurationen meistens aus konstruktiven Gründen aus. Eine dritte wichtige Maßnahme besteht in einer Vergrößerung der Dämpfung, insbesondere für Schwingungen des selbsterregten Typs. Wie wir in Abb. 5.13 und Abb. 5.14 gesehen haben, entsteht eine selbsterregte Schwingung aus dem Gleichgewicht zwischen zugeführter und dissipierter Energie. Die mittlere Amplitude des sich dabei einstellenden Grenzzyklus wird um so kleiner ausfallen, je mehr Energie vernichtet wird. Im Grenzfall würde keine Schwingung mehr entstehen können. Als allgemeine Maßnahme zur Reduktion muss man demnach fordern, möglichst viel Energiedissipation im System, hier im Flügel, vorzusehen. Auch dies hat natürlich konstruktive und funktionsbedingte Grenzen.

5.4.7 Pendeluhr

Die Pendeluhr mit einem GRAHAM-Gang bietet ein klassisches Beispiel einer selbsterregten Schwingung. Energiequelle ist eine Torsionsfeder oder ein aufgewickeltes Gewicht, Schwinger ein Pendel und Schalter der Anker mit seinen Eingangs- und Ausgangsklauen im Zusammenspiel mit dem Gangrad (Abb. 5.27). Das Gangrad wird entweder von einer Feder oder von einem Gewicht unter einer Momentenspannung gehalten, so dass es stets die Neigung hat, sich im Sinne dieses äußeren Momentes weiterzudrehen.

Der GRAHAM-Gang besteht aus einem Gangrad mit sägeförmigen Zähnen, das von der Uhrfeder beziehungsweise dem Gewicht angetrieben wird, sowie einem mit dem Pendel fest verbundenen Anker, dessen beide Klauen, die Eingang- und Ausgangsklaue, aus Stücken eines zur Pendelachse konzentrischen Ringes bestehen [7, 20, 37].

Nehmen wir nun an, das Pendel sei im Begriff, von seiner äußersten Stellung R aus von rechts nach links zu schwingen, so gleitet zunächst die Spitze Z_L eines Zahnes des Gangrades am kreiszylindrischen Teil des Außenrandes der Eingangsklaue entlang. Hierbei bleibt das Gangrad in Ruhe und übt, wenn wir von Reibungskräften absehen, keine Kraft auf das Pendel aus. Hat das Pendel eine Stellung U_1 erreicht, die noch rechts von der Mittellage 0 ist, so geht die Zahnspitze Z_L des Gangrades vom Außenrand der Eingangsklaue auf die schräge Seitenfläche E_1E_2 dieser Klaue über. Hierbei kann sich das Gangrad weiter drehen und übt auf das Pendel eine Kraft aus, die ein Moment M_L am Pendel im Sinn seiner Bewegungsrichtung zur Folge hat, bis die Zahnspitze Z_L den Punkt E_2 erreicht, welcher der schon links von

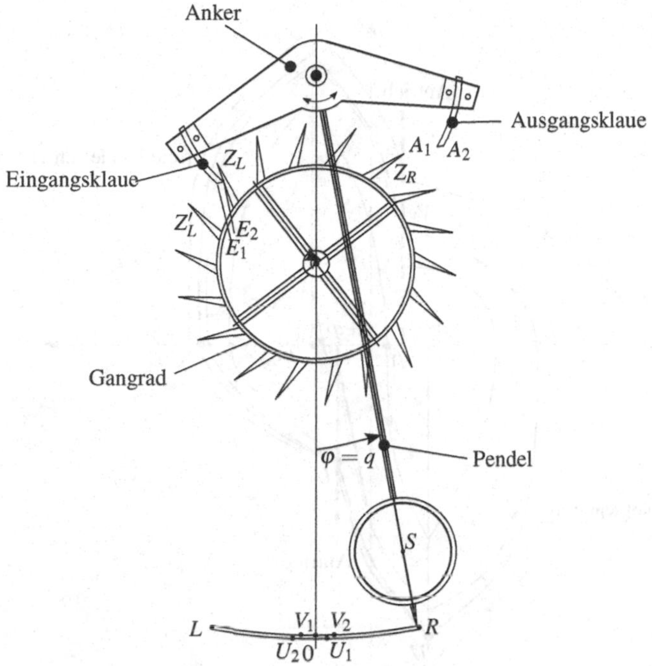

Abb. 5.27: GRAHAM-Gang einer Pendeluhr.

der Mittellage 0 befindlichen Pendelstellung U_2 entspricht. In diesem Augenblick dreht sich das Gangrad ungehemmt weiter, bis der der Ausgangsklaue am nächsten liegende Zahn mit seiner Spitze Z_R auf den Innenrand der Ausgangsklaue stößt, wodurch ein Weiterdrehen des Gangrades vorläufig verhindert wird. Hierbei darf man annehmen, dass das Pendel beim Auftreffen der Zahnspitze Z_R auf die Ausgangsklaue sich praktisch noch nicht über U_2 hinausbewegt hat. Schwingt nun das Pendel weiter nach links bis zu seinem der Stellung L entsprechenden Größtausschlag, so gleitet die Zahnspitze Z_R am Innenrand der Ausgangsklaue entlang, wobei sich das Gangrad nicht weiterdrehen kann.

Bei der nun folgenden Halbschwingung des Pendels aus der Stellung L nach rechts gleitet die Zahnspitze Z_R zunächst wieder am Innenrand der Ausgangsklaue zurück (über den der Pendelstellung U_2 entsprechenden, von Z_R bei der vorhergehenden Halbschwingung erreichten Auftreffpunkt hinaus), bis sie den Punkt A_1 auf der schrägen Seitenfläche der Ausgangsklaue erreicht. Die hierbei erzielte Pendelstellung V_1 liegt noch links von der Mittelstellung 0. Nun gleitet die Zahnspitze Z_R an der schrägen Seitenfläche A_1A_2 der Ausgangsklaue entlang, wobei sich das Gangrad dreht und auf das Pendel eine Kraft ausübt, die ein Moment M_L zur Folge hat, das wiederum im Sinn der Bewegungsrichtung wirkt. Hat die Zahnspitze Z_R einer Pendeluhr den Punkt A_2 erreicht, dem eine rechts von U_1 liegende Pendelstellung V_2 entspricht, so dreht sich das Gangrad ungehemmt und sehr rasch weiter, bis die auf Z_L folgende Zahnspitze Z_L' auf den Außenrand der Eingangsklaue trifft, wodurch

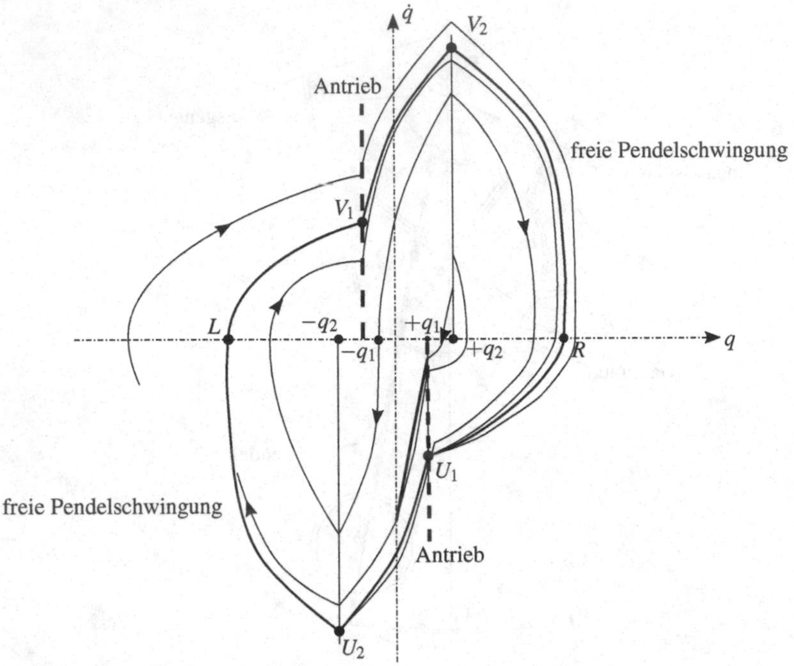

Abb. 5.28: Vereinfachte Darstellung des Grenzzyklus einer Pendeluhr mit GRAHAM-Gang [37].

das Gangrad wieder stehenbleibt. Solange nun das Pendel seine Halbschwingung nach rechts vollendet, gleitet die Zahnspitze Z'_L am Außenrand der Eingangsklaue entlang, bis wieder eine Stellung erreicht ist, die der Anfangsstellung R entspricht, von wo aus eine neue Halbschwingung nach links beginnt und sich die Vorgänge an dem nunmehr um einen Zahn weitergedrehten Gangrad wiederholen. Man stellt nun die Eingangs- und die Ausgangsklaue am Anker so ein, dass die Pendelstellungen U_1 und V_1 sowie U_2 und V_2 symmetrisch zur Mittelstellung 0 liegen, wobei $\overline{0U}_2 = \overline{0V}_2$ größer als $\overline{0U}_1 = \overline{0V}_1$ ist [37].

Ohne auf die Details der umfangreichen Rechnungen mit Hilfe des Anstückelverfahrens einzugehen, wollen wir im Folgenden den Grenzzyklus betrachten, der dieser stabilen Pendelbewegung zugrunde liegt. Wir bezeichnen die von der Lotrechten aus gemessenen zu U_1, U_2, V_1, V_2 gehörigen Ausschlagswinkel q des Pendels der Reihe nach mit $+q_1$, $-q_2$, $-q_1$, $+q_2$, wobei $q_2 > q_1 > 0$ ist. Dann läuft im Grenzzyklus die Bewegung des Pendels wie im folgenden Abschnitt beschrieben ab.

Das Pendel schwingt von der Stellung $V_2\,(+q_2)$ in einem elliptischen Bogen über die Stellung R ($\dot{q} = 0$) zum Punkt $U_1(+q_1)$ zurück, um dann längs des Bogens von $(+q_1)$ bis $(-q_2)$ entsprechend der Strecke $(U_1 - U_2)$ angetrieben zu werden. Auf der linken Seite schwingt das Pendel von $U_2\,(-q_2)$ über Punkt L ($\dot{q} = 0$) nach

$V_1(-q_1)$ und wird dann längs des Bogens $V_1(-q_1)$ bis $V_2(+q_2)$ wiederum angetrieben. Die Anstückellösung zeigt einen Grenzzyklus, der sich infolge der Dissipation an den Klauenflanken aus elliptischen Spiralen zusammensetzt (Abb. 5.28 und [37]).

5.5 Parametererregte Schwingungen

Parametererregte Schwingungen ergeben sich bei periodisch zeitvariablen Parametern des betrachteten Schwingungssystems und werden erst dann wirksam, wenn das System aus seiner ungestörten Gleichgewichtslage ausgelenkt wird.

5.5.1 Übersicht

Typische praktische Beispiele für parametererregte Schwingungserscheinungen sind Unsymmetrien bei Rotoren und Läufern, Versatz bei Gelenkwellen oder die periodisch zeitvariable Zahnsteifigkeit bei Zahnradgetrieben [9, 41, 64]. Das letztgenannte Beispiel zeigt alle typischen Eigenschaften dieser Schwingungsart. Der Zahneingriff bei einem Stirnradgetriebe erfolgt längs der sogenannten Eingriffslinie, wobei die Zahl der eingreifenden Zähne wechselt. Dies führt dazu, dass die Zahnsteifigkeit $k_v(t)$ um einen Mittelwert periodisch schwankt (Abb. 5.29). In ei-

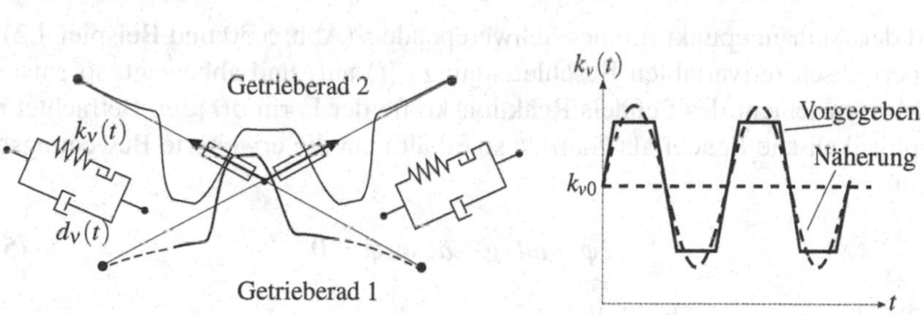

Abb. 5.29: Ersatzmodell eines einstufigen, geradverzahnten Zahnradgetriebes und die zugehörige Zahnsteifigkeitsfunktion mit Näherung.

nem mechanischen Ersatzmodell kann man den zeitvariablen Zahneingriff durch entsprechende Feder und Dämpfer darstellen (Abb. 5.29). Leitet man hierfür die Bewegungsgleichungen her, so erhält man zeitvariable Dämpf- und Federmatrizen als typisches Kennzeichen parametererregten Verhaltens.

Eine nur bei parametererregten Systemen zu beobachtende mitunter gefährliche Erscheinung ist die der *Kombinationsresonanzen*. Bei Erregung des Systems mit Erregerfrequenzen Ω, die in der Nähe von bestimmten Kombinationen der Eigenkreisfrequenzen des ungedämpften, zeitinvarianten Systems liegen, können die Amplituden sehr stark anwachsen. Man erhält Resonanzerscheinungen und möglicherweise

Instabilitäten. Diese Parameter- und Kombinationsresonanzen treten bei Frequenzen auf, die sich folgendermaßen darstellen lassen:

$$\Omega = \frac{1}{p}\left(q_k\omega_k \pm q_l\omega_l\right) . \tag{5.45}$$

Dabei ist $(p, q_k, q_l) = 1, 2, 3, \ldots$ und $(k, l) = 1, 2, 3, \ldots f$ mit der Anzahl der Freiheitsgrade f. Es sind (ω_k, ω_l) die Eigenkreisfrequenzen des ungedämpften, zeitinvarianten Systems mit $d_v(t) = 0$ und $k_v(t) = k_{vo}$.

Man muss demnach auch solche Erregerfrequenzen (zum Beispiel Drehzahlen) vermeiden, deren Wert mit (5.45) übereinstimmt. Die Beurteilung des Schwingungsverhaltens alleine nach den Eigenkreisfrequenzen reicht bei parametererregten Systemen nicht aus und kann zu gefährlichen Fehlschlüssen führen.

Man bezeichnet parametererregte Schwingungen manchmal auch als *rheonome Schwingungen*, in Anlehnung an die in der analytischen Mechanik übliche Bezeichnungsweise für rheonome (zeitvariable) Zwangsbedingungen. Je nach Art des Systems hat man dann *rheolineare* oder *rheonichtlineare Schwingungen.*

5.5.2 Bewegung und Stabilität parametererregter Schwingungen

5.5.2.1 Schwerependel mit bewegtem Aufhängepunkt

Wird der Aufhängepunkt A eines Schwerependels (Abb. 5.30 und Beispiel 4.2) mit der periodisch zeitvariablen Beschleunigung $\ddot{a}(t)$ auf- und abbewegt, so entstehen am Massenelement des Pendels Reaktionskräfte der Form $\ddot{a}(t)\mathrm{d}m$. Betrachtet man das physikalische Pendel als Ganzes, so erhält man die erweiterte Bewegungsgleichung

$$J\ddot{\varphi} + ml\left(g + \ddot{a}\right)\sin\varphi = 0 \tag{5.46}$$

mit Trägheitsmoment J bezüglich A und

$$\ddot{a} = \ddot{a}_0 \cos\left(\Omega_0 t\right) . \tag{5.47}$$

Mit

$$\tau = \Omega_0 t \ , \quad \lambda = \frac{mlg}{\Omega_0^2 J} \ , \quad \gamma = \frac{ml\ddot{a}_0}{\Omega_0^2 J} \ , \quad \frac{\mathrm{d}}{\mathrm{d}\tau} = (\,\cdot\,)' \tag{5.48}$$

kann man diese Bewegungsgleichung um den unteren Gleichgewichtspunkt linearisiert in dimensionsloser Form schreiben [37]:

$$\varphi'' + \left(\lambda + \gamma\cos\tau\right)\varphi = 0 . \tag{5.49}$$

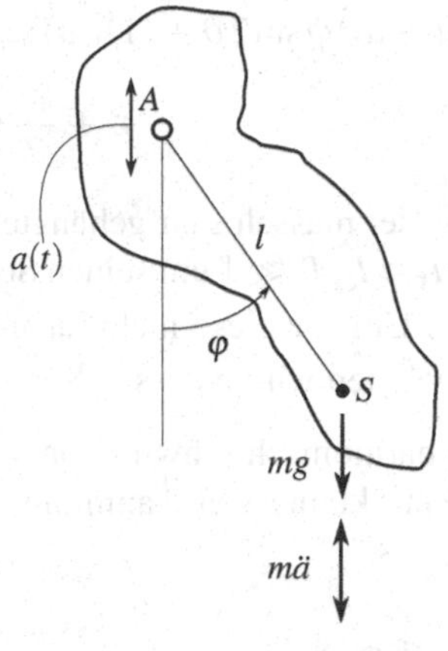

Abb. 5.30: Schwerependel mit bewegtem Aufhängepunkt.

5.5.2.2 Kane's Babyschuhe

Ein Stanforder Student machte bei kleinen, am Autospiegel hängenden Babyschuhen die Beobachtung, dass sie bei bestimmten Erregerfrequenzen des Autos besonders stark schaukelten. KANE bildete ein Ersatzmodell mit zwei Freiheitsgraden und konnte nachweisen, dass es sich um parametererregte Schwingungen handelte (Abb. 5.31) [35]. Die Bewegungsgleichungen für das Ersatzmodell lauten:

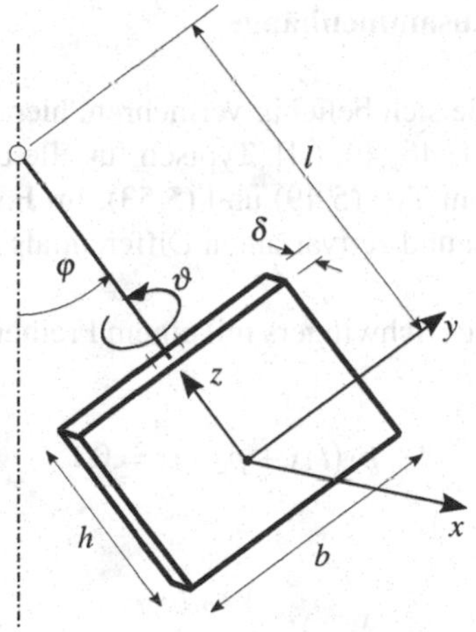

Abb. 5.31: Ersatzmodell der Babyschuhe nach KANE [35].

$$\left(1 + a\cos^2\vartheta\right)\ddot{\varphi} - a\dot{\vartheta}\dot{\varphi}\sin 2\vartheta + (1+a)\,\Omega_0^2 \sin\varphi = 0\,, \tag{5.50}$$

$$\ddot{\vartheta} + \frac{\dot{\varphi}^2}{2}\sin 2\vartheta = 0\,. \tag{5.51}$$

Dabei wird angenommen, dass der masselos aufgehängte Schuh die Masse m sowie die Massenträgheitsmomente $I_x \approx I_z, I_y \ll 1$ um seinen Schwerpunkt besitzt, so dass $a = \frac{I_x}{ml^2}$ und $\Omega_0 = \frac{mlg}{ml^2+I_x}$ gilt. Um für diese nichtlinearen Gleichungen eine erste Abschätzung zu bekommen, nehmen wir an dass

- die Minimalkoordinate φ harmonisch schwingt: $\varphi = \varphi_0 \cos(\Omega_0 t)$,
- die Minimalkoordinate ϑ nur kleine Werte annimmt: $\vartheta \ll 1$.

Dann erhält man aus (5.51)

$$\ddot{\vartheta} + \left(\frac{\varphi_0^2\Omega_0^2}{2}\right)(1 - \cos 2\Omega_0 t)\,\vartheta = 0 \tag{5.52}$$

oder nach einer Normierung mit $\tau = 2\Omega_0 t$ und $\frac{\mathrm{d}}{\mathrm{d}\tau} = (\,\cdot\,)'$

$$\vartheta'' + (\lambda + \gamma\cos\tau)\,\vartheta = 0 \tag{5.53}$$

mit

$$\lambda = -\gamma = \frac{\varphi_0^2}{8}\,. \tag{5.54}$$

5.5.2.3 Mathematische Zusammenhänge

Die Zahl der Beispiele ließe sich beliebig vermehren, hier sei auf die Literatur verwiesen [2, 11, 9, 27, 37, 41, 46, 49, 64]. Typisch für alle derartigen Beispiele sind Bewegungsgleichungen vom Typ (5.49) und (5.53). Im Folgenden wollen wir solche gewöhnlichen, linearen und zeitvarianten Differentialgleichungen etwas genauer betrachten.

Im allgemeinen Fall eines Schwingers mit einem Freiheitsgrad und Parametererregung gilt:

$$\ddot{x} + p_1(t)\dot{x} + p_2(t)x = 0\,. \tag{5.55}$$

Mit dem Ansatz

$$x = ye^{-\frac{1}{2}\int p_1(t)\mathrm{d}t} \tag{5.56}$$

lässt sich (5.55) auf die Form

$$\ddot{y} + P(t)y = 0 \tag{5.57}$$

bringen mit $P(t) = p_2(t) - \frac{1}{2}\frac{\mathrm{d}}{\mathrm{d}t}[p_1(t)] - \frac{1}{4}p_1^2(t)$. Da $p_1(t)$ und $p_2(t)$ als periodisch angenommen werden, ist auch $P(t)$ periodisch:

$$P(t+T) = P(t)\,. \tag{5.58}$$

Gleichung (5.57) mit (5.58) ist eine sogenannte HILL*'sche Differentialgleichung*. Bei Systemen mit mehreren Freiheitsgraden erhält man den gleichen Typ, $y(t)$ ist dann ein Vektor, $P(t)$ eine Matrix.

Eine Lösung bietet in diesem Fall die FLOQUET*'sche Theorie* an [64, 2]. Im vorliegenden Fall mit einem Freiheitsgrad wählen wir den Ansatz

$$y(t) = C_1 e^{\mu_1 t} y_1(t) + C_2 e^{\mu_2 t} y_2(t)\,. \tag{5.59}$$

Dabei sind y_1 und y_2 periodische Funktionen der Zeit, C_1 und C_2 Konstanten, μ_1 und μ_2 die sogenannten *charakteristischen Exponenten* von (5.57). Diese Exponenten, die nur von den in (5.57) eingehenden Größen, nicht aber von den jeweiligen Anfangsbedingungen abhängen, bestimmen das Stabilitätsverhalten der Lösung. Hat einer der beiden charakteristischen Exponenten einen positiven Realteil, dann wächst die Lösung (5.59) mit t unbeschränkt an, sie wird instabil. Sind dagegen die Realteile beider Exponenten negativ, dann geht y mit t asymptotisch gegen Null; die Lösung ist (asymptotisch) stabil. Im Grenzfall kann auch der Realteil eines (oder beider) Exponenten verschwinden. Dann bleibt y beschränkt, ohne sich asymptotisch der Nulllage zu nähern; y kann in diesem Fall periodisch sein. In der Schwingungslehre interessieren vor allem reelle Exponenten. Dann werden die Bereiche stabiler Lösungen von den Bereichen instabiler Lösungen stets durch Grenzen voneinander getrennt, auf denen rein periodische Lösungen existieren. Daher läuft das Aufsuchen instabiler Bereiche auf ein Ermitteln der Bedingungen hinaus, unter denen die Exponenten verschwinden, also rein periodische Lösungen möglich sind.

Für einige spezielle Formen der periodischen Funktion $P(t)$ sind die Lösungen von (5.57) systematisch untersucht worden:

$$P(t) = P_0 + \Delta P \cos(\Omega t)\,, \tag{5.60}$$

$$P(t) = P_0 + \Delta P \operatorname{sgn}(\cos(\Omega t))\,. \tag{5.61}$$

Im erstgenannten Fall schwankt der Parameter nach einem harmonischen Gesetz, im zweiten Fall erfolgen die Änderungen sprunghaft, so dass $P(t)$ eine Mäanderfunktion bildet. Mit (5.60) geht die HILL'sche Differentialgleichung in eine MATHIEU*'sche Differentialgleichung* über, mit (5.61) in eine sogenannte MEISSNER*'sche Differentialgleichung*.

Setzen wir wie in den oben betrachteten Beispielen

$$\tau = \Omega t\,, \quad \frac{\mathrm{d}}{\mathrm{d}\tau} = (\,\cdot\,)'\,, \quad \lambda = \frac{P_0}{\Omega^2}\,, \quad \gamma = \frac{\Delta P}{\Omega^2}\,, \tag{5.62}$$

so erhalten wir die sogenannten Normalformen der MATHIEU'schen und MEISSNER'schen Differentialgleichungen:

$$\text{MATHIEU'sche Differentialgleichung} \quad y'' + (\lambda + \gamma \cos \tau) y = 0\,, \tag{5.63}$$

$$\text{MEISSNER'sche Differentialgleichung} \quad y'' + (\lambda + \gamma \operatorname{sgn}(\cos \tau)) y = 0\,. \tag{5.64}$$

Das Stabilitätsverhalten der MATHIEU'schen Differentialgleichung ist von INCE und STRUTT eingehend untersucht worden. Die Stabilität hängt nur von den Parametern (λ, γ) ab, wobei $\gamma = 0$ den periodischen, grenzstabilen Zustand angibt und nur $\gamma \neq 0$ zu instabilen Bereichen führen kann, die sich mit zunehmenden γ sehr stark ausweiten (Abb. 5.32).

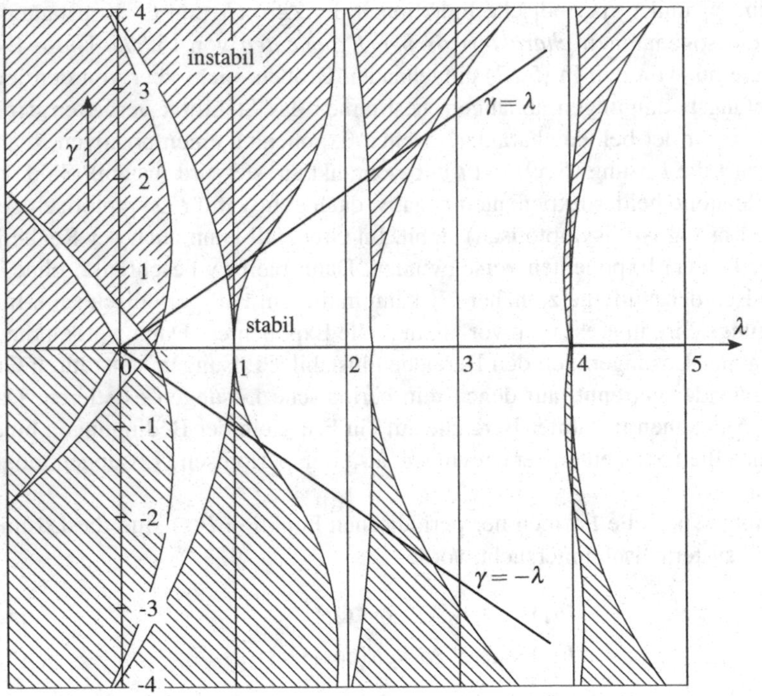

Abb. 5.32: Stabilitätskarte nach INCE/STRUTT für die MATHIEU'sche Differentialgleichung.

Für negative λ-Werte und $\gamma = 0$ ergeben sich keine Schwingungen, das System ist instabil. Wenn wir nun einen Schwinger mit konstantem, nicht verschwindendem γ betrachten, so wird sich der Bildpunkt dieses Schwingers in der Stabilitätskarte bei Veränderungen von λ längs einer Parallelen zur λ-Achse bewegen. Dabei können für $\lambda > 0$ instabile Bereiche durchschritten werden. Praktisch bedeutet das, dass der bei $\gamma = 0$ stabile Schwinger für $\gamma \neq 0$ bei bestimmten Werten von λ instabil werden kann. Das Schwankungsglied mit γ kann also eine stabilitätsmindernde Wirkung haben. Andererseits ist es möglich, dass für $\lambda < 0$, also in dem Bereich, für den ein Schwinger mit nicht schwankendem Parameter stets instabile Lösungen ergab, stabiles Verhalten vorhanden ist. In diesem Fall wirkt sich die Parameterschwankung stabilisierend aus.

Die Spitzen der instabilen Bereiche berühren die Abszisse (λ-Achse) bei den Werten

$$\lambda = \left(\frac{n}{2}\right)^2 \quad (n = 1,2,\ldots) . \tag{5.65}$$

Die Breite der Bereiche – und damit auch ihre praktische Bedeutung – nimmt mit wachsendem n ab. Das ist vor allem auf Dämpfungseinflüsse zurückzuführen, die zwar bei den vorliegenden Betrachtungen nicht berücksichtigt wurden, bei realen Schwingern aber stets vorhanden sind. Sie führen zu einer Verringerung der instabilen Bereiche [46].

In vielen Fällen interessiert nur die Umgebung des Nullpunktes $\lambda = \gamma = 0$ der Stabilitätskarte. Hier lassen sich die Grenzlinien der Bereiche mit einer im Allgemeinen ausreichenden Genauigkeit durch Funktionen $\lambda = \lambda(\gamma)$ ausdrücken. Diese werden ohne Beweis für die ersten 3 Grenzlinien der Stabilitätskarte angegeben:

$$\lambda_1 \approx -\frac{1}{2}\gamma^2 , \tag{5.66}$$

$$\lambda_2 \approx \frac{1}{4} - \frac{\gamma}{2} , \tag{5.67}$$

$$\lambda_3 \approx \frac{1}{4} + \frac{\gamma}{2} . \tag{5.68}$$

In dem in Abb. 5.33 gezeichneten vergrößerten Ausschnitt der Stabilitätskarte sind die aus diesen Näherungen folgenden Grenzlinien gestrichelt eingetragen.

Kehren wir nun zu den Beispielen zurück. Beim *Schwerependel mit bewegtem Aufhängepunkt* (Abschnitt 5.5.2.1) müssen wir zwei Fälle unterscheiden, das hängende und das stehende Pendel. Gleichung (5.49) ist durch Linearisierung um den unteren Gleichgewichtspunkt entstanden; für das hängende Pendel ist daher $\lambda > 0$. Liegt der λ-Wert beispielsweise im Bereich $0 < \lambda < 0{,}25$, so läuft der Schwinger mit steigender Erregeramplitude γ je nach Lage und Größe des λ-Wertes unterschiedlich schnell in den instabilen Bereich (Abb. 5.32). Halten wir γ konstant und variieren λ über die Frequenz ($\Omega = \Omega_0$), so durchlaufen wir längs einer Horizontalen verschiedene stabile und instabile Bereiche.

Für das stehende Pendel muss die Linearisierung um den oberen Gleichgewichtspunkt durchgeführt werden: $\lambda < 0$. Gemäß den Abb. 5.32 und 5.33 ist hierfür nur ein sehr schmaler stabiler Schwingungsbereich möglich. Ohne Bewegung des Aufhängepunktes ($\gamma = 0$) befindet sich ein derartiges Pendel im instabilen Gleichgewicht, weil der Schwerpunkt über dem Unterstützungspunkt liegt. Bemerkenswert ist, dass die bei ruhendem Aufhängepunkt stets instabile obere Gleichgewichtslage des Pendels durch geeignete Schwingungen des Aufhängepunktes stabilisiert werden kann.

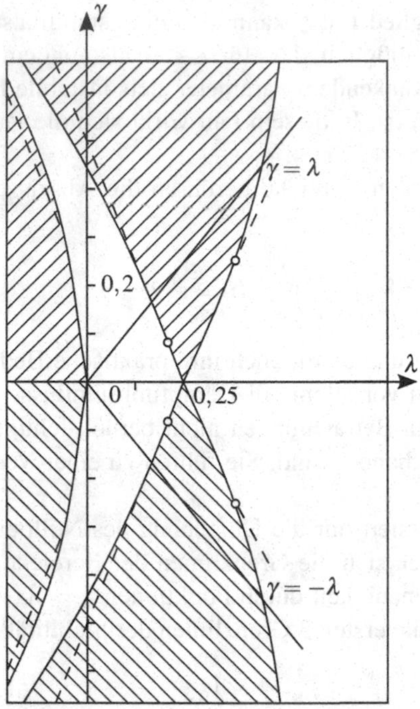

Abb. 5.33: Lokale Stabilitätskarte nach (5.66)-(5.68).

Das bedeutet, dass das Pendel bei kleinen Auslenkungen aus dieser Gleichgewichtslage stabile Schwingungen ausführen kann.

Das Zustandekommen dieses merkwürdigen Stabilisierungseffektes lässt sich physikalisch erklären (Abb. 5.34). Betrachten wir zwischen den Punkten 1 und 2

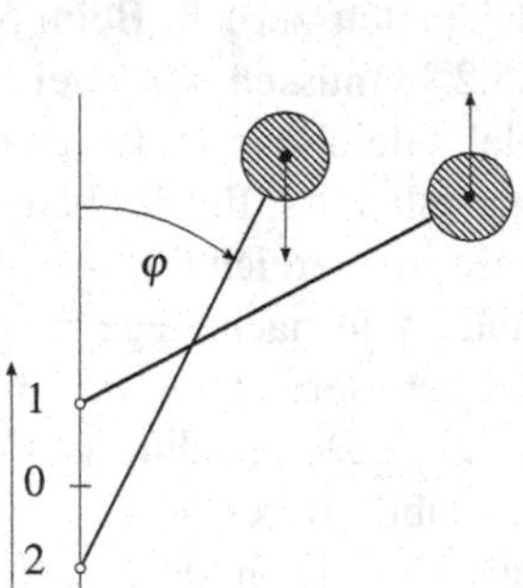

Abb. 5.34: Zur Deutung des Stabilisierungseffektes am Pendel mit bewegtem Aufhängepunkt.

eine hin- und hergehende periodische Bewegung, deren Geschwindigkeit in den Punkten 1 und 2 Null ist und in Aufwärtsrichtung positiv und Abwärtsrichtung negativ sein soll. Dann ist die zugehörige Beschleunigung im Bereich 0 – 2 – 0 positiv nach oben und im Bereich 0 – 1 – 0 negativ nach unten. Als Reaktion entsteht auf die Pendelmasse im Bereich 0 – 2 – 0 des Aufhängepunktes eine Beschleunigung nach unten, im Bereich 0 – 1 – 0 eine Beschleunigung nach oben. Im letzten Fall hat der Winkel φ im Mittel einen größeren Wert als im ersten Fall. Als Folge bleibt ein Beschleunigungsüberschuss nach oben und daraus ein Restmoment übrig, das die Tendenz hat, das Pendel in die obere Gleichgewichtslage hereinzuziehen. Man kann dieses Moment als Rüttelrichtmoment bezeichnen. Ist dieses Moment größer als das umwerfende Moment der Schwerkraft, dann kann das Pendel stabil in der oberen Lage verharren und wird auch durch kleine Störungen nicht aus dieser Gleichgewichtslage herausgeworfen.

Das *Rüttelrichtmoment* kann Messinstrumente zum *Auswandern* veranlassen, wenn diese einer periodischen Beschleunigung in bestimmter Richtung unterworfen sind. Pendelnd aufgehängte Komponenten stellen sich dann infolge des oben beschriebenen Mechanismus in die Beschleunigungsrichtung ein.

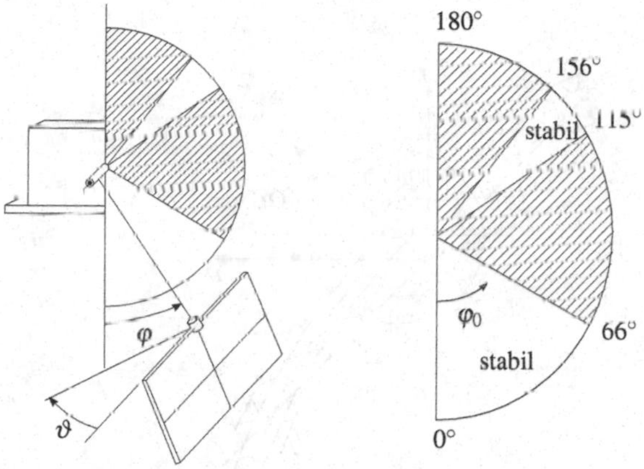

Abb. 5.35: KANE's Babyschuhe: strukturell typische Stabilitätsbereiche bei speziellen Geometrie- und Materialwerten.

Bei KANE*'s Babyschuhen* (Abschnitt 5.5.2.2) ist $\lambda = -\gamma \geq 0$. Die für die Analyse relevante Gerade $\gamma = -\lambda$ ist in den Abb. 5.32 und 5.33 eingetragen. Man sieht, dass das Doppelpendel mit wachsender Amplitude φ_0 verschiedene stabile und instabile Bereiche durchläuft. Überträgt man diese Bereiche in ein Amplituden-Stabilitäts-Diagramm mit φ_0 als Polarwinkel, so werden die einzelnen Bereiche sofort deutlich, man kann sie experimentell leicht nachfahren (Abb. 5.35).

5.5.3 Beispiele

Wir betrachten im Folgenden klassische Fälle parametererregter Schwingungen in der Praxis.

5.5.3.1 Lavalläufer mit Steifigkeitsasymmetrien

Als Beispiel rotierender Maschinenkomponenten mit asymmetrischen Eigenschaften betrachten wir den sogenannten *Lavalläufer* [74] mit nicht symmetrischer Wellensteifigkeit. Der Läufer wird dabei als Punktmasse angenommen, die Masse der elastischen Welle wird vernachlässigt beziehungsweise der Punktmasse zugeschlagen. Die Welle soll statisch bestimmt gelagert und die Drehzahl Ω des Läufers konstant sein (Abb. 5.36). Zur Beschreibung verwendet man üblicherweise ein raumfestes Koordinatensystem *I* und ein im gleichen Ursprung liegendes, aber mitdrehendes Koordinatensystem *R*. Betrachten wir für ein solches Modell eine Steifig-

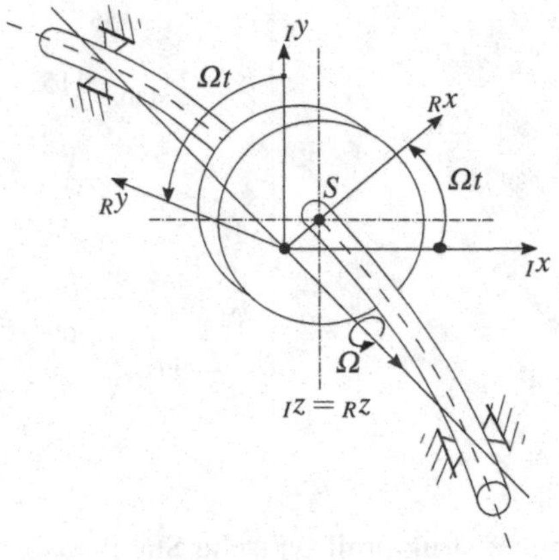

Abb. 5.36: Ersatzmodell eines Lavalläufers.

keitsunsymmetrie der elastischen Welle, so wirken auf die Punktmasse des Läufers im mitrotierenden Koordinatensystem die elastischen Rückstellkräfte (Abb. 5.37)

$$_RF_c = -\begin{pmatrix} c_x\,{}_Rx \\ c_y\,{}_Ry \end{pmatrix}. \tag{5.69}$$

Sehen wir von inneren und äußeren Dämpfkräften ab, so lauten die Bewegungsgleichungen im mitrotierenden Koordinatensystem

$$m_R\ddot{x} - 2m\Omega\,{}_R\dot{y} + \left(c_x - m\Omega^2\right){}_Rx = 0\,, \tag{5.70}$$

$$m_R\ddot{y} + 2m\Omega\,{}_R\dot{x} + \left(c_y - m\Omega^2\right){}_Ry = 0\,. \tag{5.71}$$

Mit den Abkürzungen

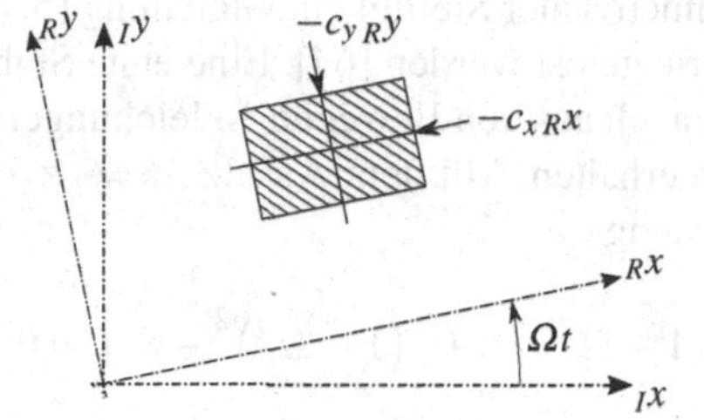

Abb. 5.37: Steifigkeitsasymmetrie und ihre Wirkung auf den Läufer.

$$\varepsilon_S = \frac{c_x - c_y}{c_x + c_y}, \quad \omega_x^2 = \frac{c_x}{m}, \quad \omega_y^2 = \frac{c_y}{m}, \tag{5.72}$$

$$\overline{\omega}^2 = \frac{\omega_x^2 + \omega_y^2}{2}, \quad \Omega_0 = \frac{\Omega}{\overline{\omega}}, \tag{5.73}$$

sowie der Transformation

$$\tau = \overline{\omega} t, \quad \frac{\mathrm{d}}{\mathrm{d}t} = \overline{\omega}\frac{\mathrm{d}}{\mathrm{d}\tau} = \overline{\omega}(\cdot)' \tag{5.74}$$

gehen diese Gleichungen über in

$$_R\mathbf{z}'' + {}_R\mathbf{G}\,{}_R\mathbf{z}' + {}_R\mathbf{K}\,{}_R\mathbf{z} = \mathbf{0} \tag{5.75}$$

mit

$$_R\mathbf{z} = \begin{pmatrix} _Rx \\ _Ry \end{pmatrix}, \quad {}_R\mathbf{G} = \begin{pmatrix} 0 & -2\Omega_0 \\ 2\Omega_0 & 0 \end{pmatrix}, \quad {}_R\mathbf{K} = \begin{pmatrix} 1 + \varepsilon_S - \Omega_0^2 & 0 \\ 0 & 1 - \varepsilon_S - \Omega_0^2 \end{pmatrix}. \tag{5.76}$$

Auf der praktischen Seite interessiert das dynamische Verhalten des Lavalläufers in Abb. 5.36 im raumfesten Koordinatensystem, da man zum Beispiel die Belastung der Lager abschätzen möchte. Der Übergang vom drehenden in das raumfeste System ist eine Drehung um die gemeinsame z-Achse:

$$_R\mathbf{z} = \mathbf{A}_{RI}\,{}_I\mathbf{z} \quad \text{mit} \quad \mathbf{A}_{RI} = \begin{pmatrix} \cos(\Omega_0\tau) & \sin(\Omega_0\tau) \\ -\sin(\Omega_0\tau) & \cos(\Omega_0\tau) \end{pmatrix}. \tag{5.77}$$

Führt man diese Transformation in (5.75) ein, so erhält man ein lineares Differentialgleichungssystem mit periodischen Koeffizienten:

$$_I\mathbf{z}'' + {}_I\mathbf{K}\,{}_I\mathbf{z} = \mathbf{0} \quad \text{mit} \quad {}_I\mathbf{K} = \begin{pmatrix} 1 + \varepsilon_S \cos 2\Omega_0\tau & \varepsilon_S \sin 2\Omega_0\tau \\ \varepsilon_S \sin 2\Omega_0\tau & 1 - \varepsilon_S \cos 2\Omega_0\tau \end{pmatrix}. \tag{5.78}$$

Dies ist eine parametererregte Schwingung für ein System mit zwei Freiheitsgraden und gleichzeitig die einfachst-mögliche Darstellung für eine rotierende Maschinenkomponente mit nicht symmetrischer Steifigkeit. Gleichung (5.78) könnte mit Hilfe der FLOQUET'schen Theorie gelöst werden [64]. Eine erste Stabilitätsaussage kann man jedoch in diesem Fall auch aus den Bewegungsgleichungen (5.75) im mitrotierenden Koordinatensystem erhalten. Mit dem Ansatz ${}_R\mathbf{z} = {}_R\mathbf{z}_0 \exp(\lambda \tau)$ erhält man die charakteristische Gleichung

$$\lambda^4 + 2\left(1+\Omega_0^2\right)\lambda^2 + \left[\left(1-\Omega_0^2\right)^2 - \varepsilon_S^2\right] = 0\,. \tag{5.79}$$

Nach dem STODOLA-Kriterium (2.122) müssen für Stabilität alle Koeffizienten der charakteristischen Gleichung positiv sein. Das ist für die ersten beiden Koeffizienten (1) und $\left(2\left(1+\Omega_0^2\right)\right)$ der Fall. Für den letzten Ausdruck muss daher gelten:

$$\varepsilon_S^2 < \left(1-\Omega_0^2\right)^2 \quad \text{für Stabilität}\,. \tag{5.80}$$

Dieses Ergebnis ist in Abb. 5.38 skizziert. Man erkennt die Eigenschaft des ungedämpften, nicht symmetrischen Lavalläufers, dass für $\Omega_0 = \frac{\Omega}{\omega} \to 1$ das System instabil wird. Allerdings sorgen die im realen Fall stets vorhandenen inneren und äußeren Dämpfwirkungen dafür, dass auch ein stabiler Betrieb bei $\Omega_0 \to 1$ möglich ist. Die Unsymmetrien dürfen dabei jedoch nicht zu groß werden. Ein Fall mit Dämpfung ist in Abb. 5.38 gestrichelt eingetragen.

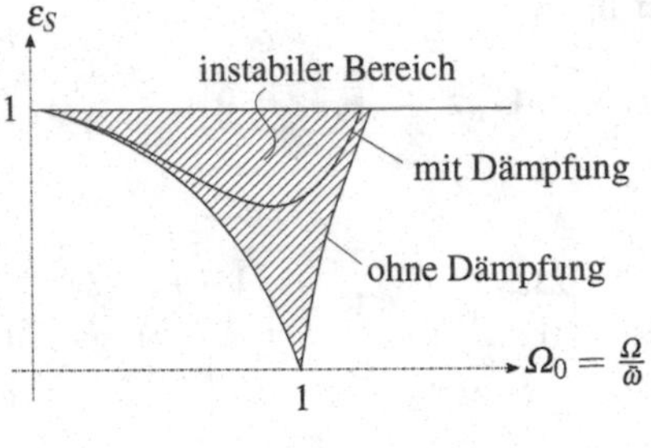

Abb. 5.38: Stabilitätskarte für den Lavalläufer mit Steifigkeitsasymmetrie.

Gleichung (5.78) und die Stabilitätskarte in Abb. 5.38 zeigen trotz der einfachen Modellannahmen bereits einige wesentliche Merkmale parametererregter Schwingungen von Rotorsystemen. Nach (5.78) schwankt die effektiv wirksame Wellensteifigkeit zweimal während eines Umlaufes zwischen ihrem größten Wert $(1+\varepsilon_S)$ und ihrem kleinsten Wert $(1-\varepsilon_S)$. Dieser Vorgang zieht eine ständige Wechselbelastung der Welle und der Lager nach sich, so dass wegen alleine dieses Effektes die Unsymmetrien möglichst minimiert werden müssen. Zusätzlich ist nach Abb. 5.38 die Stabilität des Rotorsystems immer dann gefährdet, wenn eine *kritische* Drehzahl (in unserem Fall $\Omega_0 = 1$) durchfahren werden muss. Auch bei vorhandener Dämpfung hat man an solchen Stellen Instabilitätsspitzen, die sehr weit nach unten reichen und daher ebenfalls minimale Unsymmetrien verlangen (nächster Abschnitt).

5.5.3.2 Stabilität und Regelung von Rotoren

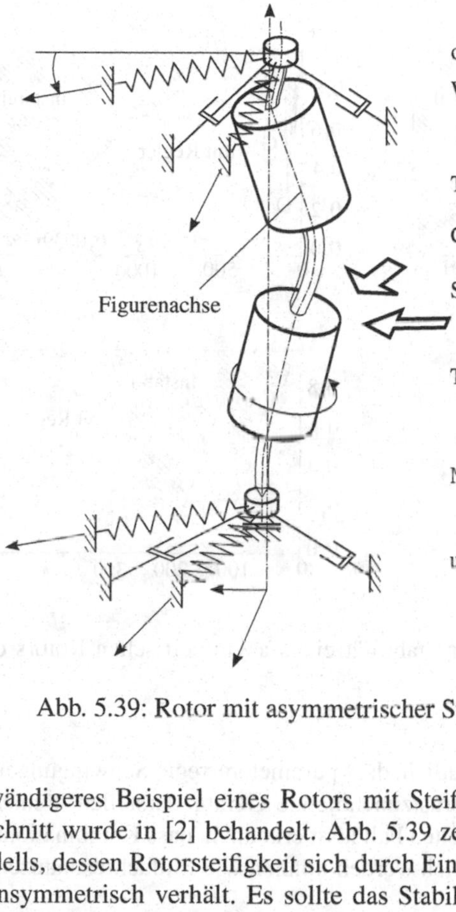

Abb. 5.39: Rotor mit asymmetrischer Steifigkeit [2].

Ein aufwändigeres Beispiel eines Rotors mit Steifigkeitsunsymmetrien als im letzten Abschnitt wurde in [2] behandelt. Abb. 5.39 zeigt den Fall eines Ultrazentrifugenmodells, dessen Rotorsteifigkeit sich durch Einbau eines elastischen Rechteckstabes unsymmetrisch verhält. Es sollte das Stabilitätsverhalten dieses Rotors mit 18 Freiheitsgraden untersucht und dann mit Hilfe einer Regelung verbessert werden. Die Stellkräfte werden dabei durch Magnetlager erzeugt, die hier nicht eingezeichnet sind. Ohne auf die in diesem Fall sehr aufwändige Modellierung und den komplizierten Entwurf eines Reglers einzugehen, werden im Folgenden nur die wichtigsten Ergebnisse wiedergegeben.

Das linke Diagramm von Abb. 5.40 zeigt das Stabilitätsverhalten für den Rotor ohne Regelung. Man kann es als eine Art INCE-STRUTT-Diagramm für ein System mit vielen Freiheitsgraden auffassen (analog zu Abb. 5.32). Die Abszisse gibt die Drehzahl, die Ordinate das Maß ε_S (5.72) für die Asymmetrie des Rotors an. Man erkennt einige Einfach- und Kombinationsresonanzen *A-H*, für die die Bewegung bereits bei geringfügigen Asymmetrien instabil wird (Zipfel nach unten bei *A*). Ein stabiler Betrieb des Rotors ohne Regler ist ab Drehzahlen $\omega \approx 210\,{}^1\!/\mathrm{s} \approx 2000\,\mathrm{Upm}$ nicht mehr möglich. Mit einem optimierten Regler lässt sich die Stabilität mindestens bis $\omega \approx 1800\,{}^1\!/\mathrm{s} \approx 17000\,\mathrm{Upm}$ erweitern, wie die rechten Diagramme von Abb. 5.40 belegen. Das untere rechte Diagramm ist ein Ausschnitt des oberen rechten Diagramms im niedrigen Drehzahlbereich.

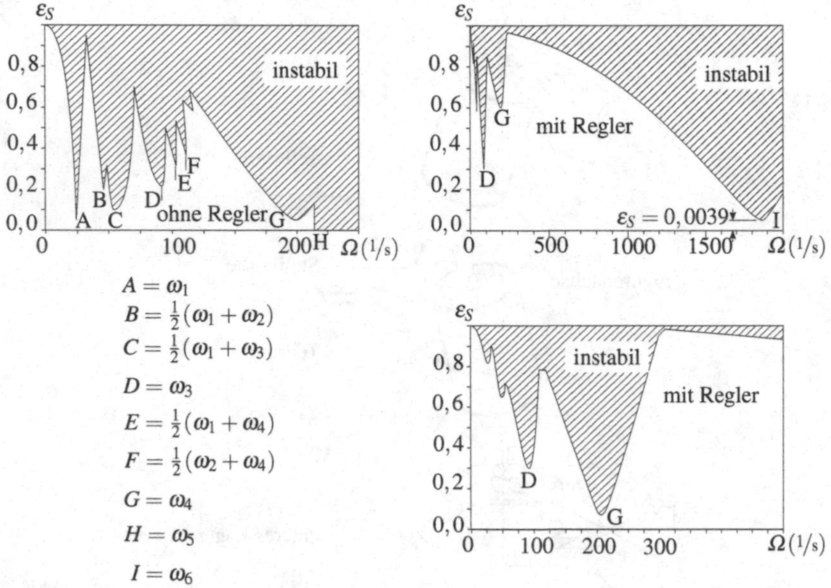

Abb. 5.40: Verbesserung der Stabilität eines asymmetrischen Rotors durch Regelung.

Die Ergebnisse zeigen deutlich, dass parametererregte Schwingungen für bewegte Maschinenbauteile eine ernstzunehmende Gefahr darstellen können. Das Diagramm 5.40 für den ungeregelten Fall lässt erkennen, dass Kombinationsresonanzen (bei $\frac{\omega_1+\omega_3}{2}$) genau so gefährlich werden können wie Einfachresonanzen (bei ω_1).

5.5.3.3 Zahnradgetriebe

In der Übersicht 5.1 wurde die periodisch zeitvariable Steifigkeit eines Zahnradgetriebes als typisches Beispiel für parametererregte Schwingungen vorgestellt. In einem Pkw-Schaltgetriebe als Komponente eines gesamten Antriebsstranges wirken die Zahneingriffe der geschalteten Stufe als Parametererregung im gesamten System. Abb. 5.41 zeigt das mechanische Ersatzmodell eines solchen Antriebsstranges mit 26 Freiheitsgraden und herausgezeichnet die detaillierten Verhältnisse

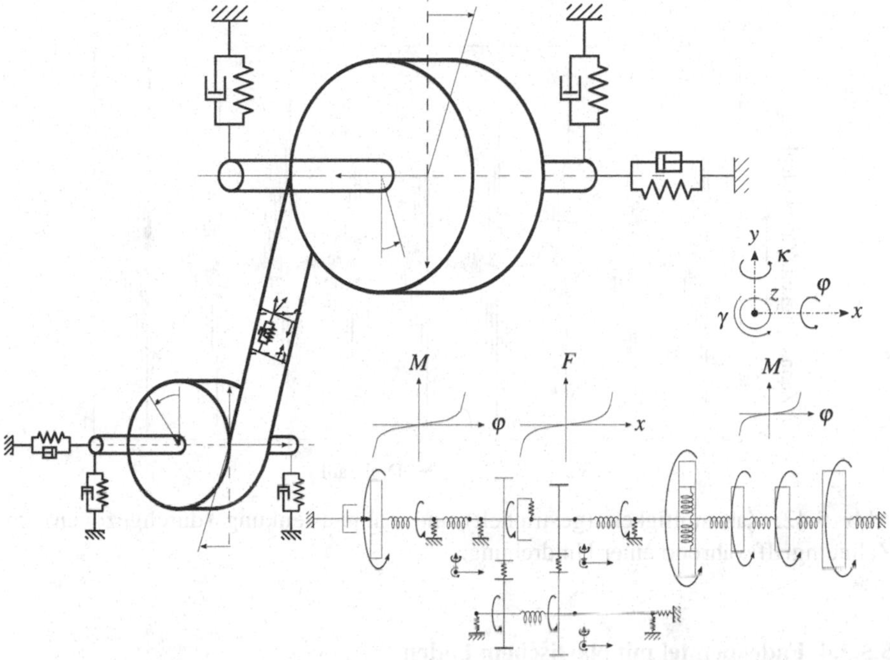

Abb. 5.41: Mechanisches Ersatzmodell eines Pkw-Antriebsstranges und einer Zahnrad-Einzelstufe.

für einen einzelnen Zahneingriff (eine geschaltete Gangstufe besteht aus zwei solchen Zahneingriffen: *Konstante* und Gangstufe). Die Problematik eines derartigen Strangs besteht weniger in Fragen der Stabilität als in Resonanzfragen, besonders deswegen, weil er in einem großen Drehzahlbereich betrieben wird. Die parametererregten Schwingungen liefern zu diesen Problemen wegen der möglichen Kombinationsresonanzen einige zusätzliche kritische Resonanzstellen. Die Untersuchungen dieser Resonanzlagen mit Hilfe des mechanischen Ersatzmodells und des daraus resultierenden Simulationsmodells wird hier nicht behandelt. Abb. 5.42 zeigt direkt ein typisches Ergebnis einer parametererregten Schwingung, wie sie sich im Zahneingriff ergibt.

Die zeitvariable Zahnsteifigkeit ist die gestrichelte Kurve. Sie zeigt während einer vollen Umdrehung ungefähr 10 Spitzen nach unten. Diese Steifigkeitsspitzen verursachen einen Stoß auf die im Eingriff befindlichen Zähne und lenken diese schlagartig aus. Die Strukturdämpfung sorgt dafür, dass der Auslenkungsstoß bis zum nächsten Steifigkeitsstoß fast vollständig abklingt. Dann beginnt der Vorgang von neuem.

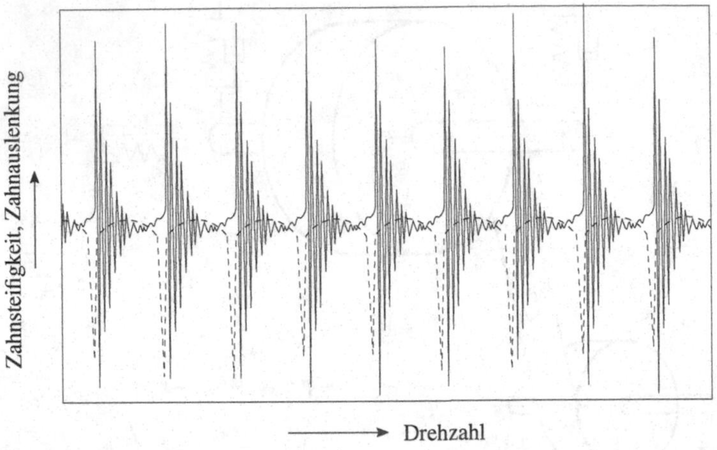

Abb. 5.42: Zahnsteifigkeit (gestrichelt) und Zahnauslenkung (durchgezogen) im Zahneingriff während einer Umdrehung.

5.5.3.4 Fadenpendel mit elastischem Faden

Das Fadenpendel mit elastischem Faden (Abb. 5.43) zeigt einen Typ gekoppelter Schwingungen, die sich nicht aus einfachen Überlagerungen berechnen lassen. Die elastische Aufhängung sorgt für eine Art Parametererregung, die bei entsprechender Abstimmung der Parameterwerte zu einem periodischen Wechsel von Hub- und Pendelschwingung führt. Um diesen Vorgang zu verstehen, wollen wir zunächst die Bewegungsgleichungen herleiten. Die kinetische und potentielle Energie des Pendels ergeben sich zu:

$$T = \frac{m}{2}\left[\dot{x}^2 + (R+x)^2\,\dot{\vartheta}^2\right], \tag{5.81}$$

$$V = mg\,(R+x)\,(1-\cos\vartheta) + \frac{1}{2}cx^2\,. \tag{5.82}$$

Wenden wir hierauf die LAGRANGE'schen Gleichungen zweiter Art (1.177) für die generalisierten Koordinaten $\mathbf{q} = (x, \vartheta)^T$ an und setzen dabei kleine Pendelwinkel $\vartheta \ll 1$ und -geschwindigkeiten $\dot{\vartheta} \ll 1$ voraus, so erhalten wir die Bewegungsgleichungen in der linearisierten Form:

$$\ddot{x} + \omega_x^2 x = 0\,, \tag{5.83}$$

$$\left[1 + \left(\frac{x}{R}\right)\right]\ddot{\vartheta} + 2\left(\frac{\dot{x}}{R}\right)\dot{\vartheta} + \omega_\vartheta^2\vartheta = 0 \tag{5.84}$$

mit $\omega_x^2 = \frac{c}{m}$ und $\omega_\vartheta^2 = \frac{g}{R}$. Die Länge R entspricht derjenigen im statischen Gleichgewichtszustand. Wie man aus (5.84) erkennt, wirkt die harmonische Schwingung

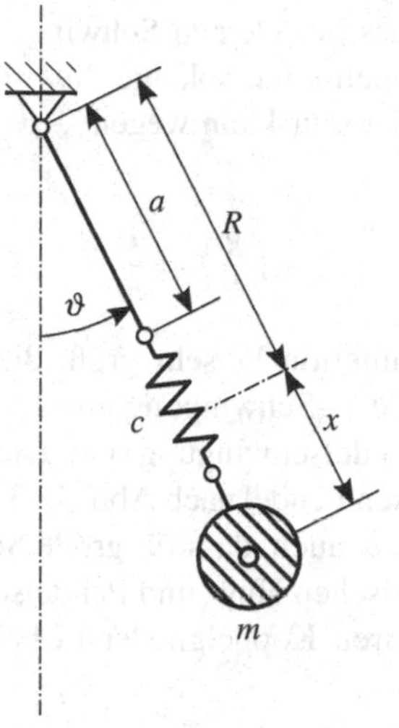

Abb. 5.43: Fadenpendel mit elastischem Faden.

der x-Koordinate

$$x = x_0 \cos(\omega_x t + \varphi) \tag{5.85}$$

als Parametererregung für die ϑ-Schwingung. Bei Beschränkung auf kleine Schwingungsamplituden erhält man mit dem Ansatz

$$\vartheta \approx \vartheta_0 \cos(\omega_\vartheta t + \psi) + \Delta\vartheta \tag{5.86}$$

bei Vernachlässigung quadratischer und höherer Terme in $\Delta\vartheta$ beziehungsweise $\frac{x_0}{R}$ aus (5.84) und (5.85) die Beziehung:

$$\begin{aligned}\Delta\ddot{\vartheta} + \omega_\vartheta^2 \Delta\vartheta \approx \frac{1}{2}\left(\frac{x_0}{R}\right)\vartheta_0\omega_\vartheta \{&(\omega_\vartheta - 2\omega_x)\cos((\omega_x + \omega_\vartheta)t + (\varphi - \psi)) \\ &+ (\omega_\vartheta + 2\omega_x)\cos((\omega_x - \omega_\vartheta)t + (\varphi + \psi))\}\ .\end{aligned} \tag{5.87}$$

Dies kann als ungedämpfte, erzwungene Schwingung im Sinne von Abschnitt 5.3 gedeutet werden. Sie besitzt demnach die Lösung

$$\Delta\vartheta = V_1 \cos((\omega_x - \omega_\vartheta)t + (\varphi - \psi)) + V_2 \cos((\omega_x + \omega_\vartheta)t + (\varphi + \psi)) \tag{5.88}$$

mit

$$V_1 = \frac{1}{2}\left(\frac{x_0}{R}\right)\vartheta_0\left(\frac{\omega_\vartheta}{\omega_x}\right)\left(\frac{\omega_\vartheta - 2\omega_x}{2\omega_\vartheta - \omega_x}\right), \tag{5.89}$$

$$V_2 = \frac{1}{2}\left(\frac{x_0}{R}\right)\vartheta_0\left(\frac{\omega_\vartheta}{\omega_x}\right)\left(\frac{\omega_\vartheta + 2\omega_x}{2\omega_\vartheta + \omega_x}\right). \tag{5.90}$$

Daraus lässt sich folgern, dass bei kleinen Schwingungsamplituden die Hub- und Pendelschwingungen entkoppelt sind, solange $2\omega_\vartheta \neq \omega_x$ gilt. Keine Schwingung regt die andere an, und $\Delta\vartheta$ ist sehr klein wegen $\frac{x_0}{R}\vartheta_0 \ll 1$. Kommt jedoch $2\omega_\vartheta$ in die Nähe von ω_x, gilt also

$$4\left(\frac{g}{R}\right) \approx \frac{c}{m}, \tag{5.91}$$

so wird die Vergrößerungsfunktion V_1 sehr groß, die Schwingung in x-Richtung wirkt damit sehr stark auf die ϑ-Schwingung ein. Es findet ein periodischer Austausch zwischen Hub- und Pendelschwingung statt. Diese Erscheinungen lassen sich am entsprechend abgestimmten Pendel nach Abb. 5.43 experimentell realisieren und beobachten. Es zeigt sich dabei auch, dass für große Schwingungsamplituden in jedem Falle eine Kopplung zwischen Hub- und Pendelschwingung auftritt. In (5.83)-(5.84) wurden die nichtlinearen Koppelglieder in beiden Bewegungsgleichungen vernachlässigt.

Sachverzeichnis

Literaturverzeichnis

[1] Angeles J (2012) Dynamic Response of Linear Mechanical Systems. Springer, New York

[2] Anton E (1984) Stabilitätsverhalten und Regelung von parametererregten Rotorsystemen, Fortschritt-Berichte VDI : Reihe 8, Mess-, Steuerungs- u. Regelungstechnik, vol 67. VDI Verlag, Düsseldorf

[3] Arnold V (1997) Mathematical Methods of Classical Mechanics, 2nd edn. Springer, Berlin

[4] Bathe KJ (2007) Finite-Elemente-Methoden. Springer, Berlin

[5] Bauchau O (2010) Flexible Multibody Dynamics. Springer, Berlin

[6] Becker E, Bürger W (1975) Kontinuumsmechanik. Teubner, Stuttgart

[7] Berthoud F (1818) Anweisung zur Kenntnis, zum Gebrauch und zur guten Haltung der Wand- und Taschenuhren. Reprint, Zentralantiquariat der DDR, Meissen

[8] Betten J (2003) Finite Elemente für Ingenieure 1. Springer, Berlin

[9] Bishop R (1985) Schwingungen in Natur und Technik. Teubner, Stuttgart

[10] Braess D (2007) Finite elements : theory, fast solvers, and applications in elasticity theory, 3rd edn. Cambridge University Press, Cambridge

[11] Bremer H (1988) Dynamik und Regelung mechanischer Systeme. Teubner, Stuttgart

[12] Bremer H (2008) Elastic Multibody Dynamics. Springer, New York

[13] Courant R (1943) Variational methods for the solution of problems of equilibrium and vibrations. Bull Amer Math Soc 49:1–23

[14] Courant R, Hilbert D (1993) Methoden der mathematischen Physik, 4th edn. Springer, Berlin

[15] Dresig H, Holzweißig F (2006) Maschinendynamik. Springer, Berlin

[16] Duschek A, Hochrainer A (1960) Tensorrechnung in analytischer Darstellung, Bände I - III. Springer, Berlin

[17] Fischer U, Stephan W (1972) Prinzipien und Methoden der Dynamik. VEB Deutscher Verlag der Wissenschaften, Leipzig

[18] Galerkin B (1915) Rods and plates. series occurring in various questions concerning the elastic equilibrium of rods and plates. Engineers Bulletin (Vestnik Inzhenerov) 19:897–908

[19] Gander M, Wanner G (2012) From Euler, Ritz, and Galerkin to modern computing. SIAM Rev 54:627–666

[20] Gelcich E (1892) Geschichte der Uhrmacherkunst. Reprint, Zentralantiquariat der DDR, Weimar

[21] Geradin M, Rixen D (1997) Mechanical Vibrations. Wiley, New York

[22] Goldstein H, Poole C, Safko J (2006) Klassische Mechanik, 3rd edn. Lehrbuch Physik, Wiley, Weinheim

[23] Greiner W (2008) Klassische Mechanik II. Harri Deutsch, Frankfurt am Main

[24] Gross D, Hauger W, Schröder J, Wall W (2012) Technische Mechanik 3, 12th edn. Springer, Berlin

[25] Guckenheimer J, Holmes P (2002) Nonlinear oscillations, dynamical systems, and bifurcations of vector fields, corr. 7th printing edn. Applied mathematical sciences ; 42, Springer, New York
[26] Hadwich V (1998) Modellbildung in mechatronischen Systemen. Fortschritt-Berichte VDI, VDI Verlag
[27] Hagedorn P (1978) Nichtlineare Schwingungen. Akademie-Verlag, Wiesbaden
[28] Hahn W (1967) Stability of Motion. Springer, Berlin
[29] Hamel G (1978) Theoretische Mechanik. Springer, Berlin
[30] Huber R, Clauberg J, Ulbrich H (2011) Herbie: Demonstration of gyroscopic effects by means of a RC vehicle. In: Proceedings of the ASME 2011 IDETC/CIE Conference, Washington, 29th-31st August 2011
[31] Ibrahimbegovic A (1997) On the choice of finite rotation parameters. Comput Meth Appl Mech Eng 149:49–71
[32] Jammer M (1981) Der Begriff der Masse in der Physik. Wissenschaftliche Buchgesellschaft, Darmstadt
[33] Jänich K (1995) Analysis für Physiker und Ingenieure. Springer, Berlin
[34] Jänich K (2000) Lineare Algebra. Springer, Berlin
[35] Kane T (1974) Mechanical demonstration of mathematical stability and instability. Int J Mech Eng Educ 2(4):45–47
[36] von Karman T (1968) Die Wirbelstraße. Hoffmann und Campe, Hamburg
[37] Kauderer H (1958) Nichtlineare Mechanik. Springer, Berlin
[38] Kirchhoff G (1876) Vorlesungen über Mathematische Physik, Mechanik. Teubner, Leipzig
[39] Knothe K, Wessels H (2008) Finite Elemente: Eine Einführung für Ingenieure. Springer, Berlin
[40] Königsberger K (2004) Analysis 1/2. Springer, Berlin
[41] Kücükay F (1987) Dynamik der Zahnradgetriebe, Modelle, Verfahren, Verhalten. Springer, Berlin
[42] La Salle J, Lefschetz S (1967) Die Stabilitätstheorie von Ljapunow. BI-Hochschultaschenbücher, Mannheim
[43] Lichtenberg A, Lieberman M (1983) Regular and Stochastic Motion. Springer, Berlin
[44] Magnus K (1971) Kreisel-Theorie und Anwendungen. Springer, Berlin
[45] Magnus K, Müller-Slany H (2005) Grundlagen der technischen Mechanik, 7th edn. Leitfäden der angewandten Mathematik und Mechanik, Teubner, Wiesbaden
[46] Magnus K, Popp K, Sextro W (2008) Schwingungen, 8th edn. Vieweg, Wiesbaden
[47] Meirovitch L (1967) Analytical Methods in Vibrations. The Mac-Millan Company, New York
[48] Meyberg K, Vachenauer P (2003) Höhere Mathematik 1, 2. Springer, Berlin
[49] Minorsky N (1974) Nonlinear Oscillations. Krieger Publishing Company, Princeton
[50] Müller P (1977) Stabilität und Matrizen. Springer, Berlin

[51] Müller P, Schiehlen W (1982) Lineare Schwingungen. Koch Buchverlag, Planegg
[52] Nayfeh A (1993) Problems in Perturbation. Wiley, New York
[53] Nayfeh A, Balachandran B (1995) Applied Nonlinear Dynamics. Wiley, New York
[54] Papastavridis J (2002) Analytical Mechanics: A Comprehensive Treatise on the Dynamics of Constrained Systems : For Engineers, Physicists, and Mathematicians. Oxford University Press
[55] Pfeiffer F (2008) Mechanical System Dynamics. Springer, Heidelberg
[56] Pfeiffer F, Fritzer A (1992) Resonanz und Tilgung bei spielbehafteten Systemen. J Appl Math Mech 4:38–40
[57] Pfeiffer F, Glocker C (1996) Multibody Dynamics with Unilateral Contacts. Wiley, New York
[58] Popper K (1993) Objektive Erkenntnis, ein evolutionärer Entwurf. Hoffmann und Campe, Hamburg
[59] Post J (2003) Objektorientierte Softwareentwicklung zur Simulation von Antriebssträngen, Fortschritt-Berichte VDI : Reihe 11, vol 317. VDI Verlag, Düsseldorf
[60] Rayleigh J (1877) The Theory of Sound. Macmillan, London
[61] Ritz W (1908) Über eine neue Methode zur Lösung gewisser Variationsprobleme der mathematischen Physik. Journal für die reine und angewandte Mathematik 135:1–61
[62] Schiehlen W, Eberhard P (2012) Technische Dynamik, 3rd edn. Teubner, Wiesbaden
[63] Schlichting H (2006) Grenzschichttheorie. Springer, Berlin
[64] Schmidt G (1975) Parametererregte Schwingungen. VEB Deutscher Verlag der Wissenschaften, Berlin
[65] Schwertassek R, Wallrapp O (1999) Dynamik flexibler Mehrkörpersysteme. Vieweg, Wiesbaden
[66] Shabana A (2005) Dynamics of multibody systems, 3rd edn. Cambridge University Press, New York
[67] Stoer J, Bulirsch R (2010) Introduction to numerical analysis. Texts in applied mathematics ; 12, Springer, New York
[68] Szabo I (1996) Geschichte der mechanischen Prinzipien und ihrer wichtigsten Anwendungen, Korr. Nachdruck der 3. Auflage edn. Birkhäuser, Basel
[69] Szabo I (2003) Einführung in die Technische Mechanik, 8th edn. Springer, Berlin
[70] Tauchert T (1974) Energy Principles in Structural Mechanics. McGraw-Hill, New York
[71] Thom R (1994) Structural Stability and Morphogenesis. Westview Press, Boulder
[72] Thompson M, Stewart B (2001) Nonlinear Dynamics and Chaos. Wiley, New York
[73] Ulbrich H (1986) Dynamik und Regelung von Rotorsystemen, Fortschritt-Berichte VDI : Reihe 11, vol 86. VDI Verlag, Düsseldorf

[74] Ulbrich H (1996) Maschinendynamik. Teubner Studienbücher, Teubner, Stuttgart
[75] Wriggers P (2002) Computational contact mechanics, 1st edn. Wiley, Chichester
[76] Zeemann E (1977) Catastrophe Theory, Selected Papers 1972-1977. Addison-Wesley, Reading
[77] Zeidler E, Hackbusch W, Schwarz HR (2003) Teubner-Taschenbuch der Mathematik. Teubner, Wiesbaden
[78] Ziegler F (1998) Technische Mechanik der festen und flüssigen Körper, 3rd edn. Springer, Berlin